古代朝鲜极光年表

魏 勇 万卫星 著

科 学 出 版 社

北 京

内 容 简 介

学科交叉与知识融通是21世纪科学研究的一个主流趋势。自然科学与人文科学之间的交叉研究无疑是最具挑战性的课题之一。自然记录常被用来做人文研究，但利用人文记录来做自然科学研究则比较冷门，大概是因为资料整理工作十分费时费力。古代东亚的史籍中保有大量的天象记载，以古代朝鲜为最多。在中、日、韩、英等各国学者的研究基础上，本书收集整理了《高丽史》、《朝鲜王朝实录》、《承政院日记》三本最重要的官修史书中的极光记录，并进行了日期转换，以期促进相关交叉研究。

本书可作为地球科学与自然科学史相关领域研究的工具书，也可作为天文和历史爱好者的参考书。作为青少年课外读物，读者可通过本书了解汉字和中国古代哲学思想对东亚文明进程的影响。

图书在版编目（CIP）数据

古代朝鲜极光年表/魏勇，万卫星著. —北京：科学出版社，2020.5

ISBN 978-7-03-064899-0

Ⅰ. ①古…　Ⅱ. ①魏…　②万…　Ⅲ. ①极光–朝鲜–古代–年表
Ⅳ. ①P427.33-62

中国版本图书馆 CIP 数据核字（2020）第 064564 号

责任编辑：张井飞　韩　鹏/责任校对：张小霞
责任印制：吴兆东/封面设计：耕者设计工作室

科学出版社 出版
北京东黄城根北街 16 号
邮政编码：100717
http: //www.sciencep.com
北京虎彩文化传播有限公司 印刷
科学出版社发行　各地新华书店经销
*
2020 年 5 月第　一　版　开本：787×1092　1/16
2020 年 5 月第一次印刷　印张：10 1/2
字数：246 000

定价：138.00 元
（如有印装质量问题，我社负责调换）

寻找见证（序）

地球，我们行走、居住和耕耘的土地和家园。在这里，人类世代繁衍，生生不息，留下了纵横交错的足迹；在这里，古人也曾深思博索，不断发出天问。如今，我们凝视地球，仰望星空，探索天地之奥秘。那些困惑我们的问题，先辈们也曾付诸执着，又终究无奈于人生之短。以一己之力搏于时空浩瀚，确难有胜算；然前赴后继，集众人之力而成就，则曙光可见。本丛书即展现这样的例证：无数双眼睛，接力守望夜空两千年；又用同样的文字，记录下斗转星移间的神光虹霓。不同民族的守望者们被同一种文化所化，为了同一个心愿，造就人类文明史上的一个伟大奇迹。他们是见证者，他们所见正是地球科学研究者所求之实证。

地球科学研究者皓首穷经以格物致知，所格者为地球系统之运行规律。根基于当下所见致知，从历史遗留的蛛丝马迹中探寻过去，秉持万物皆有道的信念洞见未来。地球系统的概念，内含地核、地幔、地壳等内部圈层，中间有大陆、海洋、湖泊、河流一众地表单元，外覆大气层、电离层、磁层等大气和空间环境，包含固体、液体、气体及等离子体等各种形态的物质。在人类所居生物圈，生命的主体生活在地表和水里，但有少量生物则能进入地下、大气层乃至空间环境（载人航天）之中。以此计算，下至地核六千余千米，上至日侧磁层顶六万余千米，夜侧磁尾远达数千万千米。如此庞大的系统，演化历史长达四十余亿年，试问蛛丝马迹何处可寻？地球科学初兴之时，山体的褶皱断层和沉积纹理即为丝为迹，地球科学家可以文学化的手法讲述逆冲推覆和伸展剥离。同位素分析方法发明后的一百年里，岩石、化石、陨石、树轮、冰芯，甚至贝壳，都成为历史的见证者。于是我们知道了大陆漂移、核幔分异、地磁倒转、气候变迁、生物灭绝等诸多发生在地表附近的历史。地球科学研究者不必，也无法亲身见证这些事情。那么，空间圈层演化之丝迹又记录于何处？

寻找见证的征程刚刚开始。1957 年人造地球卫星上天，标志着空间时代的开启，至今已六十余年。成千上万的人造飞行器遍历了近地空间的各个区域，空间与地面的各种电子仪器解析出空间充满了气体和等离子体，各种电磁和热力学过程交织，构成一个人类自身不能直接感知的世界。继续追溯，电离层地面探测九十年，地磁场探测一百七十年，皆依赖于电磁信号。自然界有哪些物质能记录下千万年前的这些信号？目前不得而知。诚然，空间中的气体和等离子体的物理过程肉眼不可见，但是有些物理过程的结果是可见的，如黑子，如极光，如彗尾。于是，人类自身就可以成为见证者，这些记录就可以成为地球科学研究者所寻求的见证。

以中国为核心的汉文化圈历史悠久，文明发达，记录丰富。经过数年探索和思考，我们发一个小愿：从古籍中寻找这些见证，辑之成册，为地球科学特别是空间环境科学的研究者提供一个基础数据库。

寻找见证的征程刚刚开始。四十余亿年的演化历程有无穷的未知。

是为序。

魏　勇　万卫星

2019 年 1 月 1 日于元大都旧址

前　言

古代极光研究以现代之科学知识考据古代史籍，一向属于史学范畴，而真实准确的古代极光记录又具有极高的现代科学价值。因此，古代极光研究是一项人文科学与自然科学的交叉研究，又是两大学科领域的一个融通点。事实上，两个领域确实有颇多相通之处。比如，对于研究资料的重要性，傅斯年先生1928年在《历史语言研究所工作之旨趣》中提出："（一）凡能直接研究材料，便进步，凡间接的研究前人所研究或前人所创造之系统，而不繁丰细密的参照所包含的事实，便退步；（二）凡一种学问能扩张他所研究的材料便进步，不能的便退步；（三）凡一种学问能扩充他作研究时应用的工具的，则进步，不能的，则退步。"陈寅恪先生1930年作《陈垣敦煌劫余录序》，更进一步强调了新材料和新问题的同等重要性，他指出："一时代之学术，必有其新材料与新问题。取用此材料，以研求问题，则为此时代学术之新潮流。治学之士，得预于此潮流者，谓之预流。其未得预者，谓之未入流。此古今学术史之通义，非彼闭门造车之徒，所能同喻者也。"很显然，两位史学大家的精辟的论述用作评述自然科学研究也是非常恰当的。因此，我们期望通过对古代极光进行整理，来为古空间环境的研究提供重要的新材料，并启发新的问题。

本书在中外自然科学史研究成果的基础上，以支撑空间环境演化研究为主旨，收集整理了古代朝鲜极光记录两千余条，时间跨度达一千余年。所有史料皆以汉字记载，描述词汇以"赤气""赤祲""有气如火"等为主。本书从文化演进的角度考证了这些名词的涵义及使用方式，确定出其与极光的关联。通过现代空间物理学研究方法，评估其可靠性，并进一步探讨其对空间环境演化的启示。

古代朝鲜极光记录是古代汉文化圈的宝贵文明遗产，对于研究空间环境演化具有独一无二的价值。这份数据库将向国际学界开放，有望在各相关领域发挥重要作用。

在本书写作过程中，得到陈思、徐凯华、王誉棋三位研究生同学的大力协助，得到国家自然科学基金（41661164034、41621063、41525016）的支持，在此表示衷心感谢！科学出版社地质分社韩鹏老师的支持与鼓励是本书得以完成的必要条件，张井飞编辑的建议令我们获益良多，在此表示衷心感谢！

魏　勇　万卫星

2019年1月1日于元大都旧址

目　　录

第一章　古代朝鲜极光研究概述

第一节　古代朝鲜极光研究背景

地球大气和磁场受到太阳辐射和太阳风的强烈影响，在距离地面七八十千米高度以上形成了一个以等离子体为主要物质形态的区域，包括中高层大气、电离层、磁层等区域，其中磁层延展范围可达上百万千米。这一区域通常称为空间环境，是地球物理学，尤其是空间物理学研究者最主要的研究对象。空间环境中不停地发生着各种能量和物质的转移转化过程，但绝大部分肉眼不可见，必须借助现代电子仪器设备才能探知。但是这些过程所产生的诸多结果中的一种是可见的，这就是极光。电子仪器的发明和使用不过百年历史，而空间环境自地球拥有磁场和大气以后就存在，已有 40 多亿年的历史。自然界中能够记录下空间环境演化信息的介质极为有限，这些介质也是地球科学工作者不断探寻的一个重要目标。对于千年以来的空间环境变化，历史典籍中的古代极光记录成为目前最重要的信息来源。欧洲学者自 19 世纪就开始收集整理极光资料，而汉籍资料中的极光记载则较晚才受到关注（戴念祖，1975）。直到 1980 年，戴念祖与陈美东才正式发表古代中朝日三国极光的整理结果（戴念祖和陈美东，1980a，1980b）。截至目前，这份包括了 932 条记录的年表（以下简称《戴陈年表》）仍是规模最大的汉籍极光年表。近四十年过去了，人们对极光的认识更为深入，而汉籍文献电子化工作也有了长足进步，利用计算机全文检索可以更快捷全面地遍历巨量文献，这对于更新和扩充极光年表具有极大帮助。毫无疑问，更新后的极光年表将在古空间环境研究中起到推动性作用。这正是我们整理古代极光年表的最重要的目的。

众所周知，极光主要出现在南北极附近，分为北极光（aurora borealis）和南极光（aurora australis）。从这个意义上讲，将 aurora 译为极光是比较贴切的。事实上，aurora 一词来自拉丁文，原意指晨光或罗马神话中的黎明女神，与南北极并无关联。在空间物理学研究中，aurora 的涵义是空间中高能带电粒子撞击中性大气发出的辉光，是众多大气发光现象中的一种。通常在学术论文撰写和学术会议讨论等具有明确语境的情况下，不加修辞直接指代极区极光带范围内的发光现象。实际上，中、低纬地区也可以观测到极光，其原因可以是极端剧烈磁暴时高纬极光带向中低纬扩展，也可以由内辐射带的高能粒子沉降形成。或许因为这种极端剧烈的磁暴通常几十年一遇或者数百年一遇，抑或现代城市光污染和大气污染也阻碍了对微弱辉光的肉眼观测，这使得中低纬极光成为一种人们较少关注的现象。

朝鲜半岛位于中低纬地区。高丽王朝（公元 918—1392 年）首府在开京（今开城，北纬 37°57″，东经 126°32″），朝鲜王朝（公元 1392—1910 年）首府在汉阳（今首尔，北纬 37°33″，东经 126°58″）。《戴陈年表》中朝鲜极光记录有 588 条，占整个年表的 63%，而又以 16 世纪为最多（299 条）。而且，这些记录主要分布在东南方向，绝大多数以红色为主，不符合北极光的一般特征。究竟这些红色极光是否属于北极光，曾引起国内外学者的争论。《戴陈年表》的资料来源包括《朝鲜王朝实录》《三国史记》《三国遗事》《高丽史》《东国通鉴》《增补文献备考》等，但没有包括《承政院日记》这一极为重要的史料。《承政院日记》是编撰《朝鲜王朝实录》的基本资料来源，现存 3243 册，2.4 亿字，其体量比《朝鲜王朝实录》（888 册，5400 万字）还大。《承政院日记》包括了 1623—1910 年共 288 年的历史。本书包括了《承政院日记》中的极光记录，大幅度扩充了年表的体量。寻找更多的资料信息，以求究竟，是我们的一个重要目的。

历史上朝鲜半岛与中原王朝保持着密切的天文学交往。在新罗（公元前 57—公元 902 年）、高句丽（公元前 37—公元 668 年）和百济（公元前 31—公元 660 年）三国并存时期，就留下了大量的天象记录。从公元 1145 年朝鲜史家修成的《三国史记》中的记载看，进行异常天象观测时所选的观测对象（包括交食、月掩星、五星凌犯、客星、彗星和流星等）、所用的术语和星官名称等也都与中国史籍基本一致，说明三国天文机构在这些方面也基本采用的是中国天文学系统（石云里，2014）。公元 918 年高丽王朝建立，很快设立了太卜监和太史局，负责天文星占、历法授时等事务。后太卜监先后改称司天台、司天监、观候署等，最后又正式合司天监、太史局为书云观。通过比较可以发现，高丽王朝天文机构与唐、宋天文机构在体制上基本相仿，只不过规模略小（石云里，2014）。朝鲜王朝建立后，随着中朝天文学交往的深入，对中国天文学系统的认可度和理解程度进一步增强。如《朝鲜王朝实录》中的《燕山君日记》卷三十四记载了发生在燕山君五年（1499 年）的一段关于“赤气”的对话：

传于承政院曰：“六月三十日夜，予在大造殿观之，天际有如群炬之气，上触于空，流动不定。初若自南山上而向东，俄复西流，又转而向东，始自四更，至于五更乃灭。其状又如旱时月色，或如禅家所云放光。其召金应箕问之。”应箕考《文献通考》以启曰：“所谓赤气也。”传曰：“知道。”

再如，《朝鲜王朝实录》中的《中宗实录》卷四十四中记载了发生在中宗十七年（1522 年）的一段关于“气”的对话：

观象监启曰：“去夜，有气见西南，如火气，至晓乃销。考之《文献通考》乃猛将之气云。”传曰：“此，非常之灾，虽不可指为某事之应，上下所当恐惧修省。”

由此可见，成书于元初的《文献通考》传入朝鲜王朝后成为判定和解读天象的重要依据。《文献通考》于元泰定元年（公元 1324 年）首次刻印，传入朝鲜当在此之后。《朝鲜王朝实录》共提及《文献通考》200 多次，首次出现在太宗元年八月二十二日（1401

年10月8日）：

命议政府，相构元子学堂之地于成均馆。时，元子年八岁，上欲令受学于僧，知申事朴锡命等启曰："前朝衰季，学校陵夷，士大夫之子，率皆学于山僧，非古制也。山僧所知，不过词章句读之末，无益于学也。宜入成均馆，日与学官及诸生，讲论切磋，以养德性。"上嘉纳之，遂命政府及锡命，往成均馆焉。且曰："无令侈大，但成寝宿之室可矣。师傅则自有成均官员，侍学则生员可矣。衣服饮食，皆如常例。"政丞金士衡等，欲取前朝史，以考睿王为元子时入学之礼，上曰："睿王之事，何可法乎？考诸《文献通考》可也。"

可见，在王朝建立后的第九年，太宗即位之初就明确了《文献通考》的权威地位，其后数百年的君臣对话中，经常出现"臣等谨按《文献通考》……"类似句型。我们因此有理由相信，朝鲜王朝对于天象的研判是遵从统一标准的，即中国天文学体系。

但是，赤气等名词在《三国史记》和《高丽史》中就已经出现，本书在《高丽史》中录得赤气161条。查阅《戴陈年表》可见，中国首次赤气记录出现在公元前154年8月（《戴陈年表》第12条）：

汉景帝前元三年七月，天北有赤者如席，长十余丈，或曰赤气，或曰天裂。

而《三国史记》中赤气首次出现在公元34年5月（《戴陈年表》第37条）：

百济多娄王七年夏四月，东方有赤气。

这一对比说明了古代朝鲜天文系统与中国天文系统的一致性和连续性。事实上，从《戴陈年表》中可以看到，朝鲜极光记录多为红色，记载笔法很有特色，采用了风格较为统一的句式和名词，基本没有扩展解释，类似于我们今天常说的"格式化"。名词包括赤气、赤祲、（有）气如火（光）、（有气）如火气等，这给计算机检索带来了很大方便。相比之下，中国极光记录较为复杂，除赤气外，还常用比喻的手法来描述极光的形态和变化，尤其是苍、青、黑、紫等颜色的疑似北极光带部分的极光。古代朝鲜极光记录的格式化风格可由《承政院日记》记载的发生在显宗十年（1669年）的一段关于日常公文列表的描述得到佐证：

兵曹今二十一日一二所巡将行巡无事单子，烽燧候望无事单子各一。观象监日变单子，有气如火光单子各一。宗簿寺草记，清风都正沃推考事一度。

可见，"有气如火光"是一种固定的表述，由观象监提交承政院。应当指出的是，

《朝鲜王朝实录》和《承政院日记》都是编年体，尤其是后者为逐日记录，对极光的记录可以精确到日，这比纪传体史书更接近现代科学研究的常规观测。

极光的判定原则显然是编制极光年表最重要的考虑因素。我们在整理极光年表的过程中，以“气”为关键字的天象描述是首选的。夜间（包括晨昏）出现的赤气、有气如火、如火气等天象记录绝大部分都收录于年表中。为什么古人要用气来描述极光？这要从其涵义说起。

在中国古代的哲学思想中，“气”并不是今天日常生活中所说的空气之“气”，而是一个与阴阳五行一起不断演进的哲学概念（胡维佳，1993）。许慎《说文解字》提到：“气，云气也，象形，凡气之属皆从气。”“云，山川气也。从雨，云象回转之形。凡云之属皆从云。”可以说，至少在东汉时期的许慎看来，气的概念起源于对云的观察，又用来描述云的本质，指有形之物。其后气的外延和内涵不断发生变化。就外延来说，从有形之气到无形之气，变得无所不包。就内涵而言，则由感性直观不断向理性抽象上升，直至成为宇宙万物的本体。然而，气的概念的发展，是一个逐层递加的累进过程。在这个过程中，新获得的属性并不排斥早先具有的内容（刘长林，1991）。明朝哲学家王廷相（1474—1544 年，官至都察院左都御史）的《慎言》给出了十分精致的表述：

有形亦是气，无形亦是气，道寓其中矣。有形，生气也，无形，元气也，元气无息，故道亦无息。是故无形者道之氐也，有形者道之显也。

……

气，物之原也；理，气之具也；器，气之成也。易曰：“形而上者为道，形而下者为器。”然谓之形，以气言之矣。……

……是故太虚真阳之气感於太虚真阴之气，一化而为日、星、雷、电，一化而为月、云、雨、露，则水火之种具矣。有水火则蒸桔而土生焉。曰滷之成鹾，水炼之成膏，可类测矣。土则地之道也，故地可以配天，不得以对天，谓天之生之也。有土则物之生益众，而地之化益大。金木者，水火土之所出，化之最末者也。五行家谓金能生水，岂其然乎！岂其然乎！

这几段话，清楚地表达了王廷相的观点：气是物的本原，可以有形也可以无形，是介于形而上和形而下之间的一种存在，是构成天象和气象的内在原因，是联接阴阳和五行的关键。当气变成一个抽象的概念，且在认知体系中具有了最高等级之后，用气来描述无形或不甚了解之物，就成为比较安全且容易得到接受的做法，例如中医理论就经常用到气的概念。王廷相认为，日、星、雷、电、月、云、雨、露等常见自然现象均是气所具形而成，那么对于一些不常见的现象，直接称之为气则完全符合当时的认知体系。在古代朝鲜极光“有气如火光”“有气如炬火”“有气如火气”等表述中，核心句式为“气如 XX”，“有”字为语助词。由于同一套史书在同一朝代内同时使用赤气和“气如 XX”，那么我们便有理由相信，赤气是一类被中国天文体系所了解的现象，而“气如 XX”则是中国天文体系中没有描述过的一类现象，因此没有专有名词可用。按此推论，那么“气如 XX”很可能是朝鲜半岛当地才常见的现象。因此，我们按不同的关键词来分别制表。在本书第二章的分析中将证明，赤气和气如火的确是两种不同的极光现象。

最后，必须要强调，正是由于戴念祖和陈美东先生的辛勤探索，引领我们在浩如烟海的卷帙中窥见古代朝鲜极光记录的轮廓，我们的工作才能够事半功倍。使用本书年表的读者，应和我们一样，对二位先生的贡献心存感激。

第二节　古代朝鲜极光年表介绍

本书中的古代朝鲜极光年表共包括 2211 条记录，分为 8 个表格。这些记录来源于《高丽史》《朝鲜王朝实录》《承政院日记》三本最重要的官修史书。

《高丽史》是记载高丽王朝（公元 918—1392 年）历史的纪传体官史，于朝鲜王朝初期成书，从 1392 年起至 1451 年，经历太祖、太宗、世宗、文宗四朝，历时 59 年才完成。期间史书经过多次修订，编纂者有郑麟趾等多人。全书于文宗元年八月（明景泰二年，1451 年）完成。全书计分世家 46 卷，志 39 卷，表 2 卷，传 50 卷，目录 2 卷，记载朝鲜历史上高丽王氏王朝的事迹。天象记录主要编撰在天文志中。

《朝鲜王朝实录》是记载朝鲜王朝（公元 1392—1863 年）历史的编年体历史书。按年、月、日顺序，记录了自朝鲜王朝始祖太祖到哲宗共 25 代、472 年间（1392—1863 年）的历史，共有 1893 卷，888 册。参与《朝鲜王朝实录》编写的人员，无论是负责基础资料制作还是实际编撰，朝鲜王朝对其官职的独立性和记述内容的保密性都设有制度加以保障。实录的编撰在下任国王即位后开始，国家设立了实录厅和专门官员负责编撰。君主不能随便观看史稿，从而进一步保障了这些材料真实可信。实录编撰完毕后送到专门负责机构——史库，各持一份保管。尽管“壬辰倭乱”和“丙子胡乱”时期，史库的实录资料部分被烧毁，但古代朝鲜政府及时组织重修和再版。《朝鲜王朝实录》编撰的主要参考资料包括相关政府机关根据各种报告文书整理而成的《春秋官时政记》、前任国王在位时期史官们记录的史稿、《承政院日记》、《议政府登载》、《日省录》等主要政府机关的记录以及个人文集等（节选自韩国文化财厅介绍）。

《承政院日记》是朝鲜王朝最大的机密记录。因为编撰《朝鲜王朝实录》时将其作为基本资料使用，理所当然地被认作是比《朝鲜王朝实录》更有价值的资料。承政院是朝鲜定宗时期设立的机关，是处理所有国家机密的国王秘书室。《承政院日记》是自 1623 年 3 月（仁祖元年）到 1894 年 6 月（高宗三十一年）共 272 年间由承政院，及其后历次更名为承政院、宫内部、秘书监、奎章阁的这一机构编制，记录了截止到 1910 年处理国情的内容。《承政院日记》以日记的形式每个月写出一册，以此为原则，后期随着内容的增加，也有每个月出两册以上的情况。其记录内容广泛涉及国政各个方面的史实，包括启禀、传旨、请牌、请推、呈辞、上疏、宣谕、传教等内容。由于战乱（“壬辰倭乱”、“李适之乱”）、火灾（英祖二十年、高宗十一年、高宗二十五年）、遗失（纯祖三十三年）、失窃（世祖十二年前后、纯祖三十四年）等原因，虽然经过英祖、高宗时期多次修补，如今流传下来的《承政院日记》从仁祖元年（1623）三月到隆熙四年（1910）八月，共 3244 册。现今保存在首尔大学奎章阁。在留存的《承政院日记》中，从仁祖元年到景宗元年 99 年间的日记 548 卷，从哲宗二年到高宗二十五年 38 年间的日记 361 卷，纯祖三十三年（1833）和三十四年（1834）遗失的 7 卷，高宗十一年（1874）烧毁的 18 卷，是后世改修过的（损毁和补修的详细情况，参见东北师范大学吴静超硕士学位论文《〈承政院日记〉的编纂、存补与史料价值》，2017）。《承政院日记》是世界上规模最大的年代文献，共 3243 册，24250 万字。其史料价值，比中国二十五史（3386 册，约 4000 万字）和韩国的《朝鲜王朝实录》（888 册，5400 万字）还大。如果说《朝鲜王朝实录》为国王去世后史官们编撰的二手资料，《承政院日记》则是真实记录当时的政治、经济、国防、社会、文化等的历史记录，是朝鲜时代第一手史料。高宗三十一年甲午战争以后日记内容受到日本统治者的干涉。记录的很多内容成为研究近代史的第一手基本史料。图 1.1 展示了一条“有气如火光”记录的扫描图像。

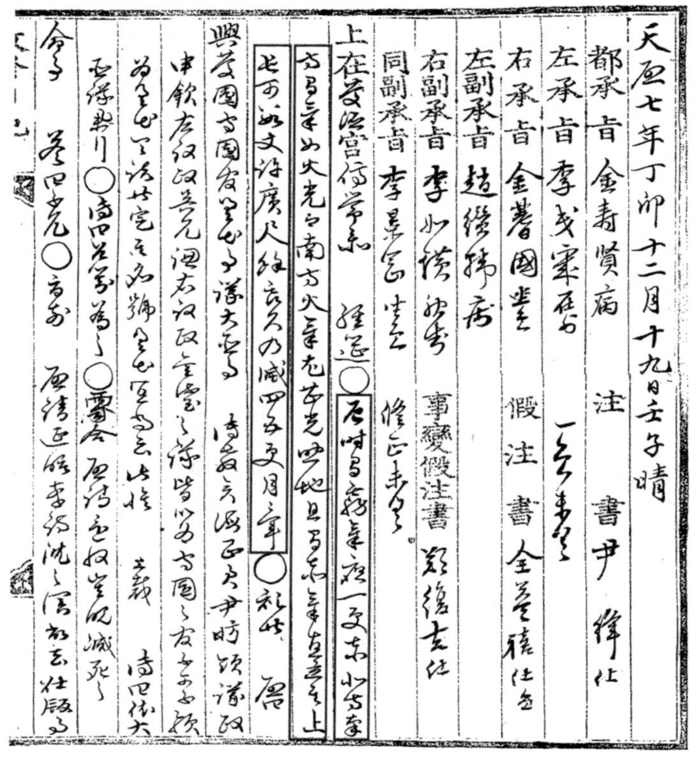
天啓七年丁卯十二月十九日壬子晴
都承旨金壽賢病　注　書尹
左承旨
右承旨金蓍國　假注書
左副承旨
右副承旨　事變假注書
同副承旨

图 1.1　《承政院日记》原文示例

其他史书，诸如《三国史记》《三国遗事》《东国通鉴》《增补文献备考》《天东象纬考》等也包括较少的极光记录，本着正史优先的原则，目前不做收录。本书共包括 8 个极光年表，按关键词进行分类。四个关键词为赤气、赤祲、气如火、如火气。史书原文不包括标点，电子化时加了标点，这在检索时已经加以考虑。

所有表格均为统一格式，第 1 列为编号，第 2—4 列为公历年月日，第 5—6 列为农历月日，第 7 列为原文，第 8 列为 ID 编号。农历月份如遇闰月，则闰月在后。由于韩国相关史籍网站承诺每条内容都有永久 ID 编号，故本书不以帝王年号和史书卷册号来标注，而直接使用 ID 编号。使用 ID 编号在互联网上查找原文的方式为：

《高丽史》http：//db.history.go.kr/id/ID 编号；

《朝鲜王朝实录》http：//sillok.history.go.kr/id/ID 编号；

《承政院日记》http：//sjw.history.go.kr/id/ID 编号。

查询返回结果包括三种：汉文原文、韩语译文、原书扫描图像（图 1.1）。

读者检查日期转换时，应注意清初（1644—1658 年）置闰问题。以 1648 年为例，按明昭宗（桂王）永历二年应闰三月，按清顺治五年则应闰四月。通过《承政院日记》网站查询表 3.8 中第 413 条记录的原书扫描图像可发现，该日记载首句为“顺治五年戊子闰三月初六日辛未阴吹南风”。这是因为朝鲜王朝一直奉明朝为正朔，使用明朝所颁历法《大统历》。虽然普遍认为明朝亡于 1644 年，朝鲜王朝仍在较长时间内暗奉明朝为正朔，也未向清朝请授历书《时宪历》。故其史书虽使用顺治年号，却按明历置闰。再如，表 3.8 中第 472 条和 473 条记录分别为 1650 年 11 月 30 日和 1650 年 12 月 30 日，对应农历均为十一月初八，但后者为闰十一月初八。明昭宗（桂王）永历四年按此置闰，而清历则在第二年（顺治八年）的二月置闰。首次按《时宪历》置闰在 1659 年（闰三月）。本表不单独标注闰月，有兴趣的读者可查询朝鲜史书原文。时刻与方位的转换如图 1.2 所示。

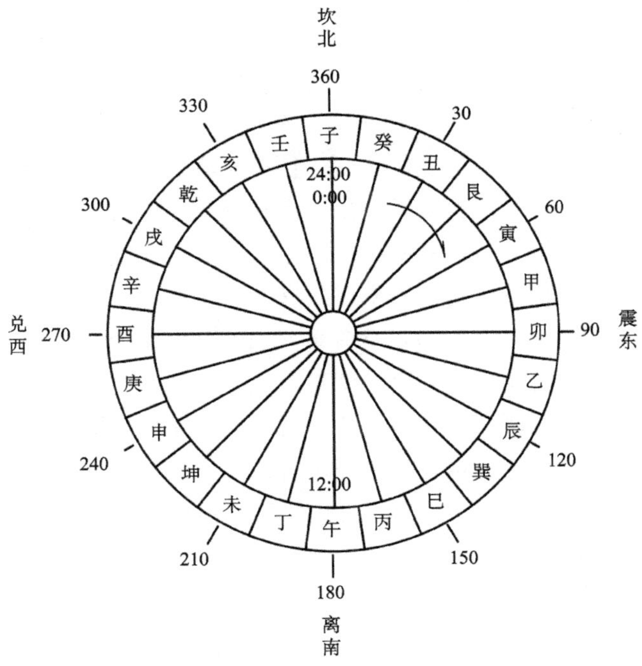

图 1.2　古代罗盘方位和时间图

对于同一天出现两条完全相同的记录的情况，只保留其中一条。对于同一天出现两条不同记录的情况，两条均保留。例如，表 3.8 中第 563 条为“辰時至未時，日暈。夜一更二更，艮方東方巽方，有氣如火光。五更，艮方東方，有火光。啓。”，而发生在同一天的第 564 条为“酉時，雨雹狀如小豆。夜自一更至四更，巽方東方艮方，有氣如火光。啓。以上朝報。”。两条记录所描述的时间范围不完全重合，故保留。在本书全部表格中，此种情况仅有数次。

对于记录内容有疑问的情况，以原书扫描图像为准。如表 3.8 中第 782 条，网站标注为二月二十，经查原书扫描图像，实际为二月二十一。考虑到韩国古籍网站也在不断接收使用反馈，查错更新，此种情况，本书也不单独再作说明。

第三节　从《燕行录》看古代中朝极光记录的关联

在近两千年的时间里，朝鲜半岛与中国一直保持着天文学方面的交往。古代天文学涉及制历、观象、星占、授时、日月食预报等多个方面。在自然科学认知水平低下的古代，自称天子的帝王把对天象规律的掌握当做是巩固王权的重要手段，因而天文学也是一个非常敏感的领域，历代中国王朝皆禁止私习天文。自元朝与高丽建立宗藩关系后，作为藩属国的朝鲜王朝在初创时期天文学水平较低，所使用的历书依赖中国王朝颁布，此举也是其奉中国为正朔的标志。从这个角度看，朝鲜人对天象的认知与中国人的认知应当具有非常紧密的联系。

在本章第一节曾经提到，《戴陈年表》中古代朝鲜极光的数量很大，占比超过 60%，引起了诸多争论。位于朝鲜西侧的中国和东侧的日本均没有发现如此大规模的记载，这确实是摆在研究者面前的一个难题：中国和日本究竟是没有看到，还是看到了却不做记载？

如果要回答这一问题，应当让朝鲜王朝的观象监的官员到中国和日本去做观测，并按照朝鲜王朝的治书方式做记载。我们常说，历史不容假设。这听起来是个不可能的事情，但事实上，这个假设的情形的确发生了，而且留下了可与《承政院日记》做对比的资料，这便是以《昭显沈阳日记》为代表的《燕行录》。这套资料的价值，在解译古代中朝极光的关联问题上，其价值堪比“罗塞塔石碑”。

朝鲜王朝时代中朝关系是典型的朝贡关系。朝鲜王朝作为藩属国，要经常派遣使臣到中国朝贡。因朝鲜王朝将明朝视为“天朝”，这种出使行动被称为“朝天”。出行的使臣会记录下在中国的所见所闻以及他们的思考，内容涵盖政治、经济、文化、自然现象、人文地理等方面，表达形式也多种多样，有常规的叙事日记，也有诗词歌赋。这些资料被统称为《朝天录》。明朝灭亡以后，这种活动仍然保持，但是不再称为“朝天”，而改称“燕行”。燕指燕京（今北京），清王朝的首都。燕行使臣留下的资料被称为《燕行录》。目前，学界通常把元明清三代的使行记录统称为《燕行录》。近来，林基中整理了《燕行录全集》，共 100 册，由韩国东国大学出版社出版，收录约 500 余种从 1200 年到 1800 年的燕行记录，成为明清史学领域的重要资料，其中也包括了大量天象信息。

《燕行录全集》第四十一册中收录了洪良浩（1724—1803 年）所著的《燕雲紀行》，其中有一首题目为《盛京》的诗：

白头山下射雕归，
黄草岭前万马肥，
大漠飞腾龙虎气，
雄城睥睨帝王畿。
云生黑水成丰沛，
天送长星入紫微，
席卷入荒高一榻，
福陵梓树已盈围。

其中，“大漠飞腾龙虎气”一句旁边做了注解为“明末东北方常有气如火盖是清人将兴之兆故云”。洪良浩作为谢恩使团副使于 1783 年 1 月 22 日到达北京，同年 3 月 8 日离京，其时距离明朝灭亡已经一百多年。这句注解提到“清人将兴”，在用词上反映出朝鲜人已经不再有强烈的奉明正朔的思想，相反，还试图为明清王朝更迭寻找“天兆”：“天送长星入紫微。”当然，我们更加感兴趣的是“明末东北方常有气如火”。洪良浩如何会对一百多年前的明末天象有这种印象？无非有两种可能，一是直接阅读官方记录。朝鲜王朝有极为严格的史库管理制度，时任监察谏议机构司宪府大司宪（从二品）的洪良浩在查阅史籍时具有何种等级特权，我们并不知晓。考虑到洪良浩在出发的当月刚刚完成《中宗朝宝鉴》的编撰工作，这种可能性是存在的。二是来自于野史、文学作品，甚至民众的代代口传。倘若是这种情况，说明明末的异常天象在民众中确实造成了无法磨灭的记忆，而不仅仅是彻夜值守的观象监官员一人所见。洪良浩在使燕时期中朝均无极光记录，他却想去为当年的“有气如火”寻找一个解释，可见这个疑问在其心头并非一时，当是其所见燕京之繁华（是年为乾隆四十八年）突然触发了灵感，因而诗兴大发。这两种可能性交由读者评判，应当提醒的是，本书极光年表统计结果显示，东南方极光远多于东北方。如果说 17 世纪极光记录增多有政治原因的话，那么洪良浩能在毫无政治压力的情况下说出这句话，无论如何都支持了 17 世纪中期众多极光记录的真实性。

《燕行录全集》第九十五册中收录了一本杂集《燕中闻见》，其中包括肃宗七年（康熙二十年）九月昌城君李俽率领的谢恩使团使燕记录。其中记载道：

（十一月）初六日，江抚慕天颜题报，六月望，夜一更时，空中有黄红白青黑五龙往来相斗，官民皆聚见，至五更量散去，后天鼓连响三次。人民惊怕变异非常。曾于吴三桂起兵之时二龙相斗空中，今五龙又出而斗之，人心颇疑惧云矣。

毫无疑问，这是典型的北极光特征。是年六月十五日对应公历日期应是 1681 年 7 月 29 日。《戴陈年表》第 894 条有来自《清史稿》天文志的记录（1681 年 7 月 24 日）：

康熙二十年六月辛卯，东北青气六道。

考虑到《燕中闻见》的记录日期晚于实际观测日期近 5 个月，且为转述，可以认为这两条记录描述的是同一次事件。这次事件在古代空间环境研究中价值极高，因为它发生在太阳活动极弱的孟德尔极小期（1645—1715）。朝鲜使团佐证了这次事件的真实性。

《昭显沈阳日记》是诸多《燕行录》中最为独特的。1637 年，清军攻入汉城，朝鲜王朝国王仁祖的嫡长子、明朝正式册封的王位继承人昭显世子李溰被迫到沈阳做人质，直到 1644 年才回到朝鲜。《昭显沈阳日记》由随同来沈阳的史官书写，并非昭显世子本人的私人日记。所谓“日记”，即起居注，体例严谨，行文恪守《朝鲜王朝实录》笔法。八年中，屡换史官，字体多次变化，但行文风格始终如一。有学者甚至认为《昭显沈阳日记》应当被视为朝鲜国史的一部分（邱瑞中，2010 年，《燕行录研究》，广西师范大学出版社）。《昭显沈阳日记》始于仁祖十五年正月三十日（1637 年 2 月 24 日），终于仁祖二十二年八月十八日（1644 年 9 月 18 日），逐日记载，共计 1383 页。可以认为，《昭显沈阳日记》具有与《朝鲜王朝实录》和《承政院日记》同样的价值，是以朝鲜人的眼光来记录沈阳的天象。

据我们不完全统计，《昭显沈阳日记》中的天象记录有二十多条，比如其准确记录了发生于 1637 年 12 月 31 日的月偏食，另外还有流星、木土金三星合等事件。关于极光的记载主要集中在 1644 年 2 月至 3 月（仁祖二十二年，崇祯十七年，顺治元年）。摘录如下：

甲申正月二十日晴，一更二更，艮方巽方，有气如火光。
甲申正月二十六日晴，夜二更，东方有火光。
甲申二月二日晴，夜一更，艮方巽方，有气如火光。

三条记录分别对应公历月日为 2 月 27 日、3 月 4 日和 3 月 10 日。如果我们查看本书表 3.8 则发现，前两条在朝鲜也有记录，编号为 334 和 335。在表 3.8 中与第三条相邻的记录分别是 338 号（3 月 7 日）和 339 号（3 月 12 日）。经查《承政院日记》，从 2 月 27 日到 3 月 12 日共有 15 天，均是晴天，其中 6 天看到极光。我们从空间物理学研究的经验出发，倾向于认为这是一次连续性的太阳活动事件，其太阳风驱动源应当是太阳风中的一个“共转相互作用区”。同期沈阳除 3 月 3 日阴天，其他均为晴天。因此两地可比性非常强。对于这 15 天的小样本分析，我们可以暂时认为沈阳观测到这种极光的概率为汉城的 50%。然而，考虑到近八年的时间也只有这三次记录，那么我们结论为沈阳与汉城同时观测到这种极光的概率微乎其微。再查《戴陈年表》发现，据此期间最近的极光记录为发生在1644年2月8日的第871号：

明思宗崇祯十七年正月初一，寅刻，赤气亘天。

须注意此条记录来自《真定县志》，官修正史并无记载。真定县于雍正元年（1723年）因避胤祯讳，改为正定县，位于今河北省石家庄市。

通过对比，我们暂时得到一个印象："有气如火光"这种现象，中国境内观测到的概率非常小，且即使观测到，正史天文志也不倾向于收录记载。这也许是古代朝鲜极光在《戴陈年表》中占比过大的一个重要原因。因此，古代朝鲜极光可以被认为是一个局域现象，应当与当地当时的地磁场结构有密切关系，我们将另文分析。总而言之，朝鲜史籍中丰富的极光记录对于研究古空间环境具有极高的价值。

参考文献

戴念祖. 1975. 我国古代的极光记载和它的科学价值. 科学通报, 20(10): 457-464.

戴念祖, 陈美东. 1980a. 中、朝、日历史上的北极光年表——从传说时代到公元1747年. 科技史文集, 6(6): 87-146.

戴念祖, 陈美东. 1980b. 关于中、朝、日历史上北极光记载的几点看法——兼论《中、朝、日历史上的北极光年表》. 科技史文集, 6(6): 56-68.

胡维佳. 1993. 阴阳、五行、气观念的形成及其意义——先秦科学思想体系试探. 自然科学史研究, 12(1): 18-30.

刘长林. 1991. "气"概念的形成及哲学价值. 哲学研究, (10): 56-64.

石云里. 2014. 中朝两国历史上的天文学交往(一). 安徽师范大学学报(自然科学版), 37(1): 6-15.

第二章　古代朝鲜极光基本特征

本书中的朝鲜极光年表共包括 2211 条记录，按文献来源和类别分为 8 个表格。每个表格的记录数量及起止时间如表 2.1 所示。可以看到，“赤气”一词在 800 多年历史中一直沿用，“赤祲”一词主要在高丽王朝出现，而“气如火”这种表述则是 16—19 世纪中大量出现。为避免干扰读者研究，本章只通过图片展示朝鲜极光基本观测特征，不做任何结论性分析。本书数据库将对全世界研究者开放，读者可自行研究分析。

表 2.1　极光数据分类情况概览表

序号	文献来源	极光类别	极光数量	起止时间
1	《高丽史》	赤气	161	1012-06-12—1390-05-06
2	《高丽史》	赤祲	42	1014-04-06—1391-02-06
3	《朝鲜王朝实录》	赤气	110	1395-04-28—1737-12-15
4	《朝鲜王朝实录》	赤祲	8	1393-03-16—1411-01-02
5	《朝鲜王朝实录》	气如火	324	1507-02-03—1795-04-24
6	《朝鲜王朝实录》	如火气	140	1522-04-05—1604-02-27
7	《承政院日记》	赤气	42	1624-01-27—1712-09-04
8	《承政院日记》	气如火	1384	1625-03-06—1811-12-14

第一节　《高丽史》中的极光记录

（一）赤气

1. 数据概览

《高丽史》中赤气数据记录主要有 161 条，从 1012 年至 1390 年，每年发生极光数目时间序列如图 2.1 所示。

2. 月份分布

《高丽史》中赤气月份分布如图 2.2 所示，从数据分布来看，3 月发生极光数目最多，对应春分时期。赤气数据从 1012 年至 1390 年跨度约 400 年，跨越四个世纪，每个世纪月份分布如图 2.3 所示。

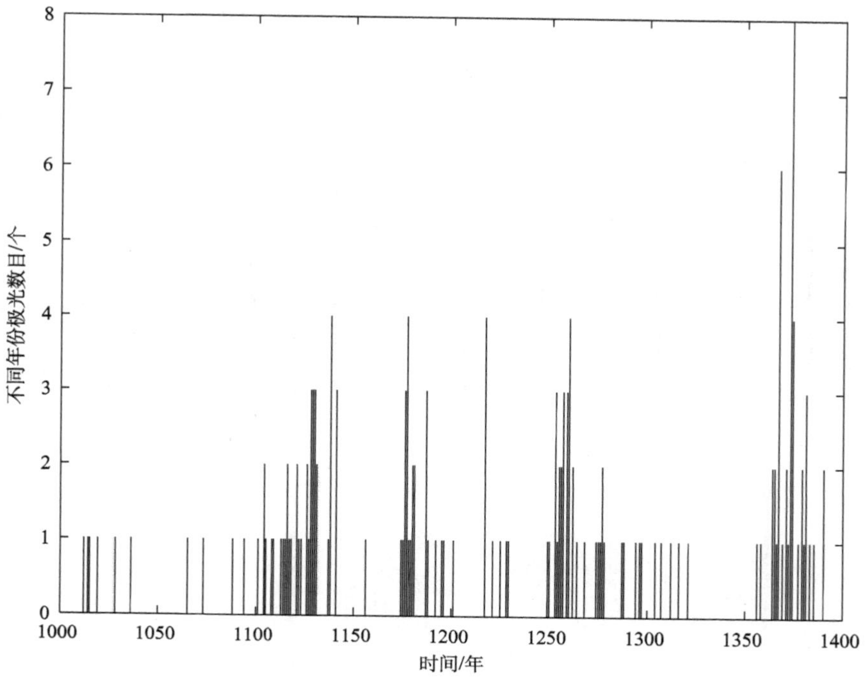

图 2.1　《高丽史》赤气每年发生极光数目时间序列图

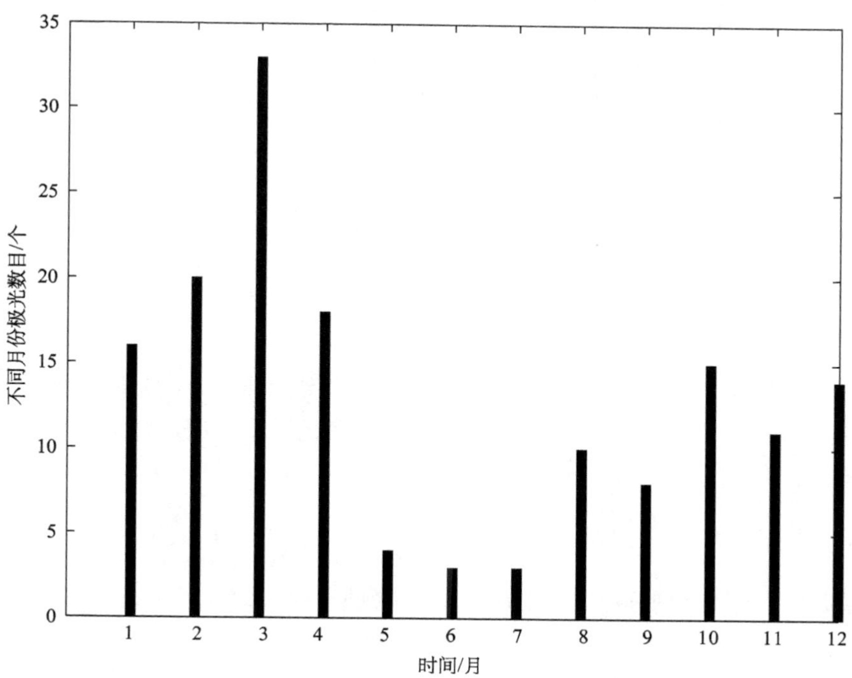

图 2.2　《高丽史》赤气月份分布图（1012—1390 年）

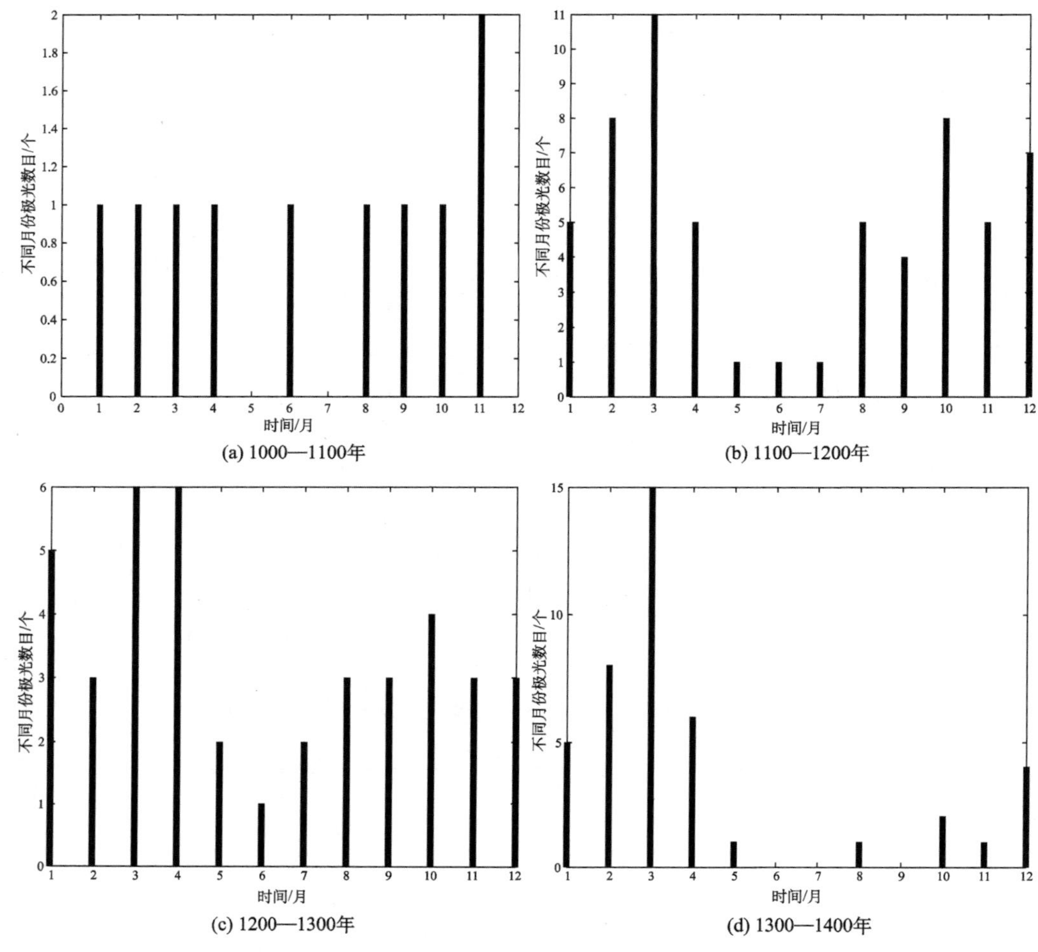

图 2.3　《高丽史》赤气月份每个世纪分布图

3. 月相分布

《高丽史》中赤气月相分布如图 2.4 所示，从数据分布来看，满月时极光数据记录最少。赤气数据从 1012 年至 1390 年跨度约 400 年，跨越四个世纪，每个世纪月相分布如图 2.5 所示。

4. 时刻分布

《高丽史》中赤气时刻分布如图 2.6 所示，从数据分布来看，亥时极光数据记录最多。赤气数据从 1012 年至 1390 年跨度约 400 年，跨越四个世纪，但有时刻记录的极光记录并不多，在 1000—1100 年和 1300—1400 年没有时刻记录，每个世纪时刻分布如图 2.7 所示。

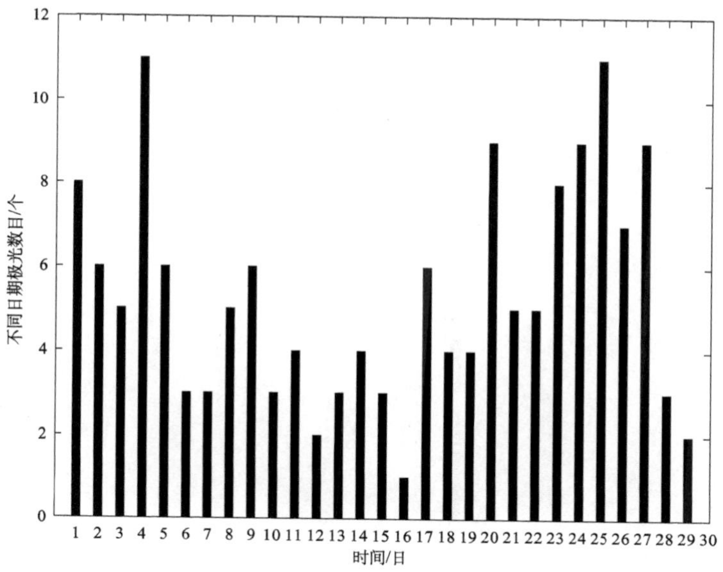

图 2.4　《高丽史》赤气月相分布图（1012—1039 年）

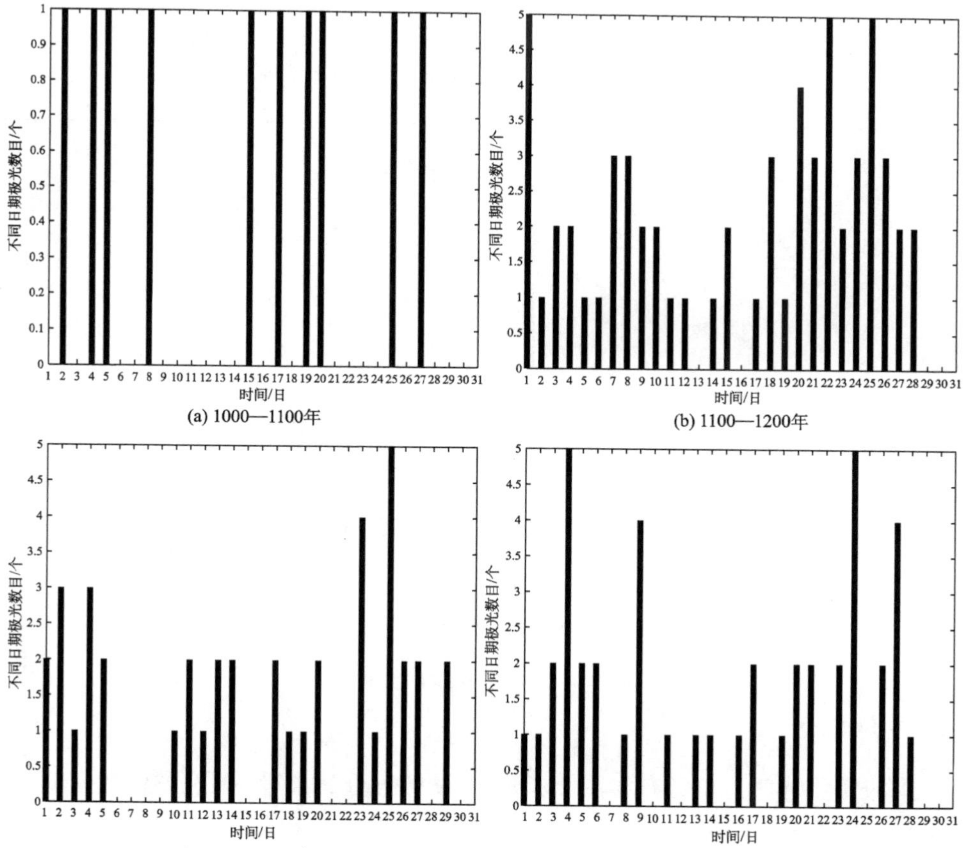

不同日期极光数目/个
时间/日

(a) 1000—1100年

(b) 1100—1200年

(c) 1200—1300年

(d) 1300—1400年

图 2.5　《高丽史》赤气月相每个世纪分布图

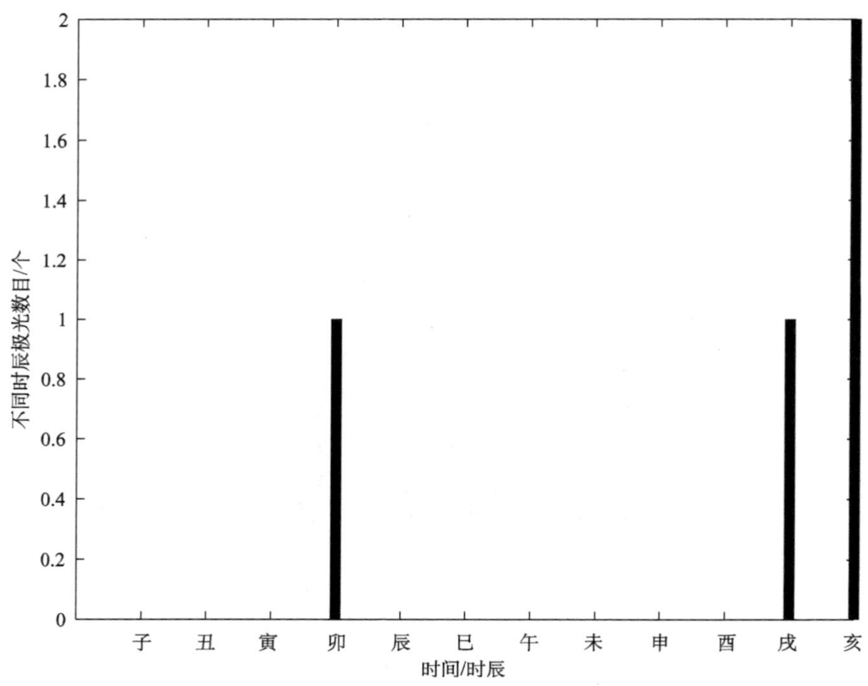

图 2.6　《高丽史》赤气时刻分布图（1012—1390 年）

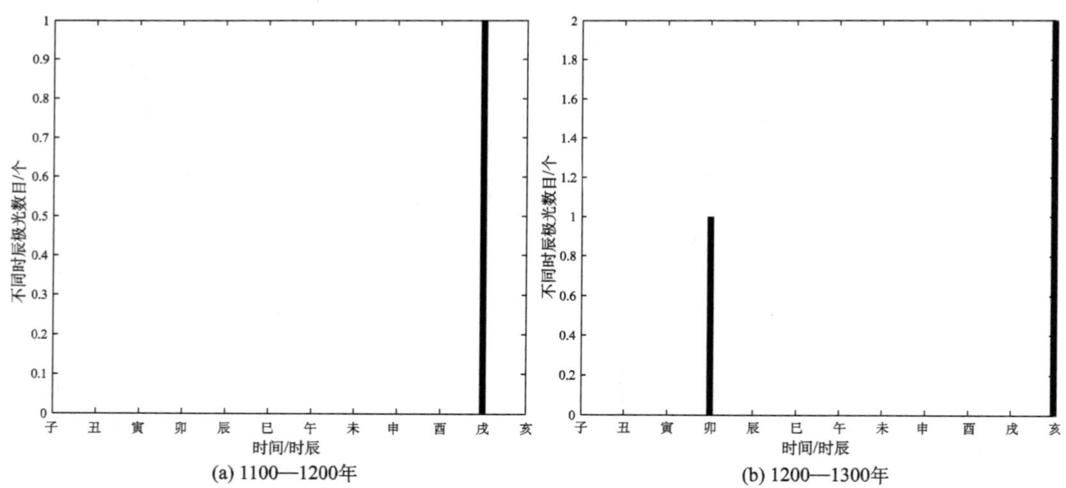

图 2.7　《高丽史》赤气时刻每个世纪分布图

5. 方位分布

《高丽史》中赤气方位分布如图 2.8 所示，从数据分布来看，西北方位数据记录最多，东和西方位数据记录较多。赤气数据从 1012 年至 1390 年约 400 年，跨越四个世纪，其中 1100—1200 年各个方位均有出现，每个世纪方位分布如图 2.9 所示。

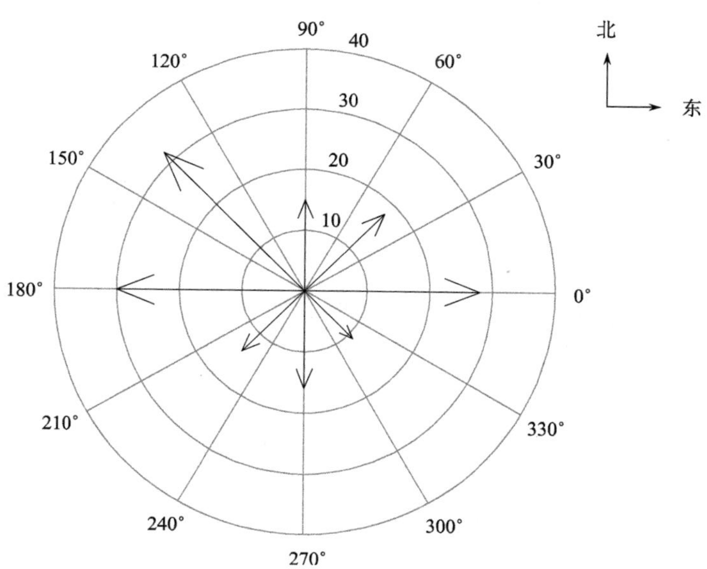

图 2.8 《高丽史》赤气方位分布图（1012—1390 年）

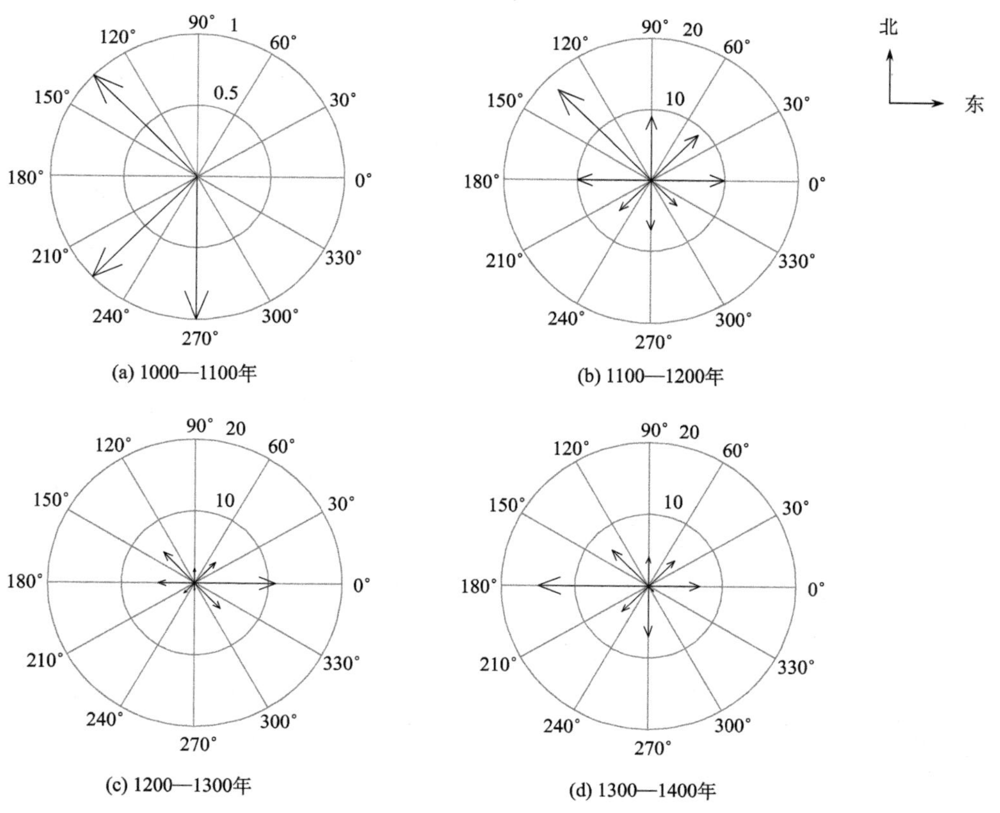

图 2.9 《高丽史》赤气方位每个世纪分布图

（二）赤祲

1. 数据概览

《高丽史》中赤祲数据记录主要有 42 条，从 1014 年至 1391 年，每年发生极光数目时间序列如图 2.10 所示。

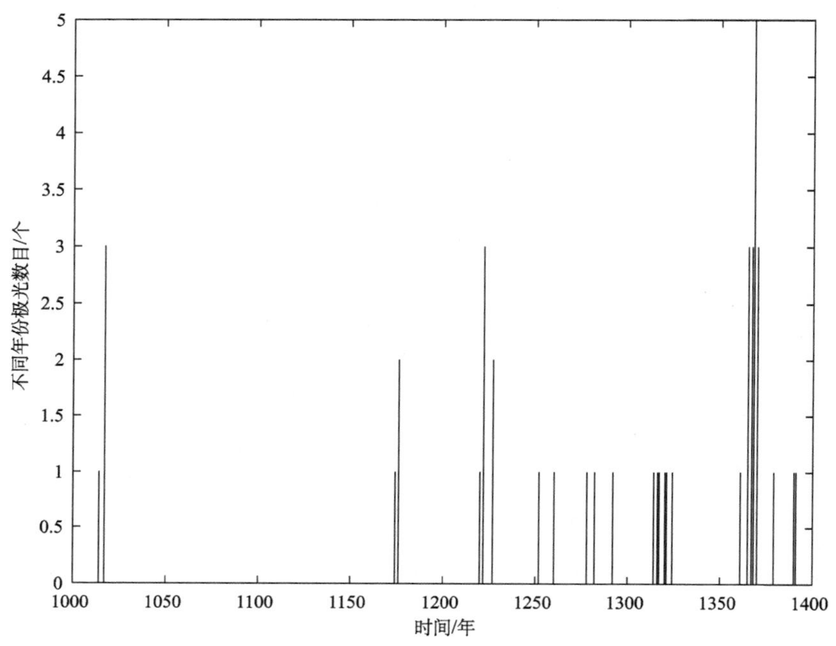

图 2.10　《高丽史》赤祲每年发生极光数目时间序列图

2. 月份分布

《高丽史》中赤祲月份分布如图 2.11 所示，从数据分布来看，3 月发生极光数目最多，对应春分时期。赤祲数据从 1014 年至 1391 年约 400 年，跨越四个世纪，每个世纪月份分布如图 2.12 所示。

3. 月相分布

《高丽史》中赤祲月相分布如图 2.13 所示，从数据分布来看，满月时极光数据记录为 0。赤祲数据从 1014 年至 1391 年约 400 年跨越四个世纪，每个世纪月份分布如图 2.14 所示。

4. 时刻分布

《高丽史》中赤祲数据记录较少，没有极光发生的时刻记录。

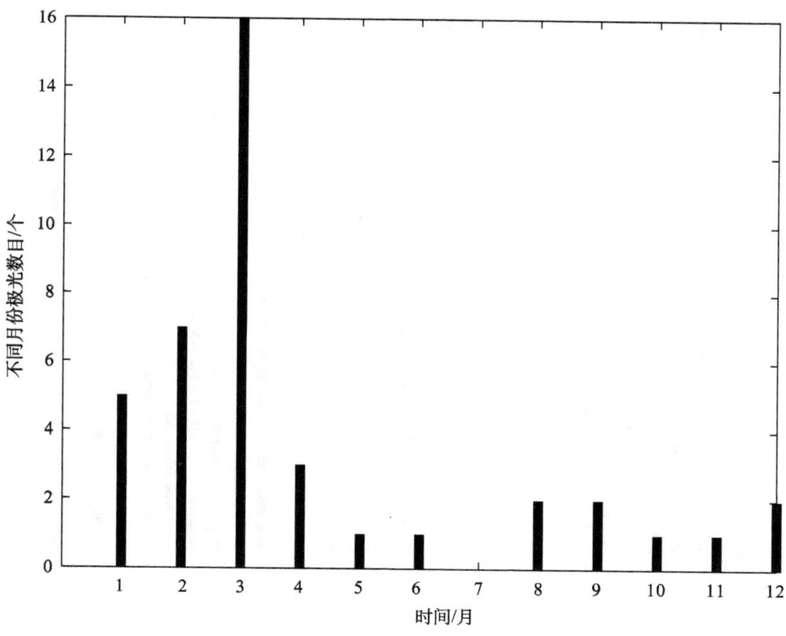

图 2.11　《高丽史》赤祲月份分布图（1014—1391 年）

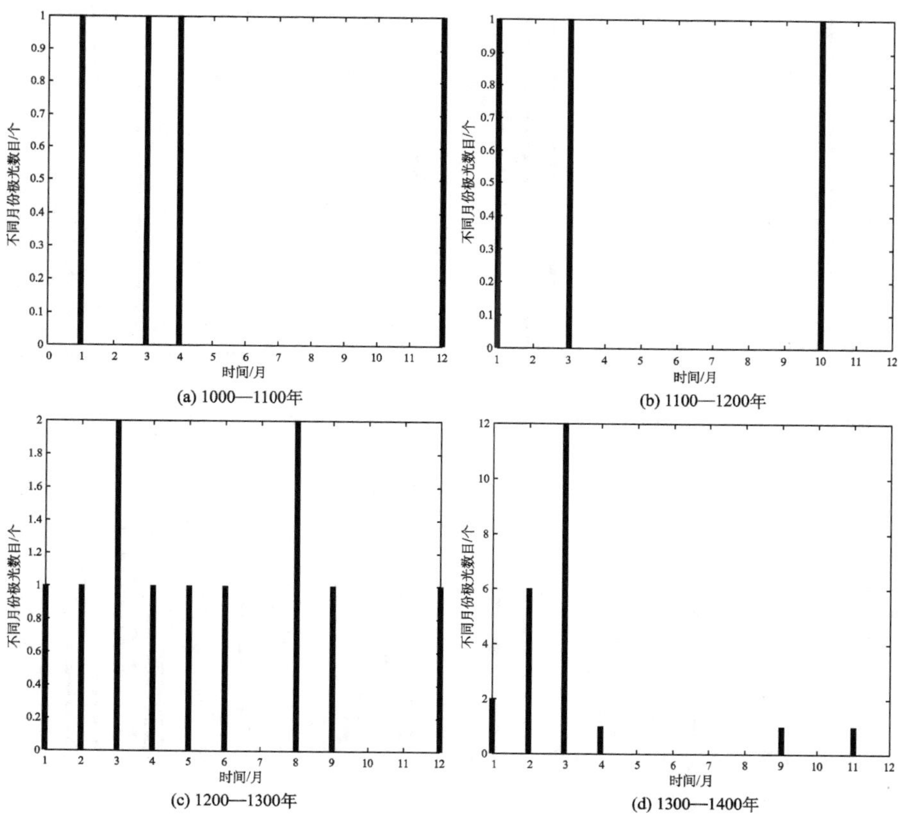

图 2.12　《高丽史》赤祲月份每个世纪分布图

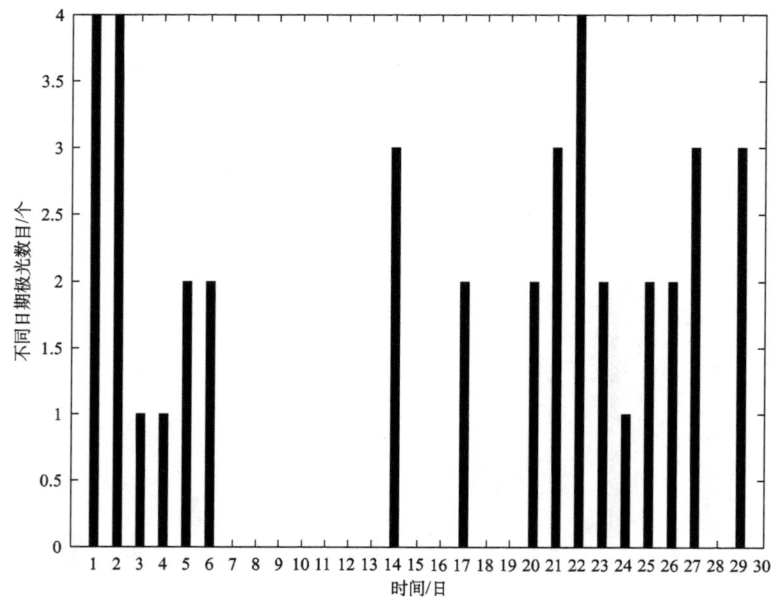

图 2.13　《高丽史》赤祲月相分布图（1014—1391 年）

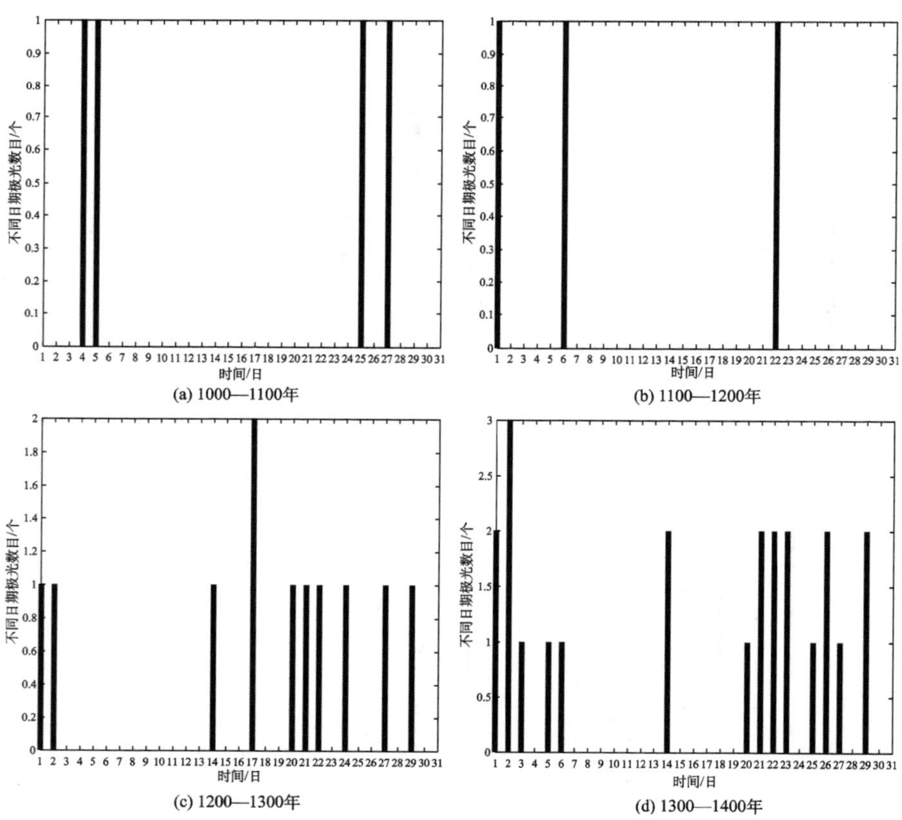

图 2.14　《高丽史》赤祲月相每个世纪分布图

5. 方位分布

《高丽史》中赤祲方位分布如图 2.15 所示，从数据分布来看，东和西北方位数据记录最多。赤祲数据从 1014 年至 1391 年约 400 年跨越四个世纪，其中 1000 年至 1100 年没有方位记录，每个世纪月份分布如图 2.16 所示。

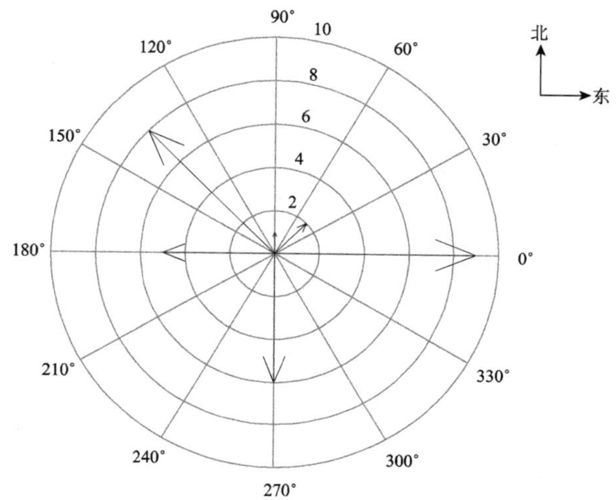

图 2.15　《高丽史》赤祲方位分布图（1100—1391 年）

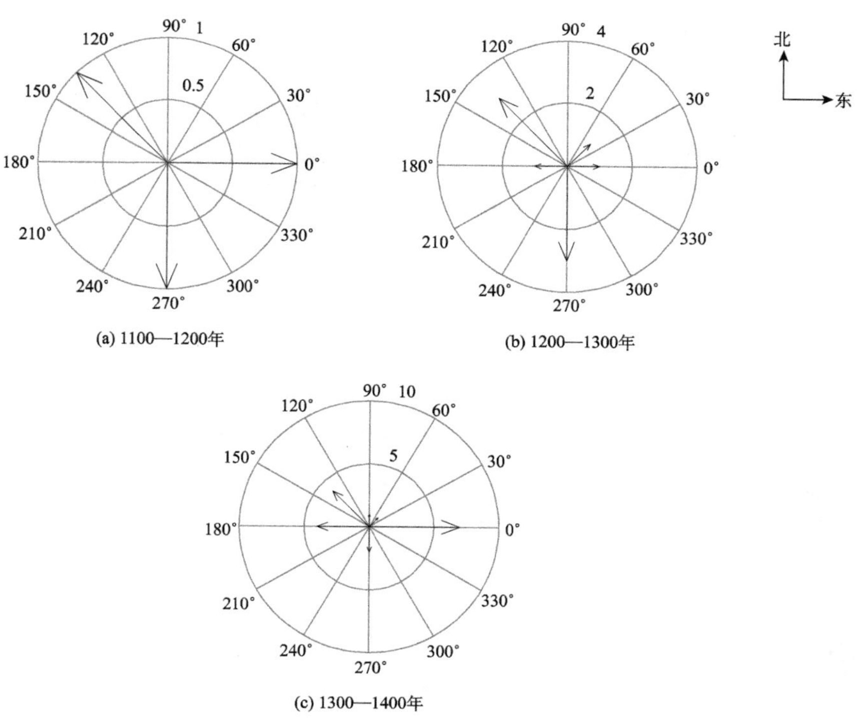

图 2.16　《高丽史》赤祲方位每个世纪分布图

第二节　《朝鲜王朝实录》中的极光记录

（一）赤气

1. 数据概览

《朝鲜王朝实录》中赤气数据记录主要有 110 条，从 1395 年至 1737 年，每年发生极光数目时间序列如图 2.17 所示。

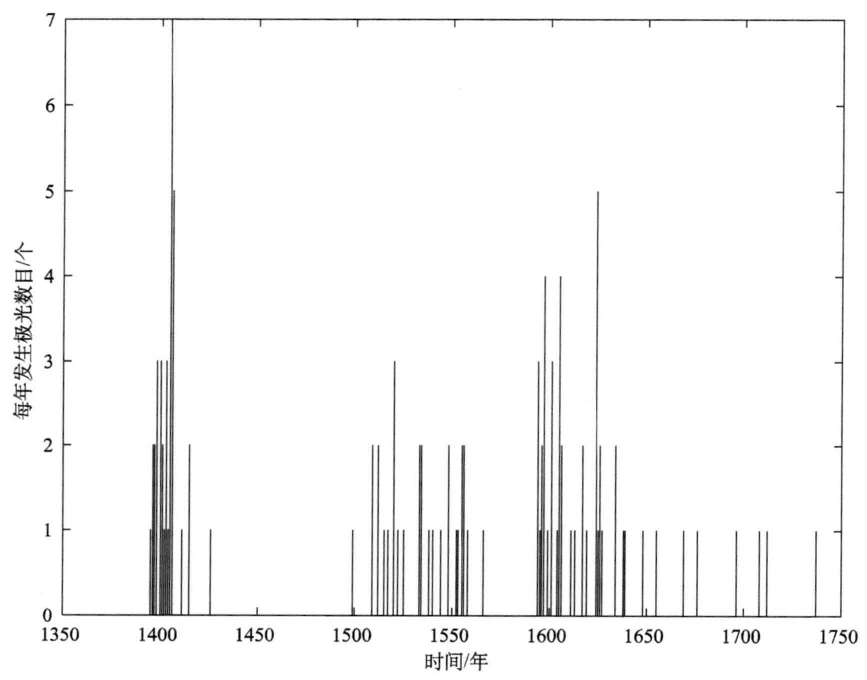

图 2.17　《朝鲜王朝实录》赤气每年发生极光数目时间序列图

2. 月份分布

《朝鲜王朝实录》中赤气月份分布如图 2.18 所示，从数据分布来看，1、2、3 月发生极光数目较多。赤气数据从 1395 年至 1737 年约 400 多年跨越五个世纪，每个世纪月份分布如图 2.19 所示。

3. 月相分布

《朝鲜王朝实录》中赤气月相分布如图 2.20 所示，从数据分布来看，满月时极光数据记录较少。赤气数据从 1395 年至 1737 年约 400 多年跨越五个世纪，每个世纪月份分布如图 2.21 所示。

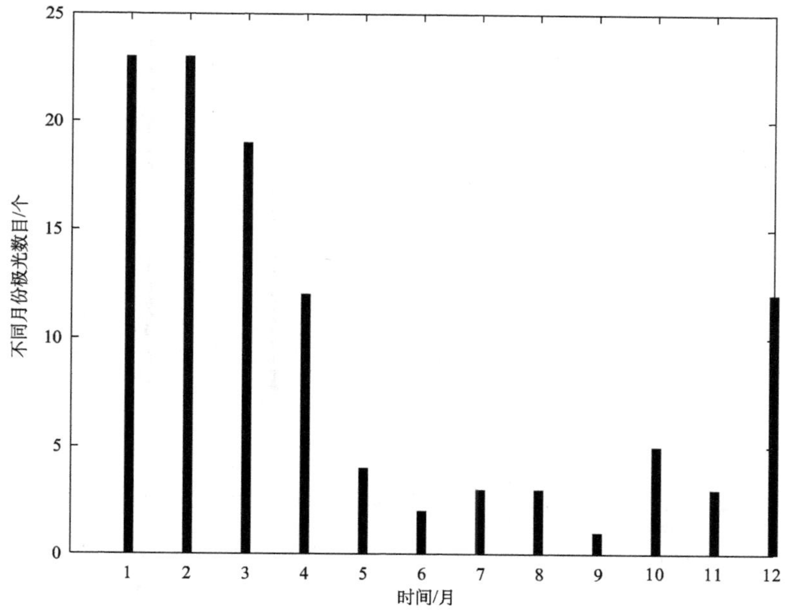

图 2.18　《朝鲜王朝实录》赤气月份分布图（1395—1737 年）

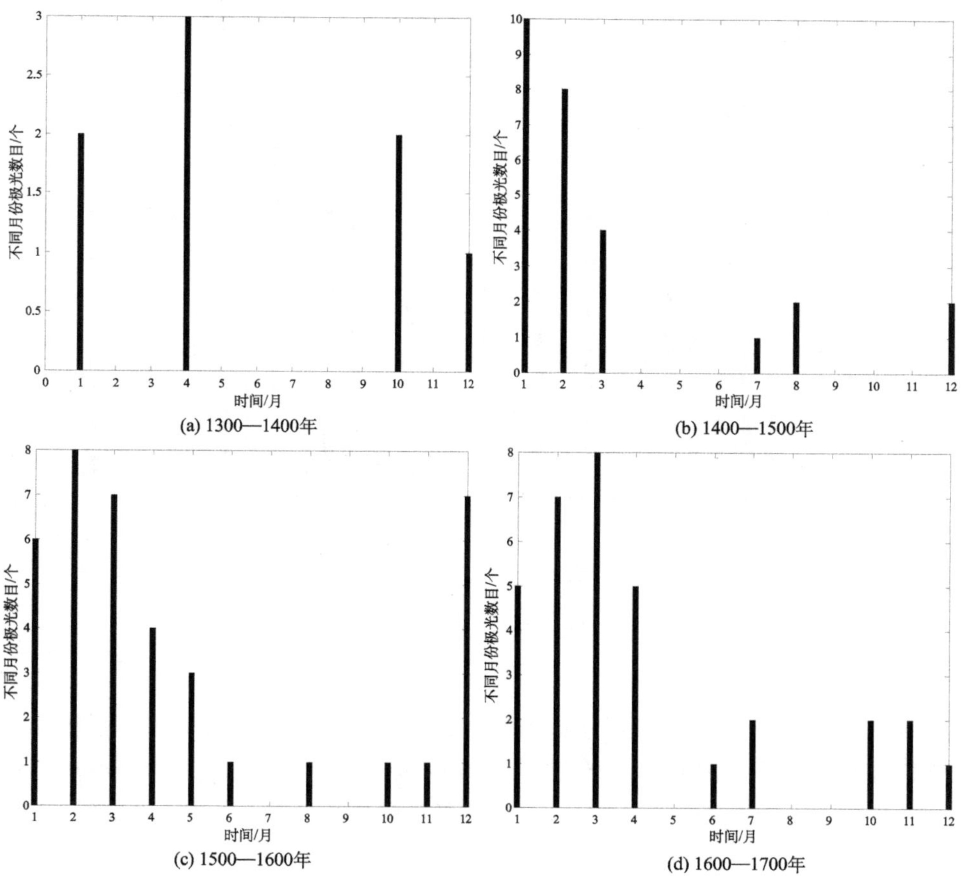

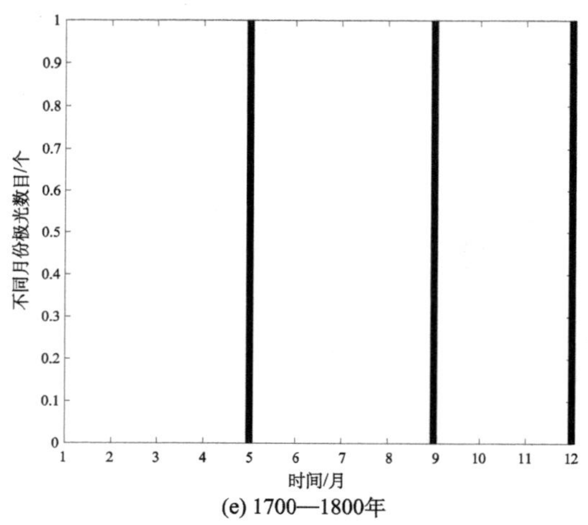

(e) 1700—1800年

图 2.19　《朝鲜王朝实录》赤气月份每个世纪分布图

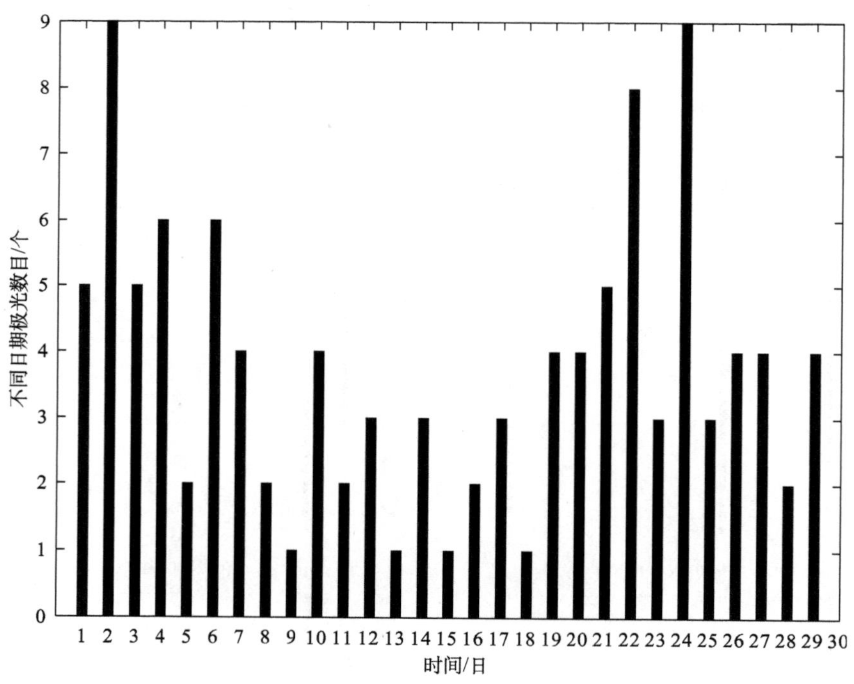

图 2.20　《朝鲜王朝实录》赤气月相分布图（1395—1737 年）

4. 时刻分布

《朝鲜王朝实录》中赤气时刻分布如图 2.22 所示，从数据分布来看，戌时极光数据记录最多。赤气数据从 1395 年至 1737 年约 400 多年跨越五个世纪，但有时刻记录的极光记录并不多，在 1300 年至 1400 年就没有时刻记录，每个世纪月份分布如图 2.23 所示。

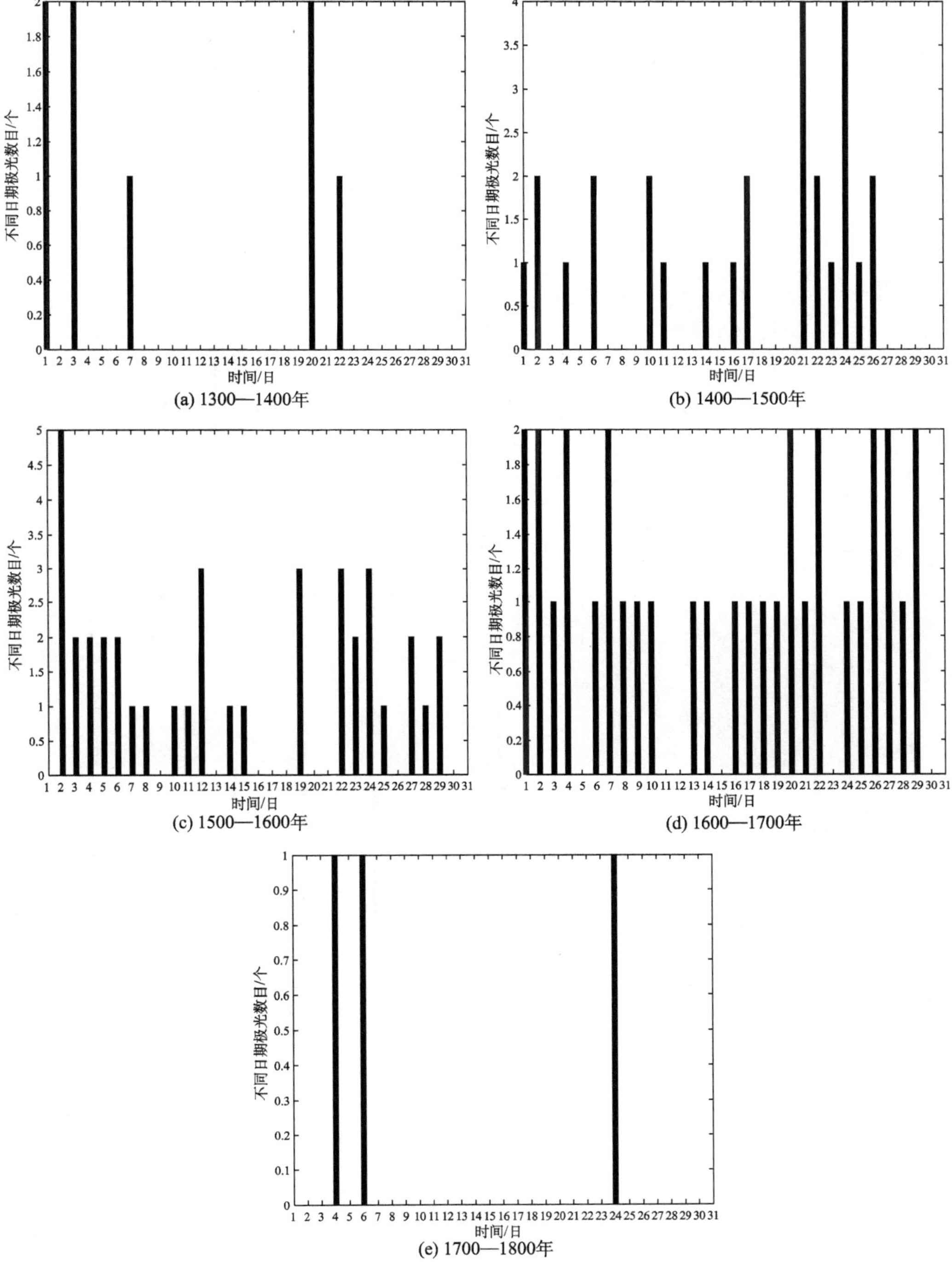

(a) 1300—1400年

(b) 1400—1500年

(c) 1500—1600年

(d) 1600—1700年

(e) 1700—1800年

图 2.21　《朝鲜王朝实录》赤气月相每个世纪分布图

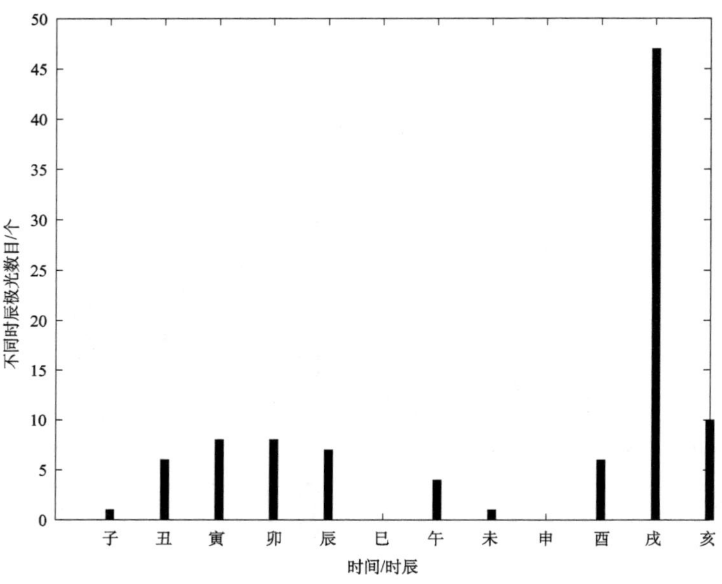

图 2.22　《朝鲜王朝实录》赤气时刻分布图（1395—1737 年）

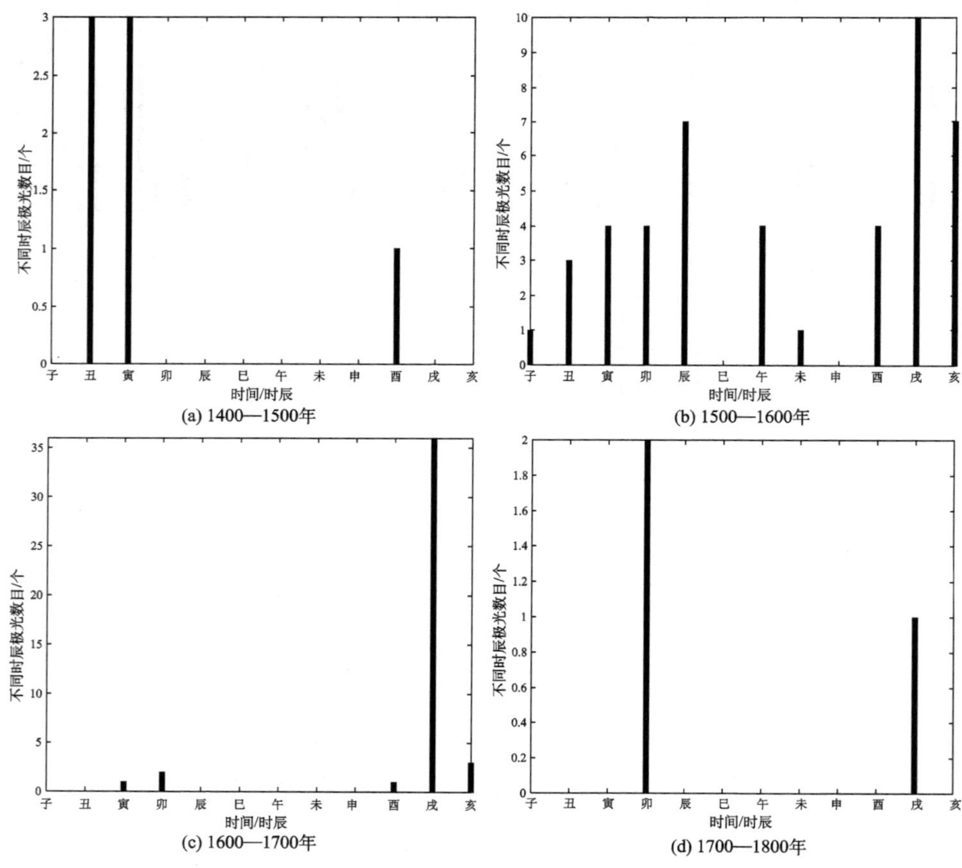

图 2.23　《朝鲜王朝实录》赤气每个世纪时刻分布图

5. 方位分布

《朝鲜王朝实录》中赤气方位分布如图 2.24 所示，从数据分布来看，东方位数据记录最多。赤气数据从 1395 年至 1737 年约 400 年跨越五个世纪，每个世纪方位分布如图 2.25 所示。

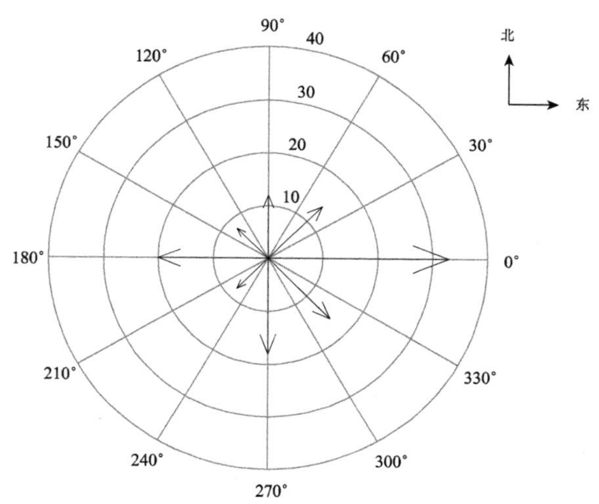

图 2.24　《朝鲜王朝实录》赤气方位分布图（1395—1737 年）

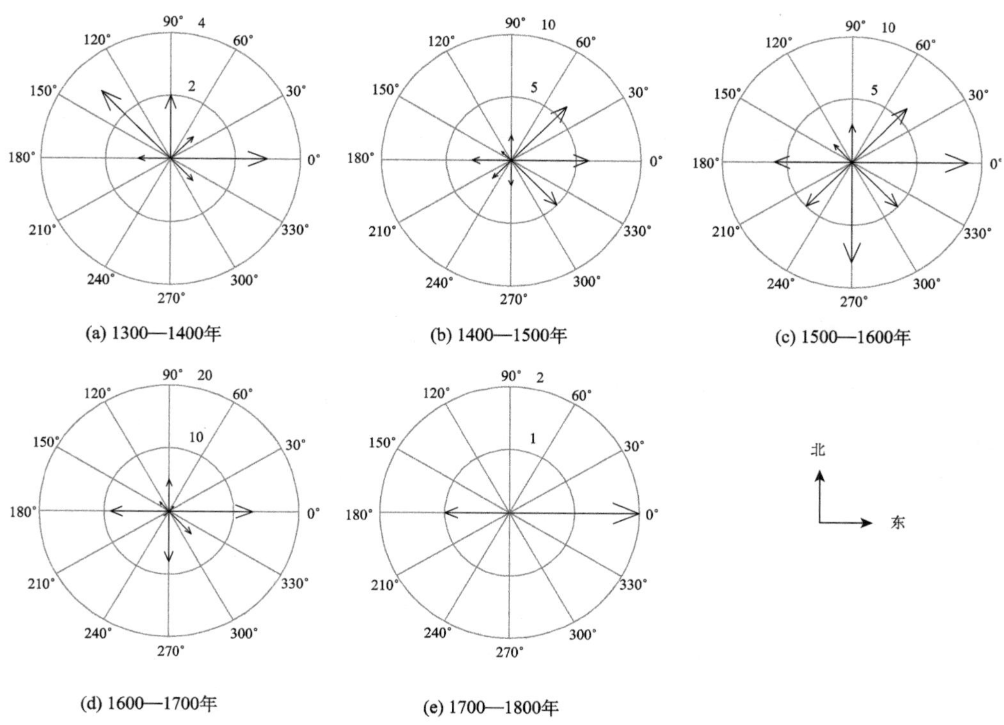

图 2.25　《朝鲜王朝实录》赤气每个世纪方位分布图

（二）赤祲

1. 数据概览

《朝鲜王朝实录》中赤祲数据记录主要有 8 条，从 1393 年至 1411 年，每年发生极光数目时间序列如图 2.26 所示。

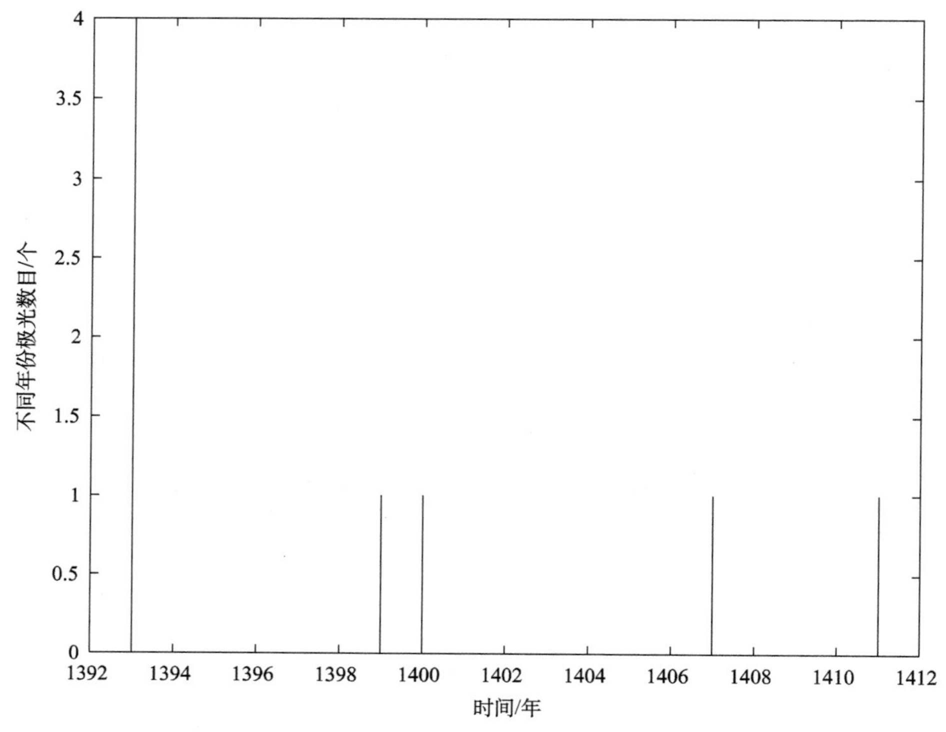

图 2.26　《朝鲜王朝实录》赤祲每年发生极光数目时间序列图

2. 月份分布

《朝鲜王朝实录》中赤祲月份分布如图 2.27 所示，从数据分布来看，3 月发生极光数目最多，对应春分时期。赤祲数据从 1393 年至 1411 年约 20 年跨越两个世纪，每个世纪月份分布如图 2.28 所示。

3. 月相分布

《朝鲜王朝实录》中赤祲月相分布如图 2.29 所示，从数据分布来看，满月时极光数据记录为 0。赤祲数据从 1393 年至 1411 年约 20 年跨越两个世纪，每个世纪月份分布如图 2.30 所示。

4. 时刻分布

《朝鲜王朝实录》中赤祲数据记录较少，没有极光发生的时刻记录。

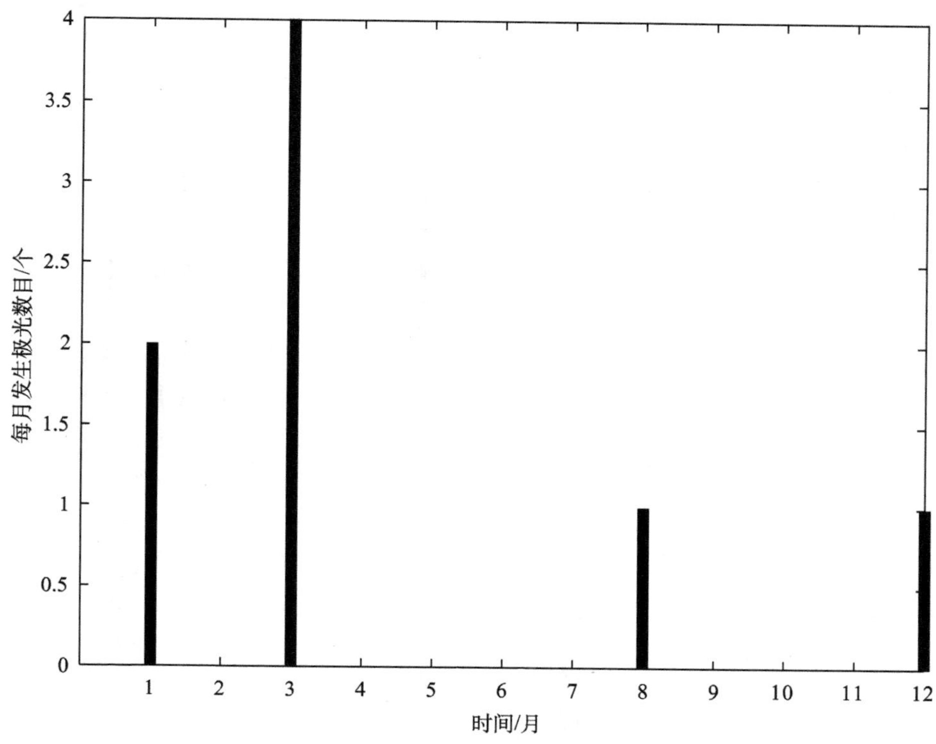

图 2.27　《朝鲜王朝实录》赤祲月份分布图（1393—1411 年）

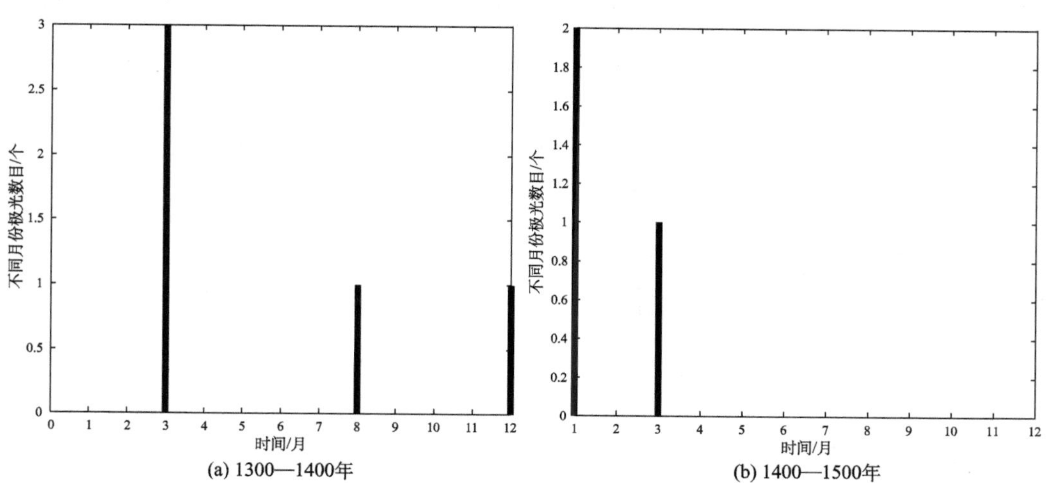

(a) 1300—1400年　(b) 1400—1500年

图 2.28　《朝鲜王朝实录》赤祲月份每个世纪分布图

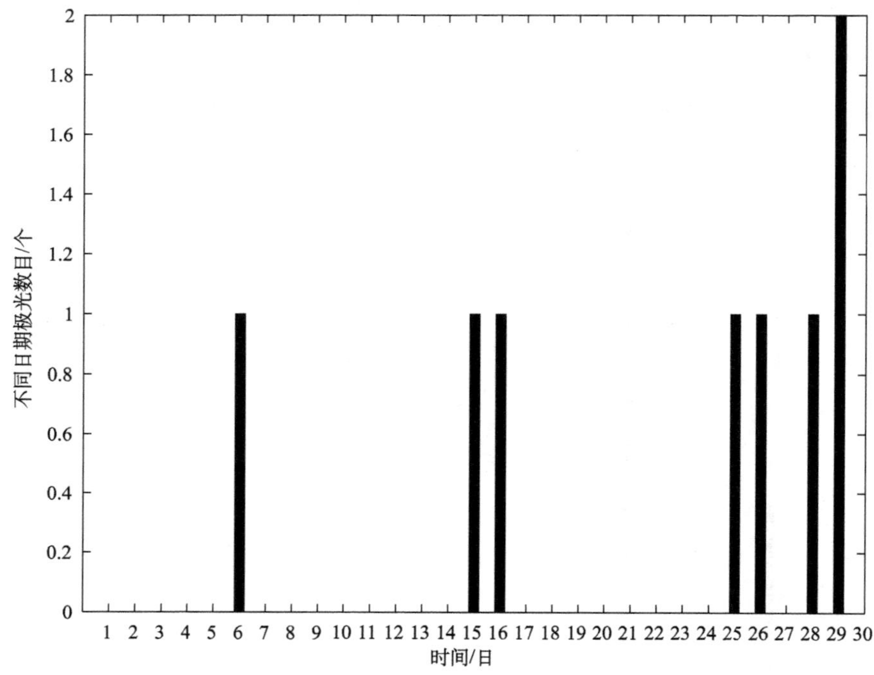

图 2.29　《朝鲜王朝实录》赤祲月相分布图（1393—1411 年）

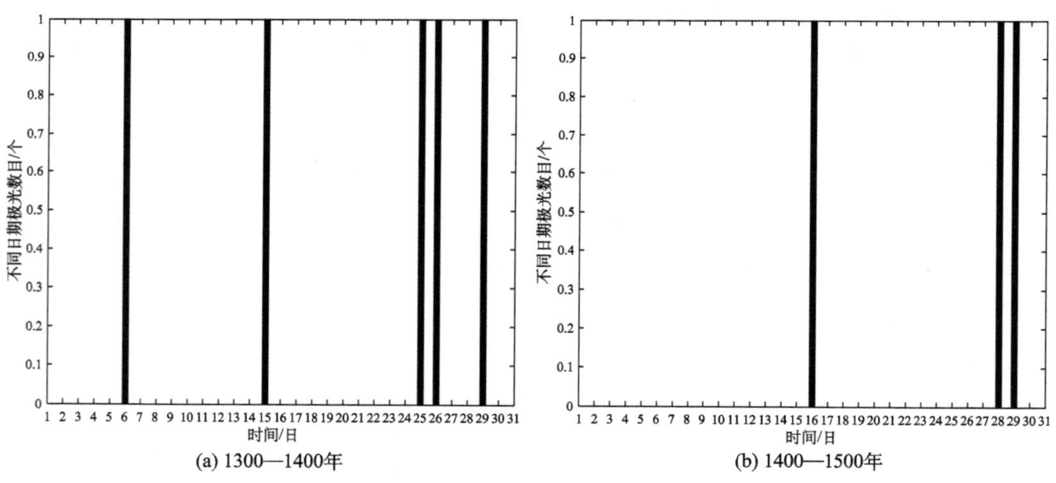

图 2.30　《朝鲜王朝实录》赤祲月相每个世纪分布图

5. *方位分布*

《朝鲜王朝实录》中赤祲方位分布如图 2.31 所示，从数据分布来看，西方位数据记录最多。赤祲数据从 1393 年至 1411 年约 20 年跨越两个世纪，每个世纪月份分布如图 2.32 所示。

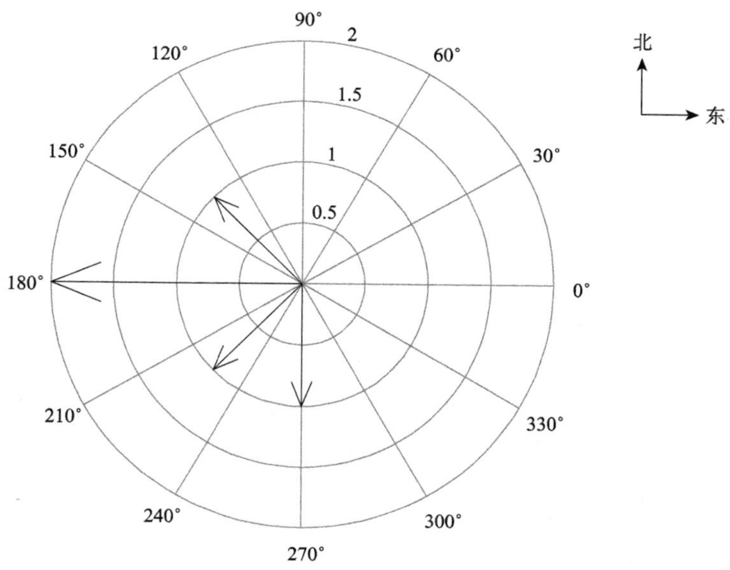

图 2.31　《朝鲜王朝实录》赤祲方位分布图（1393—1411 年）

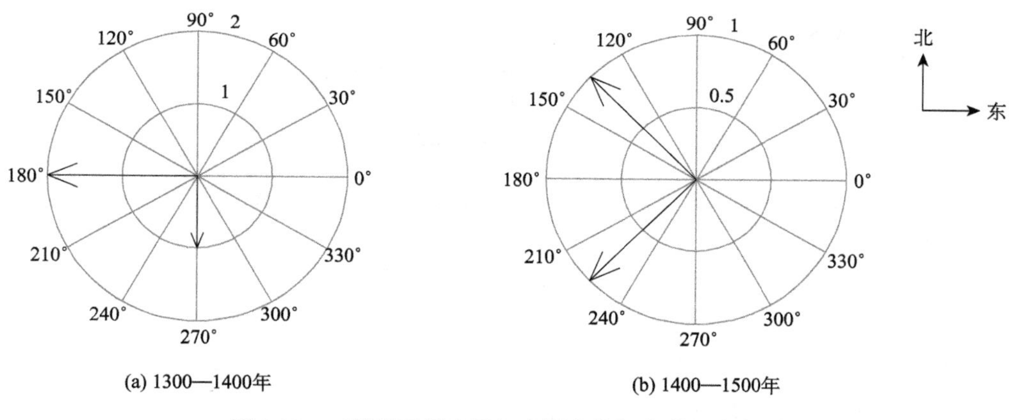

图 2.32　《朝鲜王朝实录》赤祲方位每个世纪分布图

（三）气如火

1. 数据概览

《朝鲜王朝实录》中气如火数据记录主要有 324 条，从 1507 年至 1795 年，每年发生极光数目时间序列如图 2.33 所示。

2. 月份分布

《朝鲜王朝实录》中气如火月份分布如图 2.34 所示，从数据分布来看，3 月发生极光数目较多，对应春分时期。气如火数据从 1395 年至 1737 年约 400 多年跨越五个世纪，每个世纪月份分布如图 2.35 所示。

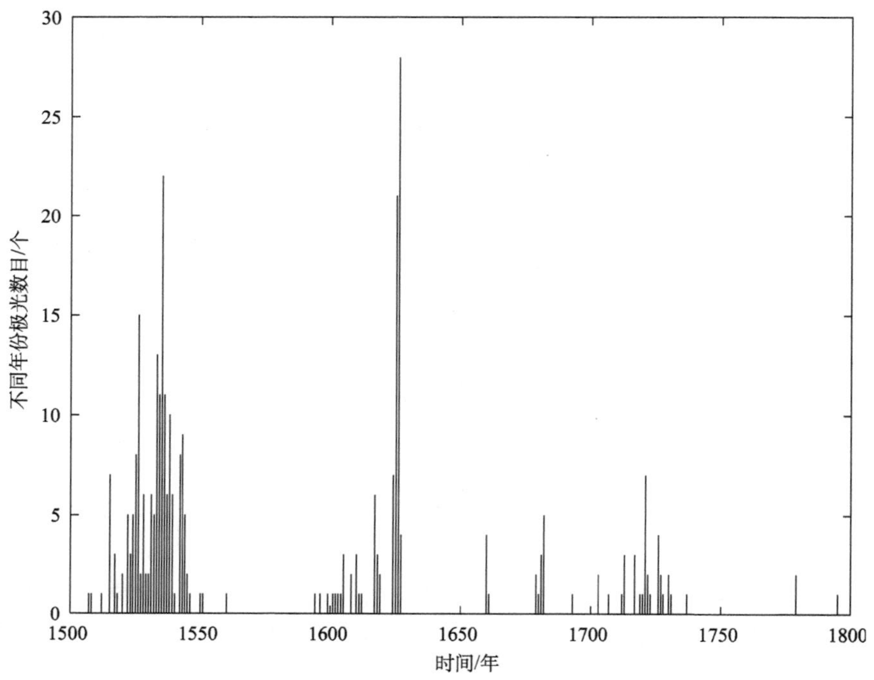

图 2.33　《朝鲜王朝实录》气如火每年发生极光数目时间序列图

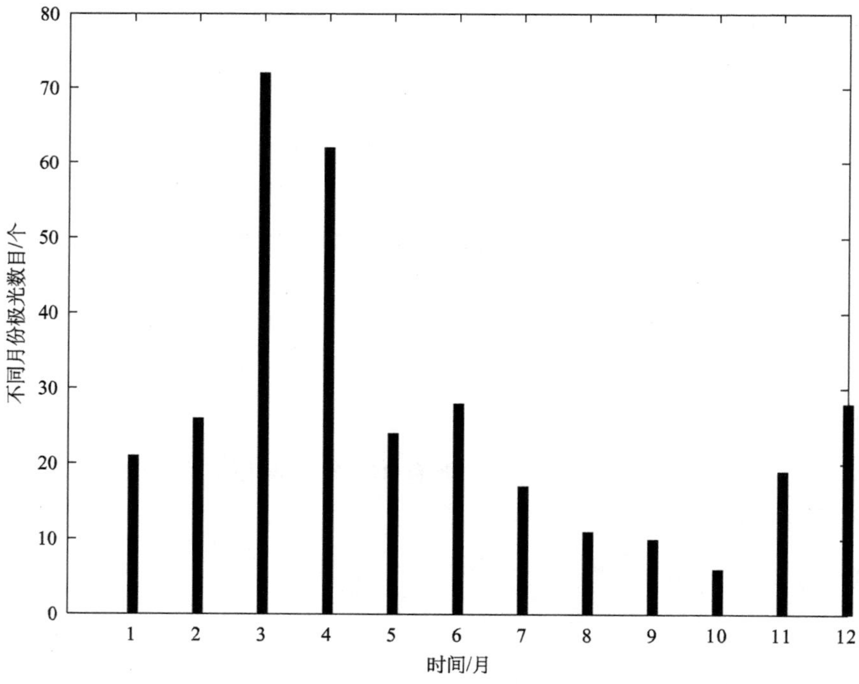

图 2.34　《朝鲜王朝实录》气如火月份分布图（1395—1737 年）

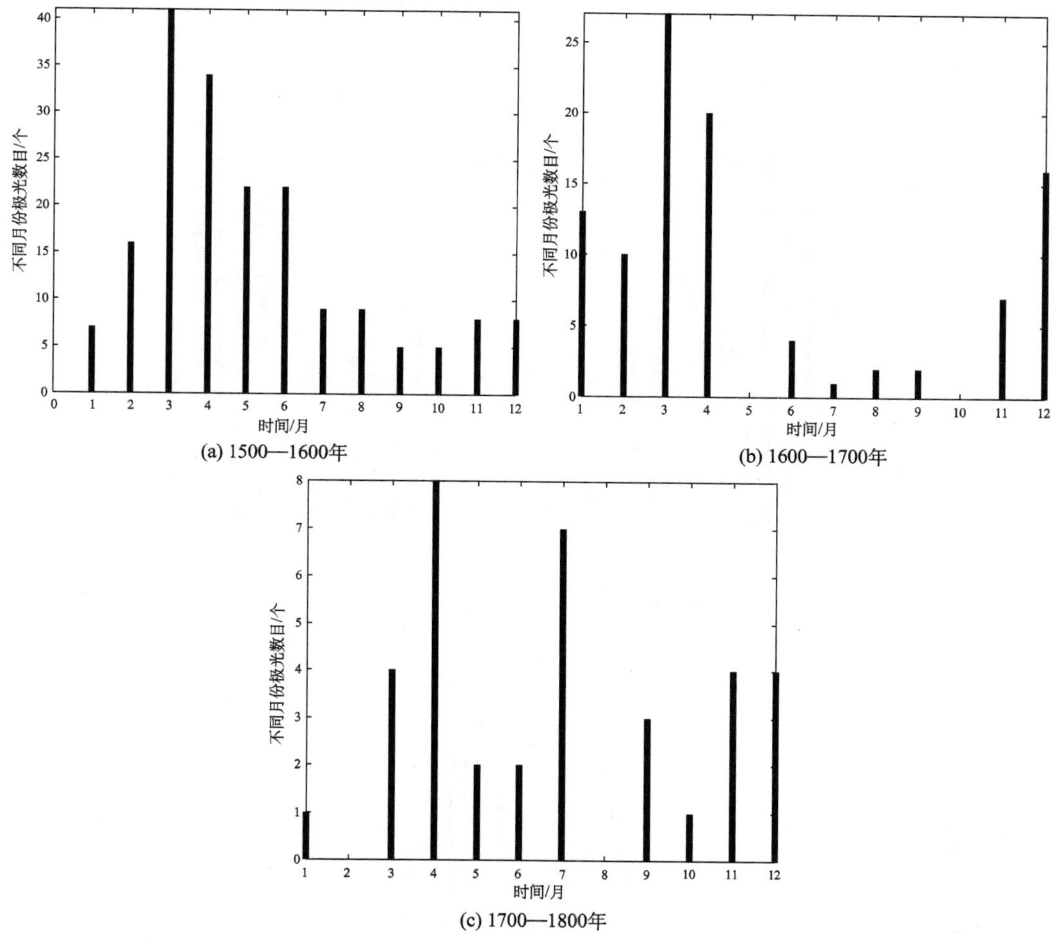

图 2.35　《朝鲜王朝实录》气如火月份每个世纪分布图

3. 月相分布

《朝鲜王朝实录》中气如火月相分布如图 2.36 所示，从数据分布来看，满月时极光数据记录较少。气如火数据从 1395 年至 1737 年约 400 多年跨越五个世纪，每个世纪月份分布如图 2.37 所示。

4. 时刻分布

《朝鲜王朝实录》中气如火时刻分布如图 2.38 所示，从数据分布来看，戌时极光数据记录最多。气如火数据从 1395 年至 1737 年约 400 多年跨越五个世纪，每个世纪月份分布如图 2.39 所示。

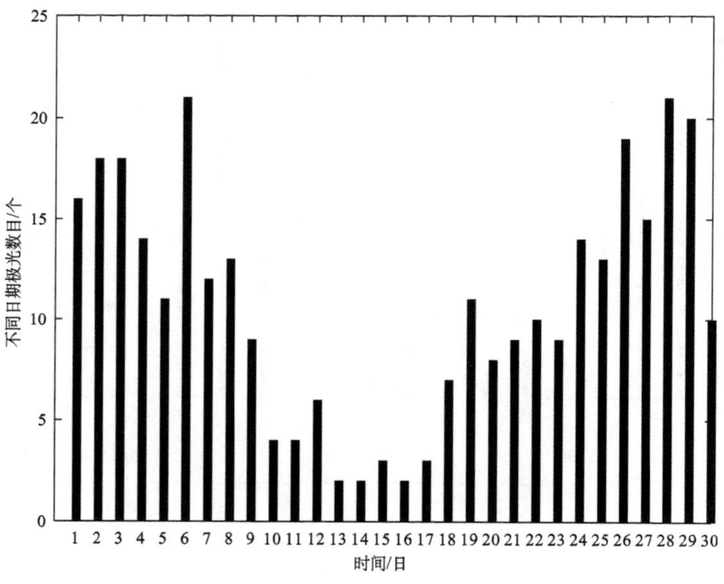

图 2.36　《朝鲜王朝实录》气如火月相分布图（1395—1737 年）

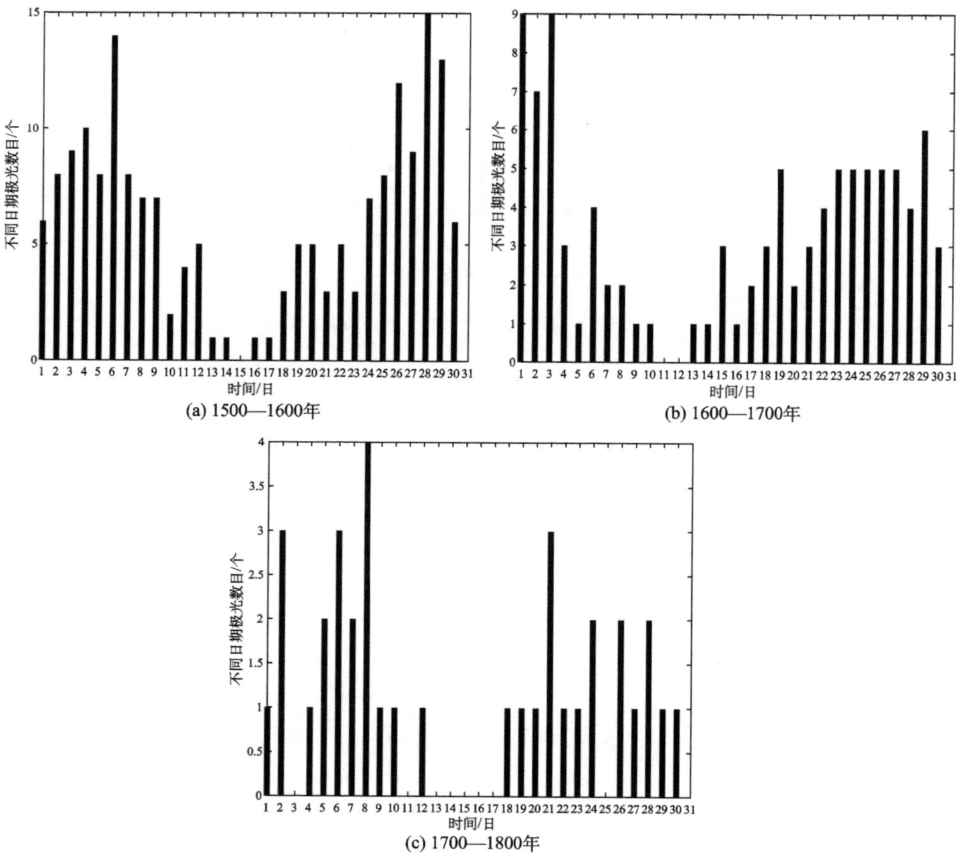

图 2.37　《朝鲜王朝实录》气如火月相每个世纪分布图

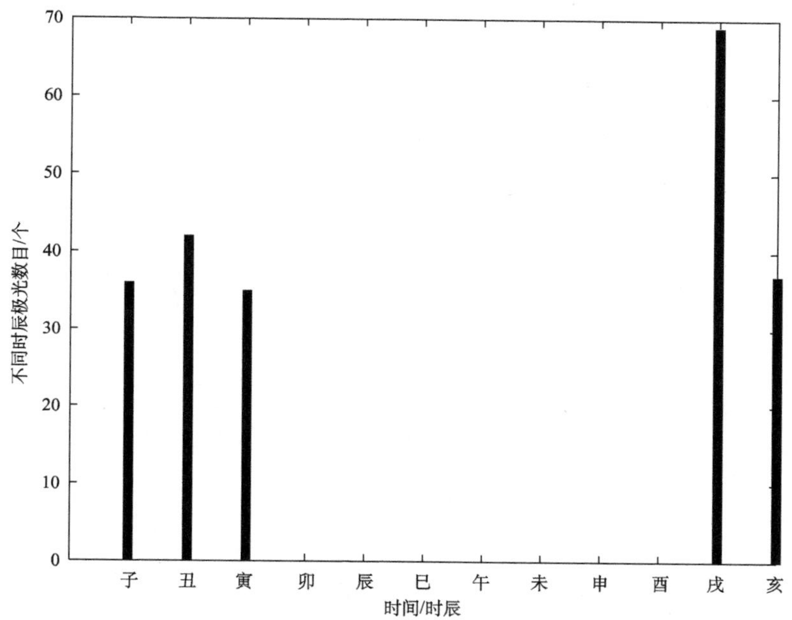

图 2.38　《朝鲜王朝实录》气如火时刻分布图（1395—1737 年）

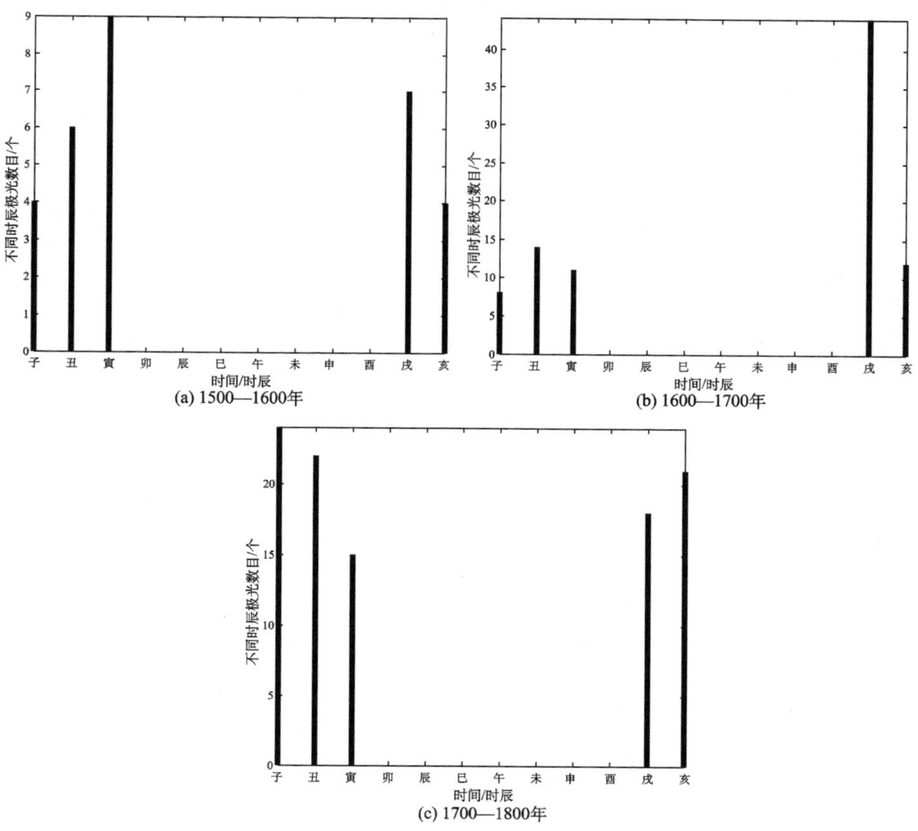

图 2.39　《朝鲜王朝实录》气如火时刻每个世纪分布图

5. 方位分布

《朝鲜王朝实录》中气如火方位分布如图 2.40 所示，从数据分布来看，东南方位数据记录最多。气如火数据从 1395 年至 1737 年约 400 年跨越五个世纪，每个世纪方位分布如图 2.41 所示。

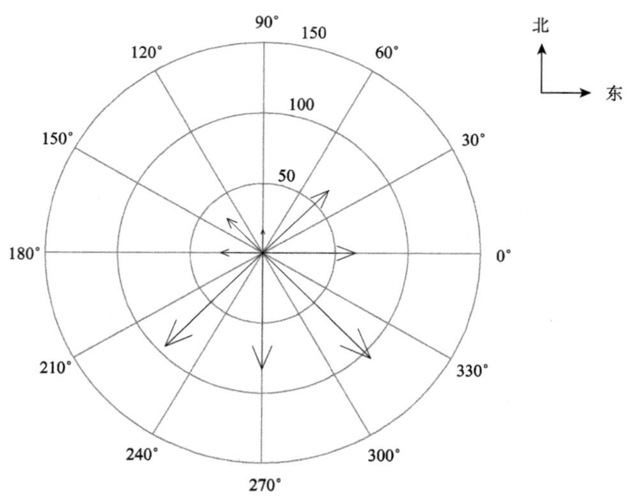

图 2.40　《朝鲜王朝实录》气如火方位分布图（1395—1737 年）

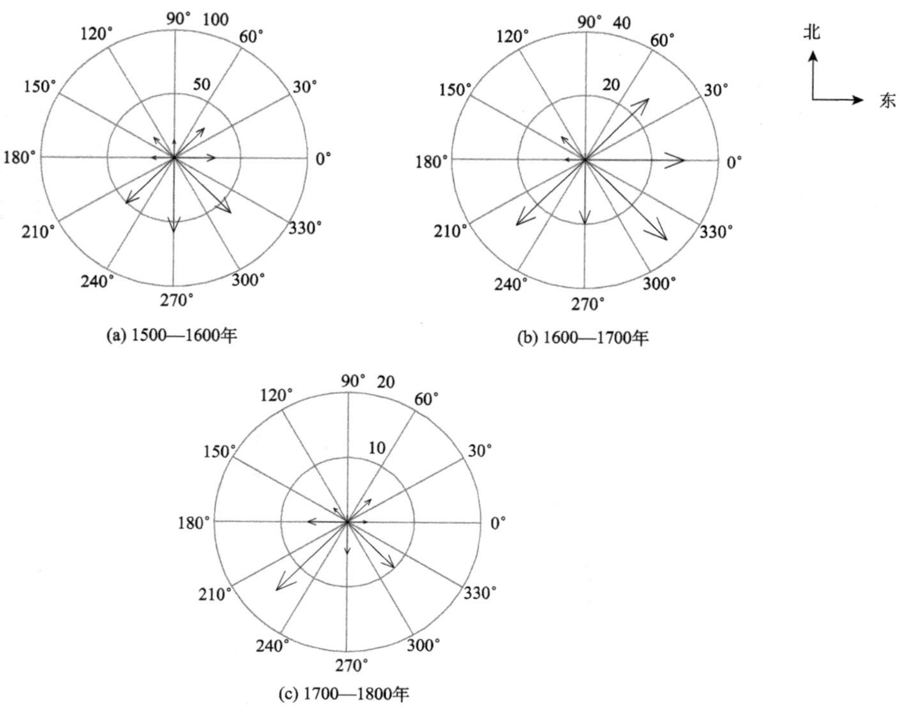

图 2.41　《朝鲜王朝实录》气如火方位每个世纪分布图

（四）如火气

1. 数据概览

《朝鲜王朝实录》中如火气数据记录主要有 140 条，从 1522 年至 1604 年，每年发生极光数目时间序列如图 2.42 所示。

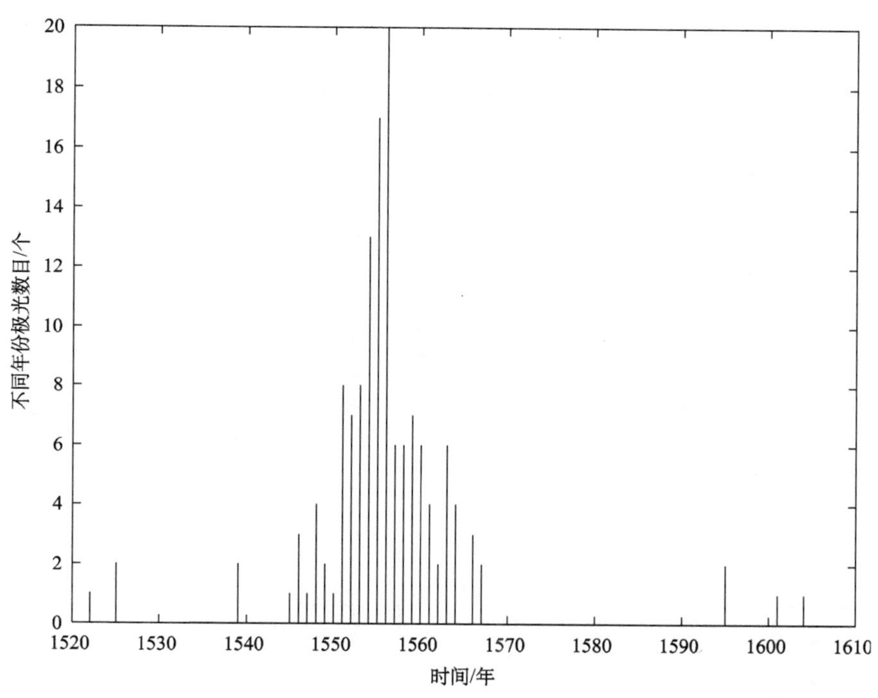

图 2.42 《朝鲜王朝实录》如火气每年发生极光数目时间序列图

2. 月份分布

《朝鲜王朝实录》中如火气月份分布如图 2.43 所示，从数据分布来看，3、4 月发生极光数目较多。如火气数据从 1522 年至 1604 年约 100 多年跨越两个世纪，每个世纪月份分布如图 2.44 所示。

3. 月相分布

《朝鲜王朝实录》中如火气月相分布如图 2.45 所示，从数据分布来看，满月时极光数据记录为 0。如火气数据从 1522 年至 1604 年约 100 多年跨越两个世纪，每个世纪月相分布如图 2.46 所示。

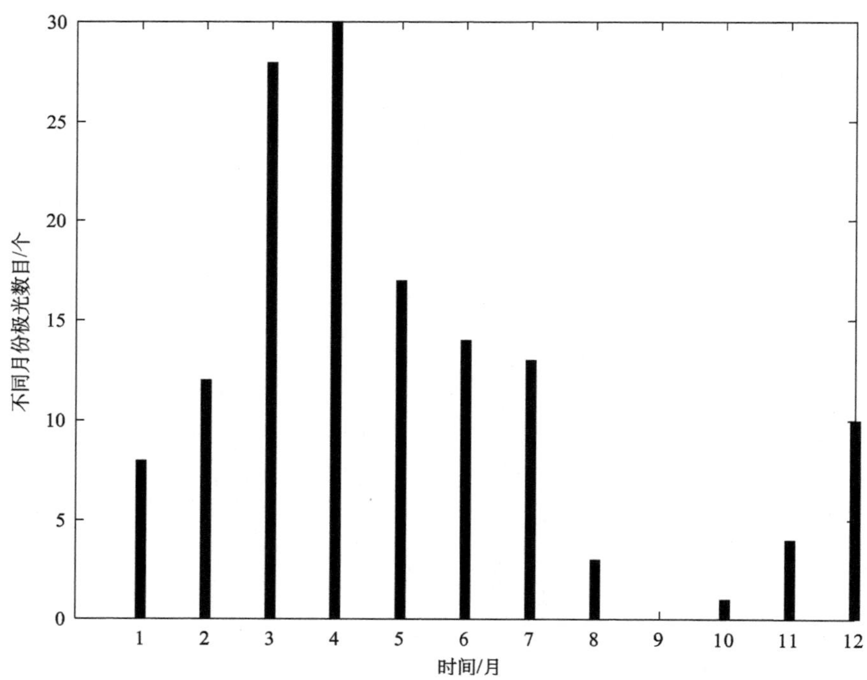

图 2.43 《朝鲜王朝实录》如火气月份分布图（1522—1604 年）

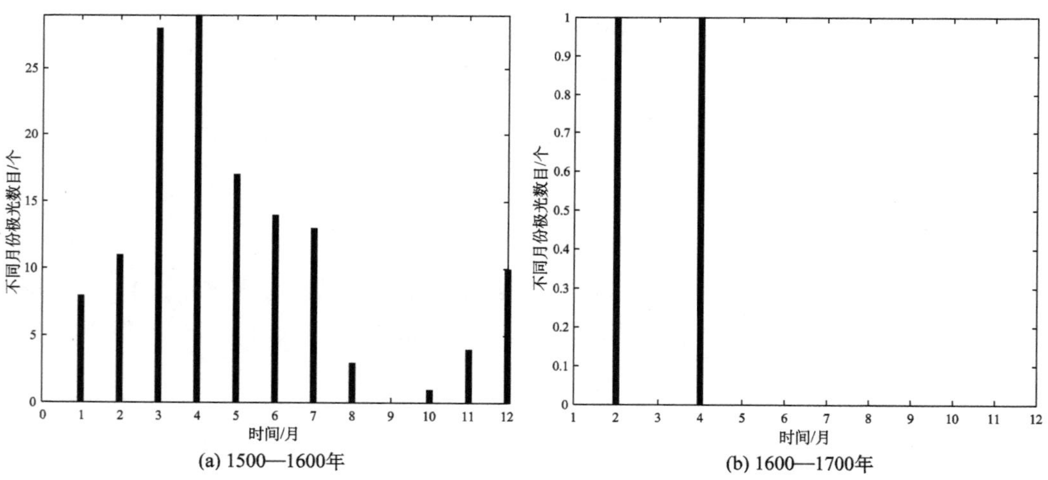

图 2.44 《朝鲜王朝实录》如火气月份每个世纪分布图

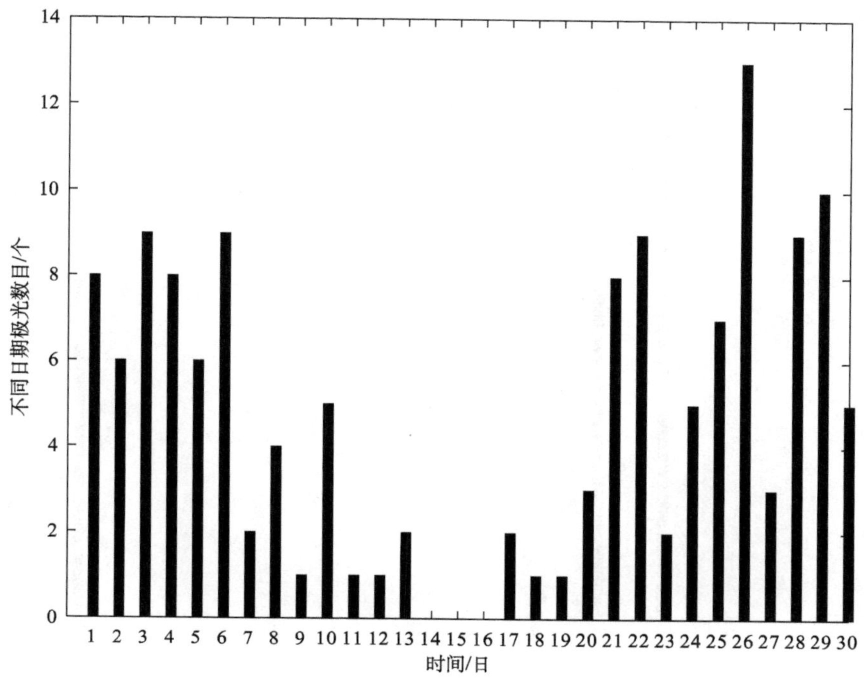

图 2.45　《朝鲜王朝实录》如火气月相分布图（1522—1604 年）

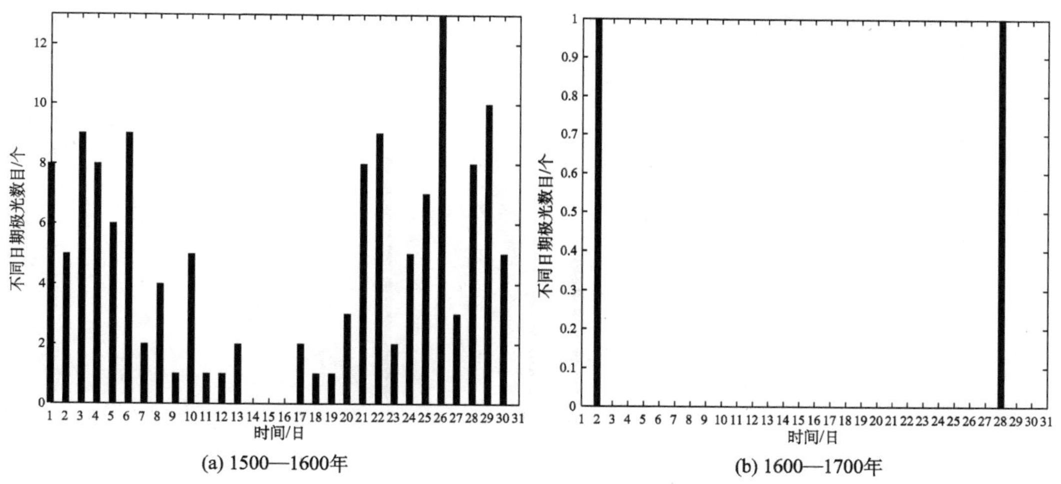

(a) 1500—1600年　(b) 1600—1700年

图 2.46　《朝鲜王朝实录》如火气月相每个世纪分布图

4. 时刻分布

《朝鲜王朝实录》中如火气时刻分布如图 2.47 所示，从数据分布来看，丑时、戌时极光数据记录较多。如火气数据从 1522 年至 1604 年约 100 多年跨越两个世纪，每个世纪时刻分布如图 2.48 所示。

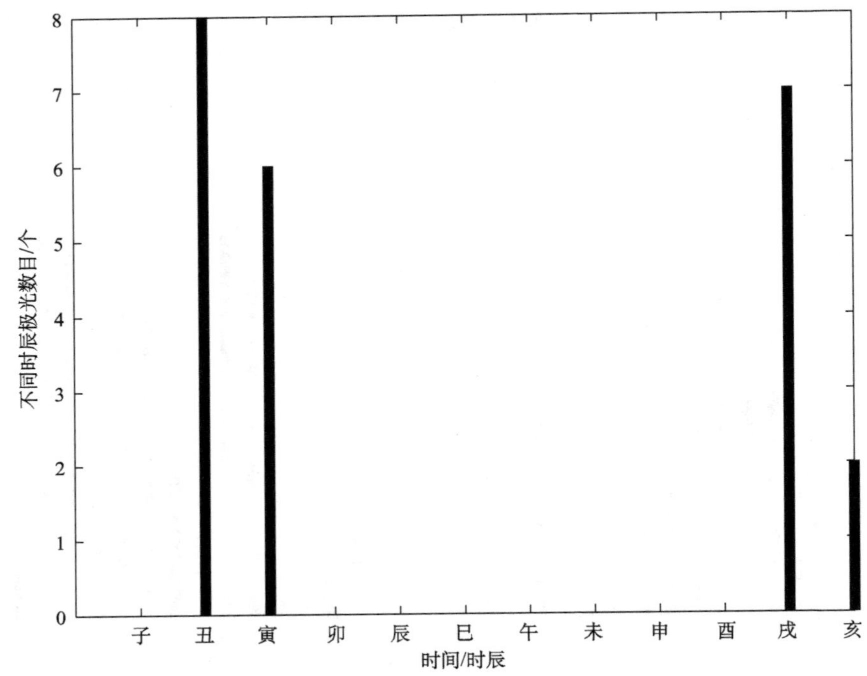

图 2.47　《朝鲜王朝实录》如火气时刻分布图（1522—1604 年）

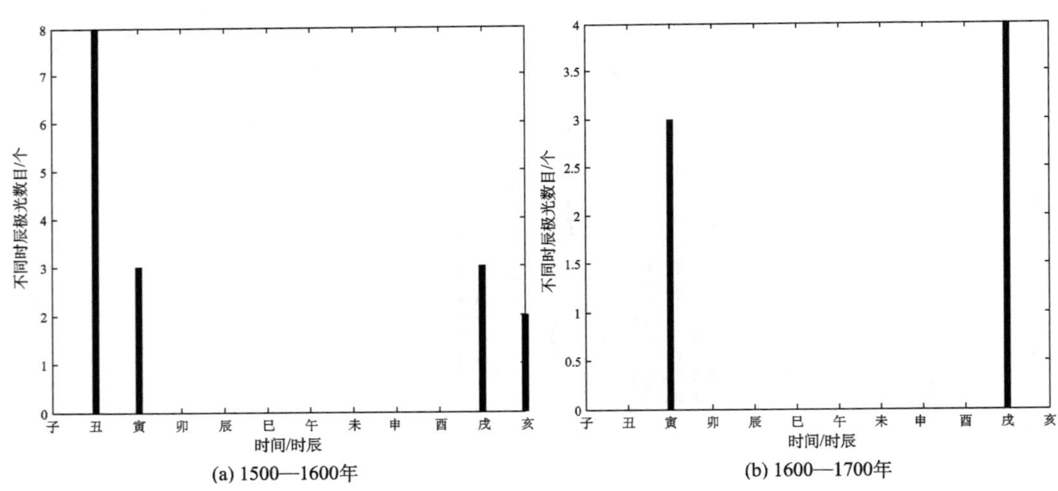

图 2.48　《朝鲜王朝实录》如火气时刻每个世纪分布图

5. 方位分布

《朝鲜王朝实录》中如火气方位分布如图 2.49 所示，从数据分布来看，东南方位数据记录较多。如火气数据从 1522 年至 1604 年约 100 多年跨越两个世纪，每个世纪时刻分布如图 2.50 所示。

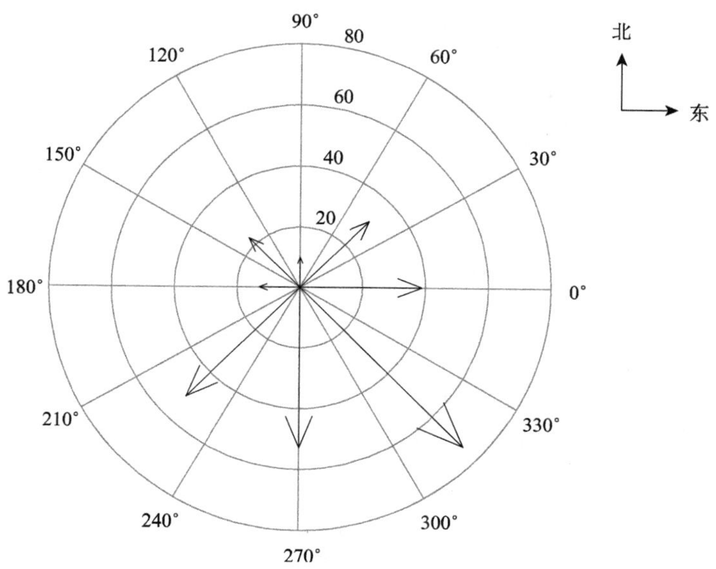

图 2.49　《朝鲜王朝实录》如火气方位分布图（1522—1604 年）

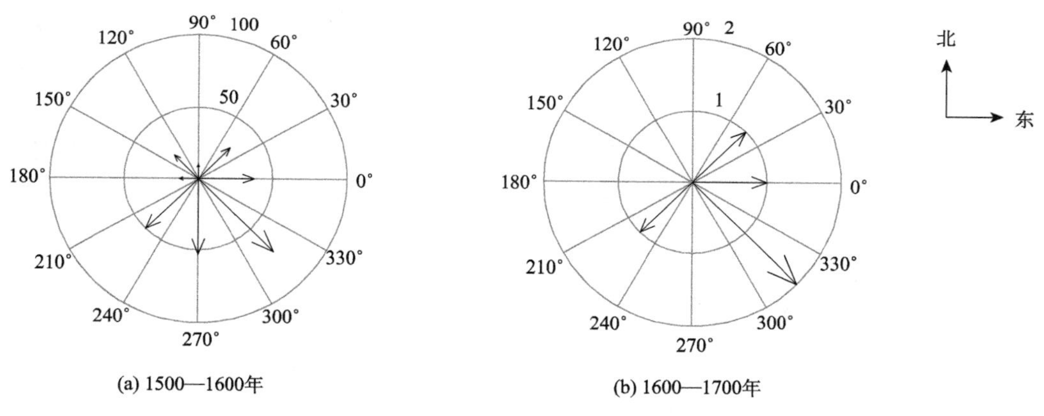

图 2.50　《朝鲜王朝实录》如火气时方位每个世纪分布图

第三节　《承政院日记》中的极光记录

（一）赤气

1. 数据概览

《承政院日记》中赤气数据记录主要有 42 条，每年发生极光数目时间序列如图 2.51 所示。

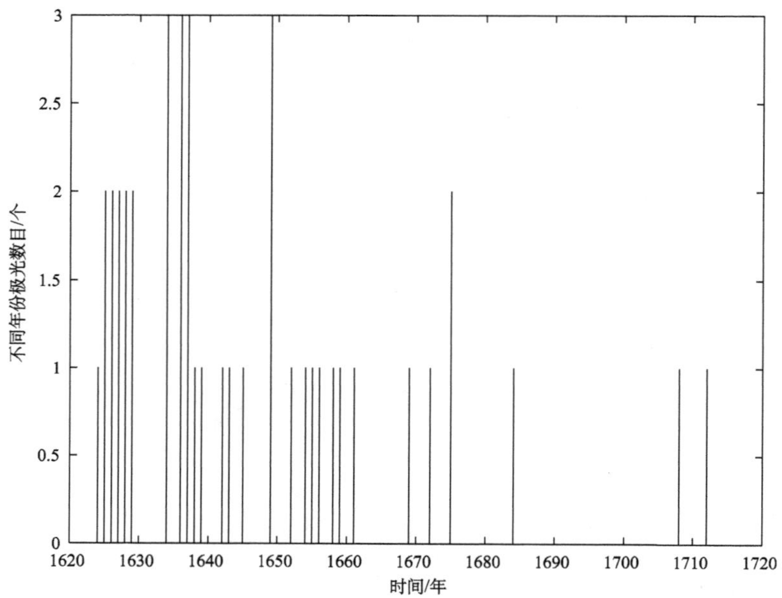

图 2.51　《承政院日记》赤气每年发生极光数目时间序列图

2. 月份分布

《承政院日记》中赤气月份分布如图 2.52 所示，从数据分布来看，1、3 月发生极光数目较多。赤气数据从 1624 年至 1712 年约 100 年跨越两个世纪，每个世纪月份分布如图 2.53 所示。

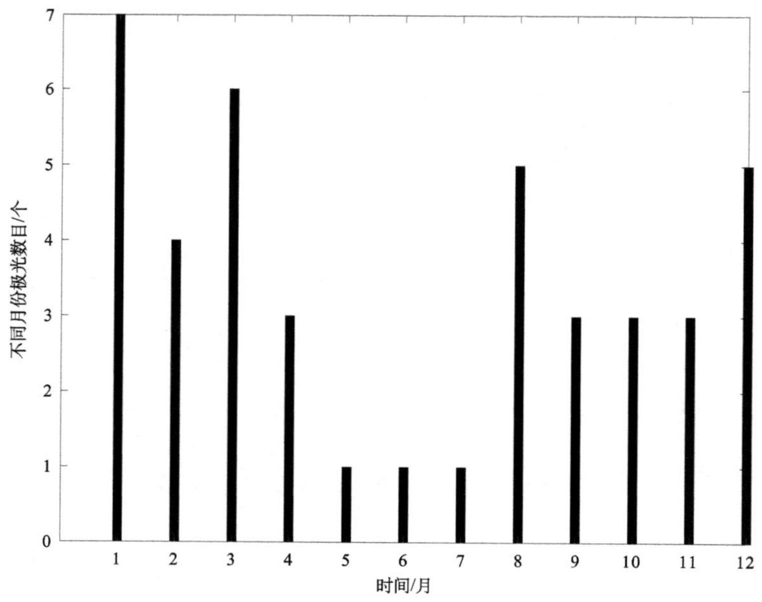

图 2.52　《承政院日记》赤气月份分布图（1624—1712 年）

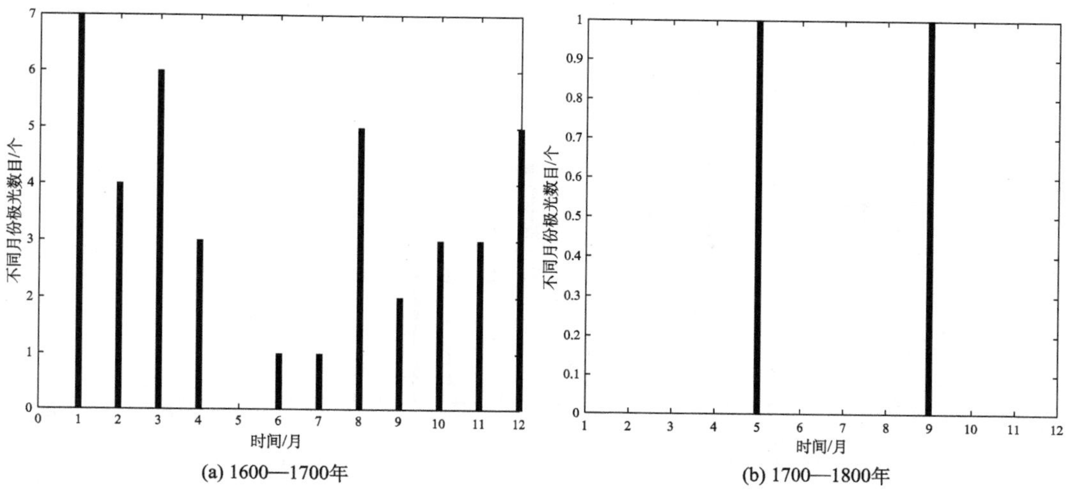

图 2.53　《承政院日记》赤气月份每个世纪分布图

3. 月相分布

《承政院日记》中赤气月相分布如图 2.54 所示，从数据分布来看，满月时极光数据记录较少。赤气数据从 1624 年至 1712 年约 100 年跨越两个世纪，每个世纪月相分布如图 2.55 所示。

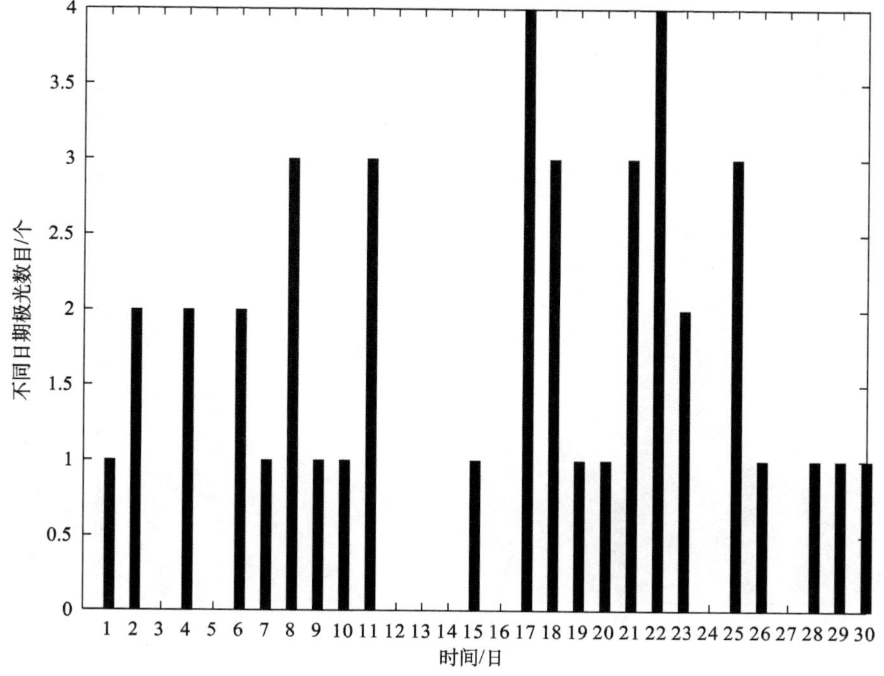

图 2.54　《承政院日记》赤气月相分布图（1624—1712 年）

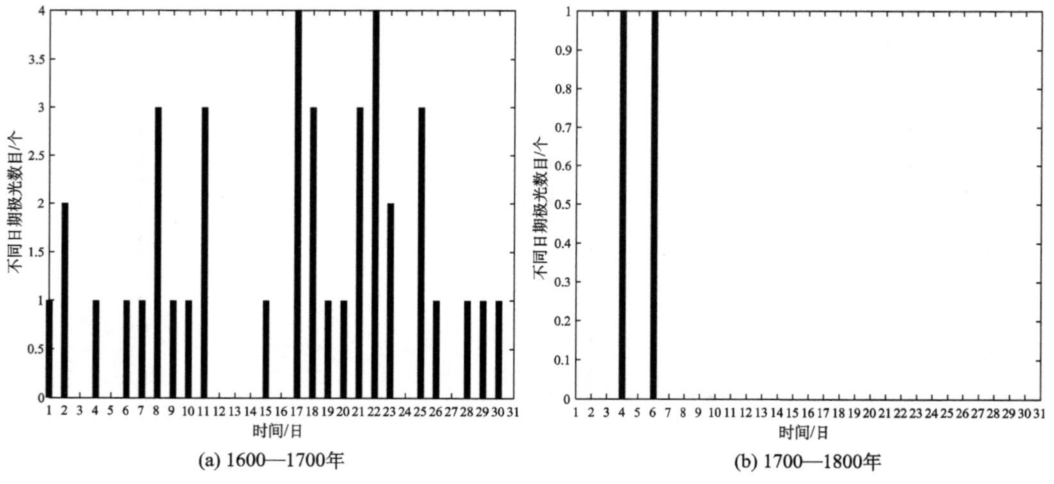

图 2.55 《承政院日记》赤气月相每个世纪分布图

4. 时刻分布

《承政院日记》中赤气时刻分布如图 2.56 所示，从数据分布来看，戌时极光数据记录最多。赤气数据从 1624 年至 1712 年约 100 年跨越两个世纪，每个世纪时刻分布如图 2.57 所示。

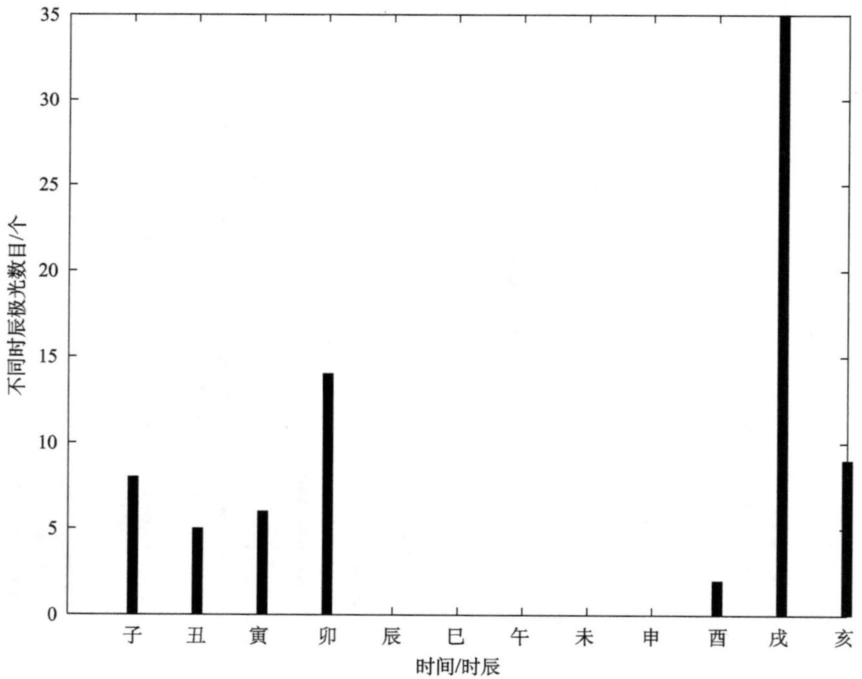

图 2.56 《承政院日记》赤气时刻分布图（1624—1712 年）

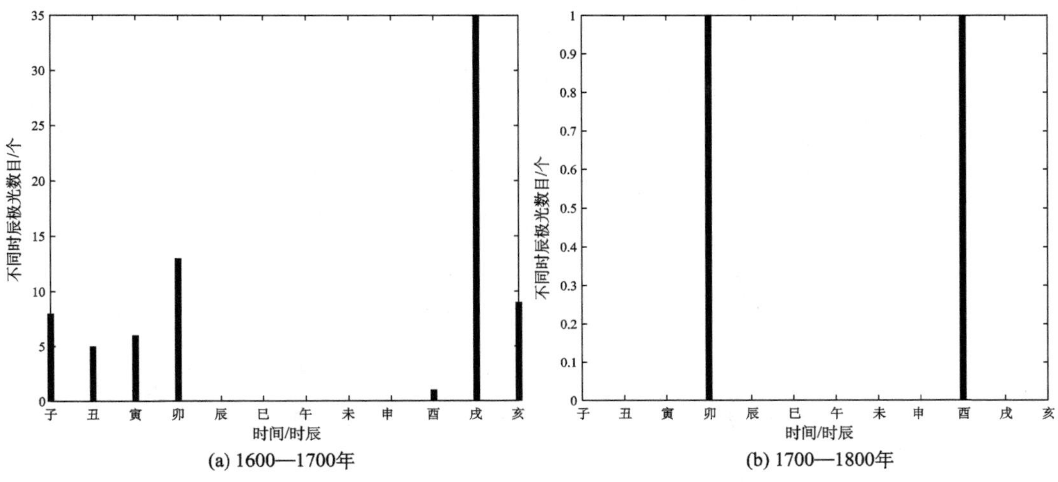

(a) 1600—1700年　(b) 1700—1800年

图 2.57　《承政院日记》赤气时刻每个世纪分布图

5. 方位分布

《承政院日记》中赤气方位分布如图 2.58 所示，从数据分布来看，东方位数据记录最多。赤气数据从 1624 年至 1712 年约 100 年跨越两个世纪，每个世纪方位分布如图 2.59 所示。

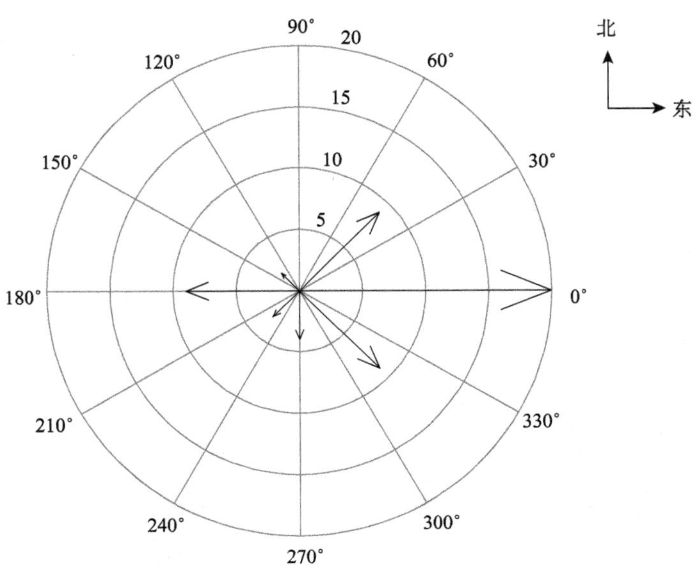

图 2.58　《承政院日记》赤气方位分布图（1624—1712 年）

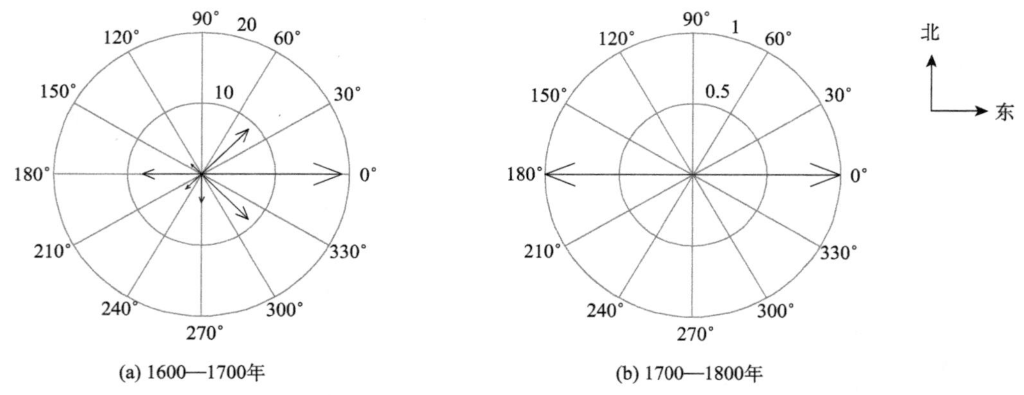

图 2.59　《承政院日记》赤气方位每个世纪分布图

（二）气如火

1. 数据概览

《承政院日记》中气如火数据记录主要有 1384 条，从 1625 年至 1811 年，每年发生极光数目时间序列如图 2.60 所示。

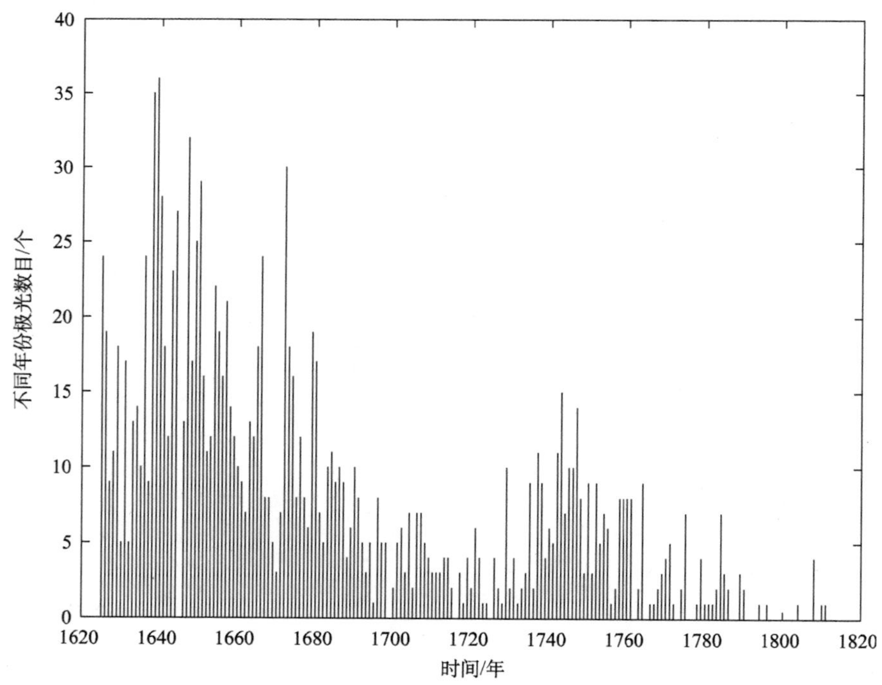

图 2.60　《承政院日记》气如火每年发生极光数目时间序列图

2. 月份分布

《承政院日记》中气如火月份分布如图 2.61 所示，从数据分布来看，3 月发生极光数目最多，对应春分时期。气如火数据从 1625 年至 1811 年约 300 多年跨越三个世纪，每个世纪月份分布如图 2.62 所示。

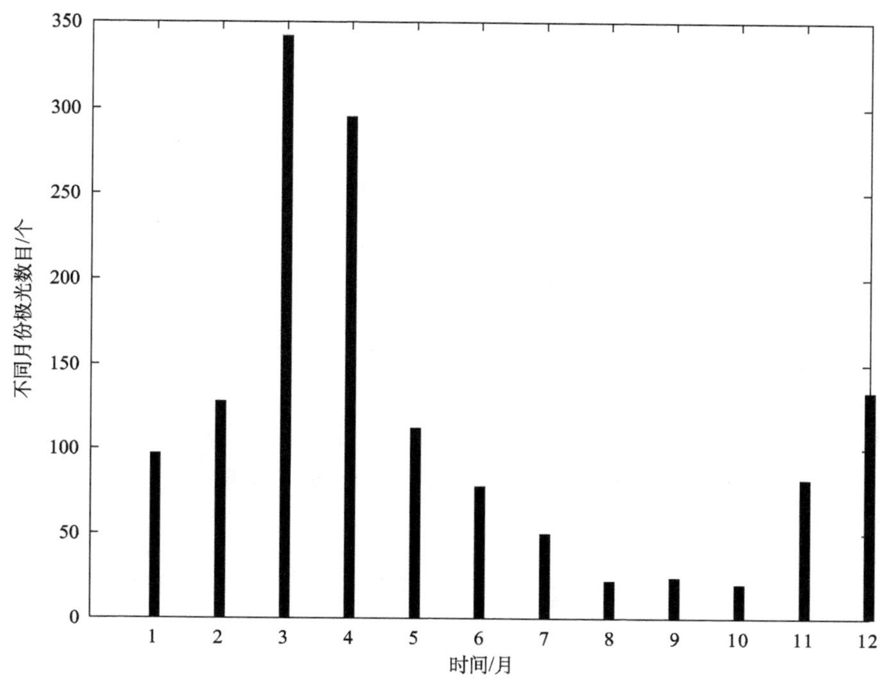

图 2.61　《承政院日记》气如火月份分布图（1625—1811 年）

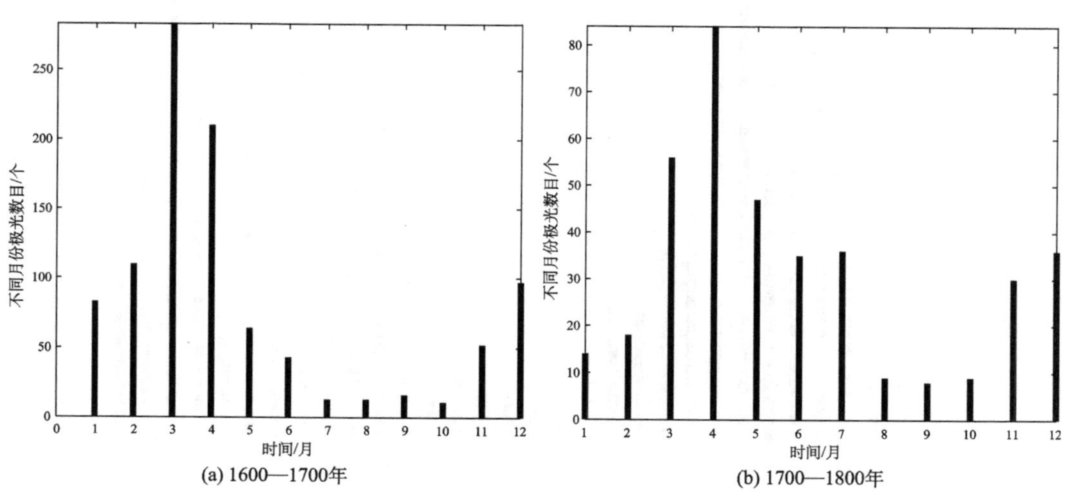

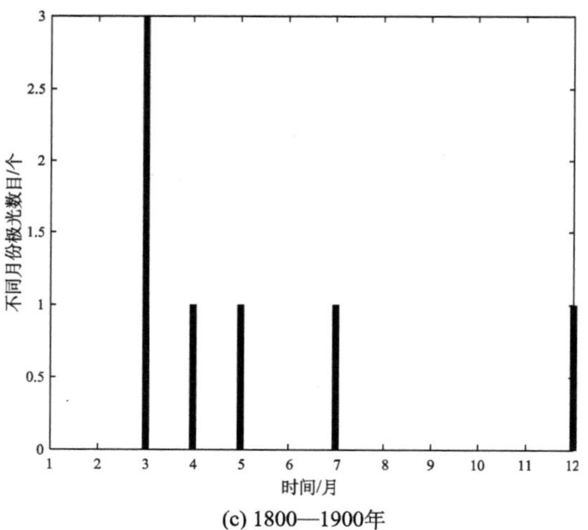

(c) 1800—1900年

图 2.62　《承政院日记》气如火月份每个世纪分布图

3. 月相分布

《承政院日记》中气如火月相分布如图 2.63 所示，从数据分布来看，满月时极光数据记录较少。气如火数据从 1625 年至 1811 年约 300 多年跨越三个世纪，每个世纪月相分布如图 2.64 所示。

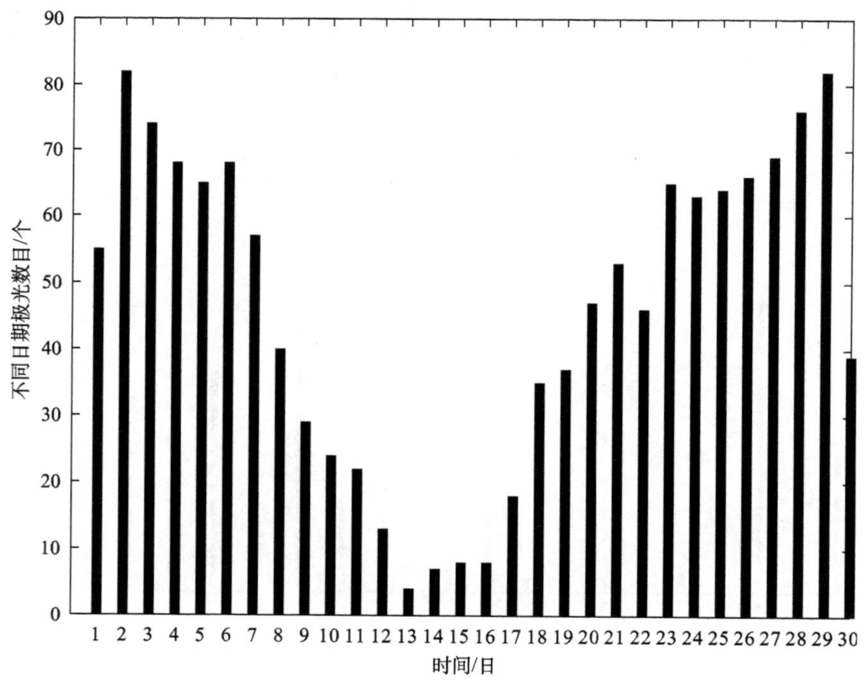

图 2.63　《承政院日记》气如火月相分布图（1625—1811 年）

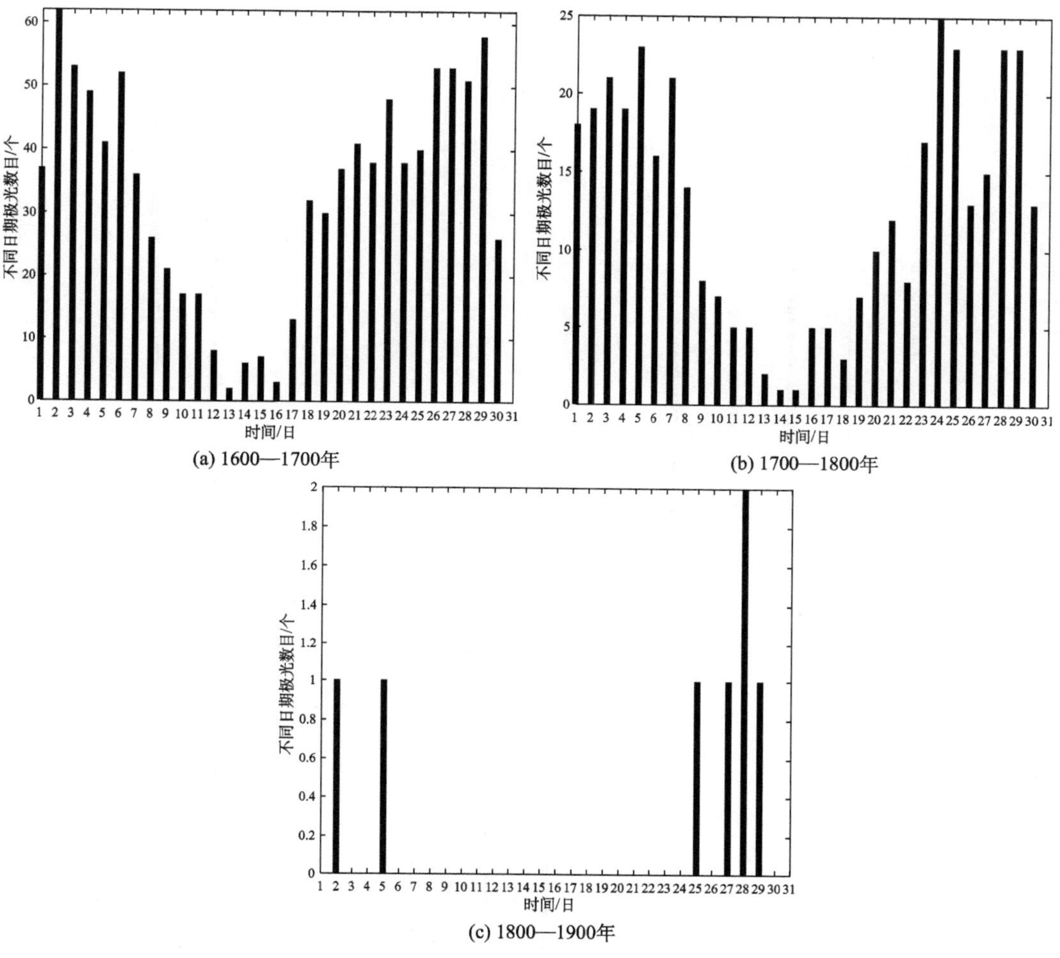

图 2.64　《承政院日记》气如火月相每个世纪分布图

4. 时刻分布

《承政院日记》中气如火时刻分布如图 2.65 所示，从数据分布来看，戌时极光数据记录最多。气如火数据从 1625 年至 1811 年约 300 多年跨越三个世纪，每个世纪时刻分布如图 2.66 所示。

5. 方位分布

《承政院日记》中气如火方位分布如图 2.67 所示，从数据分布来看，东南方位数据记录最多。气如火数据从 1625 年至 1811 年约 300 多年跨越三个世纪，每个世纪方位分布如图 2.68 所示。

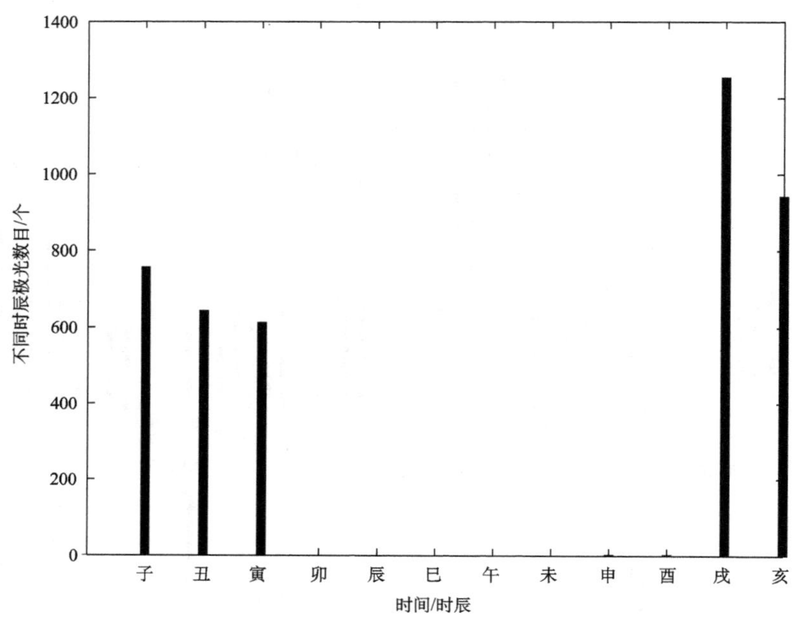

图 2.65　《承政院日记》气如火时刻分布图（1625—1811 年）

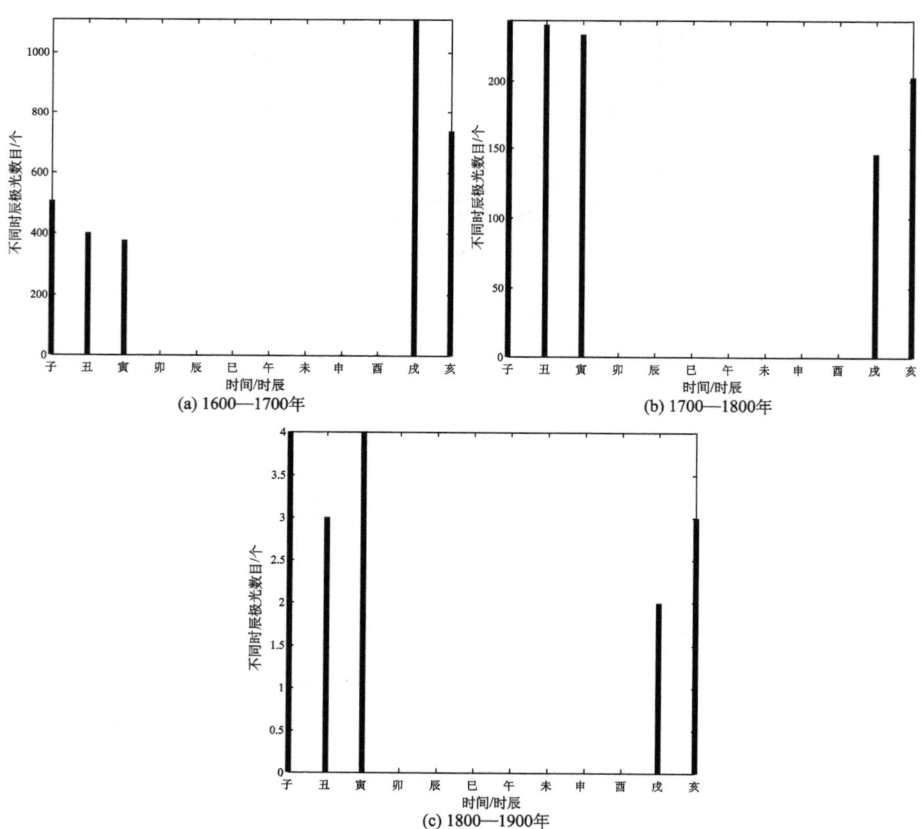

图 2.66　《承政院日记》气如火时刻每个世纪分布图

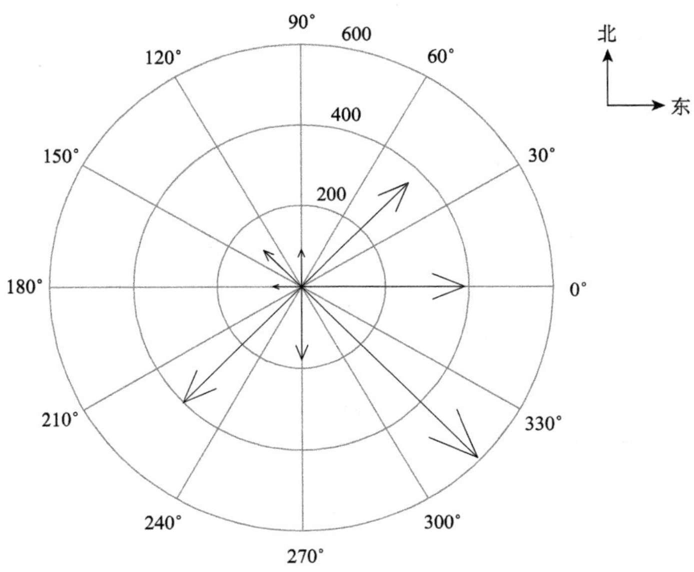

图 2.67　《承政院日记》气如火方位分布图（1625—1811 年）

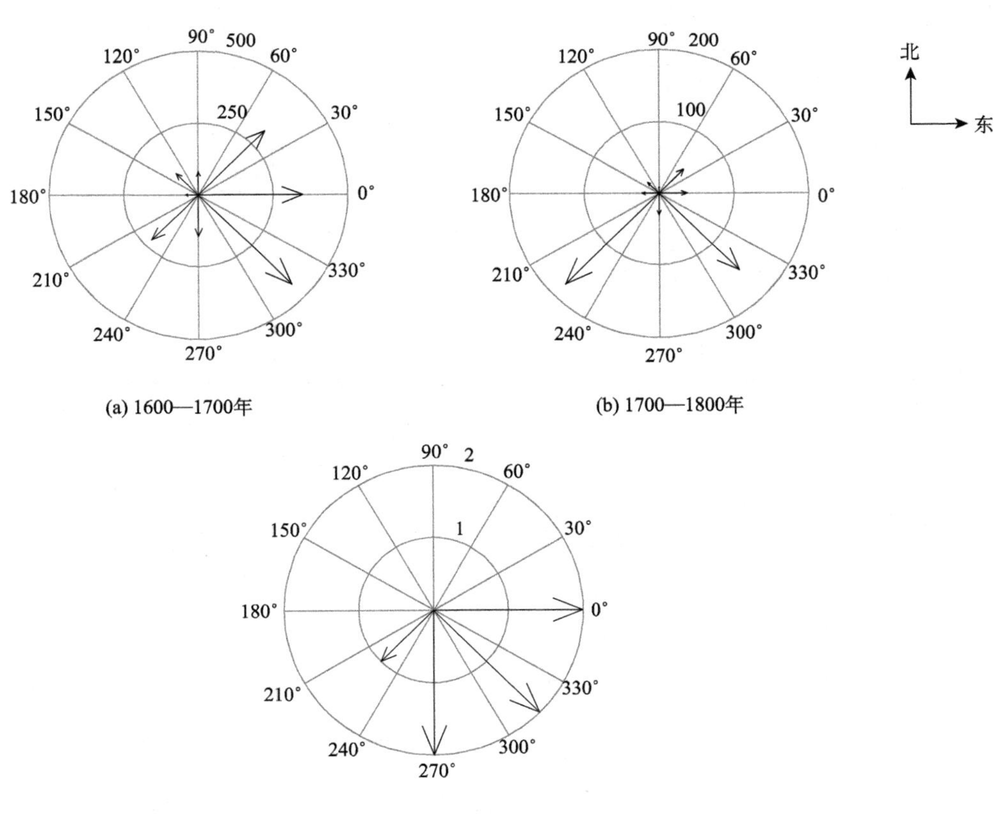

图 2.68　《承政院日记》气如火方位每个世纪分布图

第三章　古代朝鲜极光记录

本书中的古代朝鲜极光年表共包括 2211 条记录，按文献来源和类别分为 8 个表格。所有表格均为统一格式，第 1 列为编号，第 2 列至第 4 列为公历年月日，第 5、6 列为农历月日，第 7 列为原文，第 8 列为 ID 编号。源文献查找方法参见第一章。

表 3.1　《高丽史》赤气

编号	公历年月日			农历月日		原文	ID 编号
1	1012	6	12	5	20	赤氣如火，見于南方。	kr_053_0010_0030_0100_0010
2	1014	4	18	3	17	日旁赤氣相盪。	kr_047_0010_0020_0020_0060
3	1015	2	6	1	15	日旁有青赤氣。	kr_047_0010_0020_0020_0070
4	1019	3	6	1	27	赤氣竟天。	kr_053_0010_0030_0100_0050
5	1028	9	25	9	5	夜，赤氣竟天。	kr_053_0010_0030_0100_0060
6	1036	10	25	10	4	日傍有青赤氣環繞。	kr_047_0010_0020_0040_0010
7	1065	11	19	10	19	日重暈，赤氣貫日，又有兩珥。	kr_047_0010_0020_0050_0060
8	1073	1	12	12	2	白氣，自乾抵巽連坤，變爲赤氣。	kr_054_0010_0020_0080_0170
9	1088	8	14	7	25	赤氣如火。	kr_053_0010_0030_0100_0070
10	1094	11	18	10	8	有青赤氣，去日二十餘尺。	kr_054_0010_0010_0070_0010
11	1101	1	31	1	1	夜，赤氣，自北指西，紛布漫天，白氣間作，良久乃散。占者曰：“遼·宋，有兵喪之災。”	kr_053_0010_0030_0100_0090
12	1104	2	7	1	9	夜，赤氣見于東南，長十餘丈。	kr_053_0010_0030_0100_0100
13	1104	2	21	1	23	赤氣見東方。	kr_053_0010_0030_0100_0110
14	1105	2	24	2	8	黃赤氣，發自東咸，貫帝座南，長三丈許。	kr_055_0010_0010_0130_0030
15	1108	2	3	12	20	南北，有青白氣，西方，有赤氣。	kr_054_0010_0010_0070_0020
16	1109	5	13	4	12	彌勒寺功臣堂屋上，赤氣衝天，久而變黃黑，向東而滅。	kr_053_0010_0030_0100_0130
17	1113	3	11	2	22	南北方，有赤氣經天。	kr_053_0010_0030_0100_0140
18	1114	4	2	2	25	夜，赤氣如火光，散射乾·艮·離方，至曉乃滅。	kr_053_0010_0030_0100_0150
19	1115	3	21	2	24	艮方，有赤氣如火。	kr_053_0010_0030_0100_0160
20	1116	10	10	9	3	夜，赤氣見于乾兌方。	kr_053_0010_0030_0100_0170
21	1116	10	17	9	10	夜，庚方有赤氣。	kr_053_0010_0030_0100_0180
22	1117	12	16	11	21	夜，北方有赤氣，發紫微宮，指乾·艮方，如布滿天而分散。又赤氣發艮方。	kr_053_0010_0030_0100_0190

续表

编号	公历年月日			农历月日		原文	ID 编号
23	1118	3	27	3	4	東方，有赤氣。	kr_053_0010_0030_0100_0200
24	1121	2	23	2	5	夜，赤氣從乾至巽，長三尺許。素氣，從房心至坎，長七尺許。	kr_053_0010_0030_0100_0210
25	1121	4	14	3	25	赤氣起於張·翼間。	kr_053_0010_0030_0100_0220
26	1122			4		昏時，有黑雲，發於乾方，或有青氣，出於雲間，或有赤氣，挾於左右，並向巽方。至初更自滅。	kr_053_0010_0020_0170_0030
27	1123	3	21	2	22	夜，西方有白氣，中央，有赤氣。	kr_054_0010_0020_0080_0320
28	1126	6	30	6	8	乾方，有赤氣。	kr_053_0010_0030_0100_0250
29	1126	8	4	7	14	乾方，有赤氣。	kr_053_0010_0030_0100_0260
30	1127	10	17	9	10	夜，赤氣發東南，至庚子滅。	kr_053_0010_0030_0100_0270
31	1128	7	24	6	25	黃赤氣，東西竟天。	kr_055_0010_0010_0130_0050
32	1128	10	20	9	25	大風雷雨雹。赤氣自乾方，從紫微，入艮方，又黑氣南北相衝。	kr_055_0010_0010_0040_0320
33	1128	12	13	11	20	自戌地至未，赤氣衝滿。	kr_053_0010_0030_0100_0290
34	1129	1	10	12	18	夜，赤氣起自艮方，經斗杓，入紫微宮。	kr_047_0010_0030_0120_0990
35	1129	10	25	9	11	赤氣自乾·艮方交發，衝射紫微宮。是月，熒惑入太微，四旬乃滅。	kr_047_0010_0030_0120_1130
36	1129	12	27	11	15	赤氣，自丑·亥，入紫微宮。	kr_053_0010_0030_0100_0320
37	1130	1	26	12	15	黃赤氣貫月，長六尺許。月犯軒轅星。	kr_047_0010_0030_0120_1220
38	1130	3	31	2	20	夜，赤氣如匹布，自東而北。	kr_053_0010_0030_0100_0330
39	1130	9	29	8	25	初更，赤氣如火影，發自坎方，覆入北斗魁中，起滅無常，至三更乃滅。日者奏，“天地瑞祥誌云，赤氣如火影見者，臣叛其君。伏望修德消變。”	kr_053_0010_0030_0100_0350
40	1131	1	31	1	1	西方，有赤氣。	kr_053_0010_0030_0100_0360
41	1131	2	5	1	6	有赤氣。	kr_053_0010_0030_0100_0370
42	1137	2	17	1	26	赤氣發西北方。	kr_053_0010_0030_0100_0400
43	1138	8	28	7	21	夜，乾方，有赤氣如火。	kr_053_0010_0030_0100_0410
44	1138	9	3	7	27	夜 ＜乾方有赤氣如火。＞亦如之。	kr_053_0010_0030_0100_0420
45	1138	10	6	9	1	夜，赤氣發艮方。	kr_053_0010_0030_0100_0430
46	1138	12	2	10	28	赤氣發于艮方。	kr_053_0010_0030_0100_0440
47	1141	8	23	7	20	夜，赤氣發北斗。	kr_053_0010_0030_0100_0450
48	1141	11	22	10	22	夜，有赤氣衝天，至句陳·紫微。又素氣十餘條，交錯起息。又黑氣，長四丈許，東西衝貫于北斗。又電光，發于天末。	kr_053_0010_0030_0100_0460

续表

编号	公历年月日			农历月日		原文	ID 编号
49	1141	12	23	11	24	夜，赤氣發於坎。又有素氣二條，交發，貫北極·句陳，滅而復發。	kr_053_0010_0030_0100_0470
50	1156	4	25	4	4	夜，赤氣如火，長三十尺許，廣一尺，	kr_053_0010_0030_0100_0480
51	1174	1	26	12	22	赤祲，見于東方。日官奏：“赤氣移時，下有叛民。”	kr_053_0010_0030_0100_0490
52	1175	11	13	9	28	赤氣如火，見于東南方，變黑而滅。	kr_053_0010_0030_0100_0500
53	1176	3	14	2	2	晡時，赤氣如烟焰，自西北，彌亘四方。	kr_053_0010_0030_0100_0520
54	1176	3	19	2	7	夜，赤氣又見西方，狀如干楯，長十五尺許。	kr_053_0010_0030_0100_0530
55	1176	9	13	8	9	赤氣如火，見于西南方，至夜，變黑而滅。	kr_053_0010_0030_0100_0540
56	1177	2	19	1	19	赤氣如火，見於東方，又見於坤·乾二方。	kr_053_0010_0030_0100_0560
57	1177	3	23	2	22	赤氣見于四方。	kr_053_0010_0030_0100_0570
58	1177	8	2	7	7	赤氣見于東南方。	kr_053_0010_0030_0100_0580
59	1177	12	28	12	7	赤氣見南方，太史奏：“下有伏兵。”	kr_053_0010_0030_0100_0590
60	1178	4	7	3	18	四方赤氣如火。	kr_053_0010_0030_0100_0600
61	1179	3	12	2	3	赤氣如火，見于南方。	kr_053_0010_0030_0100_0630
62	1180	3	28	3	1	乾方，有赤氣如火，設大佛頂讀經於內殿，設金光明經法席於大安寺，以禳之。	kr_053_0010_0030_0100_0660
63	1180	8	23	8	1	西北方，有赤氣如火。	kr_053_0010_0030_0100_0670
64	1181	3	13	2	26	乾·艮方，有白氣，變爲赤氣。	kr_054_0010_0020_0080_0530
65	1181	9	4	7	24	赤氣衝天。	kr_053_0010_0030_0100_0680
66	1187	10	1	8	27	赤氣，東西竟天，又五色虹，南北相衝。	kr_053_0010_0030_0100_0710
67	1187	11	18	10	17	坤方，有赤氣。	kr_053_0010_0030_0100_0720
68	1187	11	22	10	21	＜坤方有赤氣。＞亦如之。	kr_053_0010_0030_0100_0730
69	1188	10	29	10	8	坤方，赤氣如火三日。	kr_053_0010_0030_0100_0740
70	1192	12	29	11	23	赤氣如火，見于西方。	kr_053_0010_0030_0100_0750
71	1195	4	8	2	26	夜，赤氣如火，見于東西方。	kr_053_0010_0030_0100_0770
72	1196	11	9	10	18	赤氣如火，見于南方。	kr_053_0010_0030_0100_0790
73	1201			12		赤氣，從艮至乾，如火。	kr_053_0010_0030_0100_0840
74	1217	4	12	3	5	乾方，有赤氣。	kr_053_0010_0030_0100_0860
75	1217	4	18	3	11	赤氣見于東西。	kr_053_0010_0030_0100_0870
76	1217	4	21	3	14	赤氣横亘四方。	kr_053_0010_0030_0100_0880
77	1217	5	10	4	4	日傍有赤氣，大如車輪，南北射氣如日。	kr_047_0010_0020_0150_0040
78	1221	9	12	8	25	赤氣見于東方。	kr_053_0010_0030_0100_0910
79	1225	8	16	7	11	西北方，有赤氣。	kr_053_0010_0030_0100_0960
80	1228	3	30	2	23	赤氣亘天。	kr_053_0010_0030_0100_1000

续表

编号	公历年月日			农历月日		原文	ID 编号
81	1229	9	9	8	20	自艮方至巽，赤氣如火。	kr_053_0010_0030_0100_1010
82	1249	3	17	2	2	赤氣横亘東西。	kr_053_0010_0030_0100_1020
83	1250	11	25	11	1	四方，有赤氣。	kr_053_0010_0030_0100_1030
84	1253	4	1	3	2	西南，有黄赤氣。	kr_055_0010_0010_0130_0110
85	1253	4	19	3	20	東北，赤氣連天。	kr_053_0010_0030_0100_1060
86	1253	8	29	8	4	西有黄赤氣，光明異常。	kr_055_0010_0010_0130_0120
87	1254	10	25	9	13	赤氣周天。	kr_053_0010_0030_0100_1080
88	1255	9	29	8	27	東方，赤氣周天。	kr_053_0010_0030_0100_1090
89	1255	10	2	9	1	赤氣周天。	kr_053_0010_0030_0100_1100
90	1256	5	28	5	3	西南方，赤氣周天。	kr_053_0010_0030_0100_1110
91	1256	8	4	7	12	東方，青赤氣相對周天。	kr_054_0010_0010_0070_0030
92	1257	3	14	2	27	夜，赤氣竟天，光明如晝。	kr_053_0010_0030_0100_1120
93	1257	6	26	5	13	巽方，有赤氣衝天。	kr_053_0010_0030_0100_1130
94	1257	7	22	6	10	有赤氣如梨子，自心大星，流入尾星。	kr_053_0010_0030_0100_1140
95	1259	1	14	12	19	東有黄赤氣，衝天。	kr_055_0010_0010_0130_0140
96	1259	1	26	1	2	赤氣衝天，如火光。	kr_053_0010_0030_0100_1150
97	1259	7	17	6	26	曙時，東方有赤氣，如霞異常。	kr_053_0010_0030_0100_1170
98	1260	10	30	9	24	北方，赤氣竟天，如火。	kr_053_0010_0030_0100_1190
99	1260	11	26	11	23	艮方，赤氣如火，直上衝天。	kr_053_0010_0030_0100_1200
100	1260			11		自朝至暮，黑雲漫天。二更，乾巽二方，赤氣竟天。三更，乾方衝天。	kr_053_0010_0020_0170_0130
101	1260			11		赤氣見于東方。	kr_053_0010_0030_0100_1210
102	1262	10	10	9	26	赤氣見于西北。	kr_053_0010_0030_0100_1220
103	1262	12	8	10	25	赤氣横天。	kr_053_0010_0030_0100_1230
104	1264	2	16	1	17	赤氣浮於天東。	kr_053_0010_0030_0100_1240
105	1268	12	19	11	14	赤氣見于西方。	kr_053_0010_0030_0100_1250
106	1274	1	26	12	17	赤氣見于西方。	kr_053_0010_0030_0100_1270
107	1275	1	21	12	23	赤氣亘天。	kr_053_0010_0030_0100_1290
108	1276	12	2	10	25	巽方，赤氣横天，其上，白氣如槍，長三尺許。	kr_053_0010_0030_0100_1300
109	1277	3	30	2	25	東南，赤氣如虹。	kr_053_0010_0030_0100_1310
110	1277	4	29	3	25	東方，赤氣經天，其上，白氣如劒，長五尺。	kr_053_0010_0030_0100_1320
111	1278	3	23	2	29	赤氣竟天。	kr_053_0010_0030_0100_1330
112	1287	3	8	2	23	南方，有赤氣。	kr_053_0010_0030_0100_1370

续表

编号	公历年月日			农历月日		原文	ID 编号
113	1288	11	13	10	18	赤氣見于東方，或如匹練，或如熾火，良久乃滅。	kr_053_0010_0030_0100_1380
114	1294	2	1	1	5	赤氣見于西北方。	kr_053_0010_0030_0100_1410
115	1296	2	3	12	29	赤氣見于北方。	kr_053_0010_0030_0100_1430
116	1297	1	7	12	4	日旁有赤氣。	kr_047_0010_0020_0170_0170
117	1304	1	28	12	21	赤氣見于坤方。	kr_053_0010_0030_0100_1450
118	1307	3	27	2	23	東西，有赤氣。	kr_053_0010_0030_0100_1460
119	1312	2	11	1	4	東北，有赤氣。	kr_053_0010_0030_0100_1470
120	1316	3	24	3	1	赤氣見于東南，光如炬者二。	kr_053_0010_0030_0100_1490
121	1321	4	11	3	14	西方，有赤氣。	kr_053_0010_0030_0100_1540
122	1356	2	14	1	13	赤氣挾日，長數尺餘，其中皆有日輪，人言："三日並出。"	kr_039_0010_0010_0020
123	1358	4	11	3	3	夜，赤氣見東北方。	kr_053_0010_0030_0100_1600
124	1364	2	26	1	23	夜，西南，有赤氣如龍。	kr_053_0010_0030_0100_1640
125	1364	3	1	1	27	赤氣如虹，見于東方，長十餘丈。	kr_053_0010_0030_0100_1650
126	1365	3	17	2	24	夜，赤氣見于東方。	kr_053_0010_0030_0100_1670
127	1365	3	19	2	26	夜，赤氣見于南北方。	kr_053_0010_0030_0100_1690
128	1366	11	30	10	28	赤氣見于東方。	kr_053_0010_0030_0100_1720
129	1367	2	7	1	8	赤氣如火，西方爲甚。	kr_053_0010_0030_0100_1730
130	1367	3	4	2	4	夜，東西南方，赤氣衝天。	kr_053_0010_0030_0100_1770
131	1367	3	6	2	6	夜，赤氣衝天。	kr_053_0010_0030_0100_1780
132	1367	3	24	2	24	赤氣見于東北方。	kr_053_0010_0030_0100_1790
133	1367	12	10	11	19	夜，赤氣見于西北。	kr_053_0010_0030_0100_1820
134	1367	12	11	11	20	夜，赤氣見于東北。	kr_053_0010_0030_0100_1830
135	1369	12	15	11	16	赤氣如火，見于西南。	kr_053_0010_0030_0100_1900
136	1371			1		赤氣見于西方。	kr_053_0010_0030_0100_1950
137	1371	10	19	9	11	赤氣見于西北方。	kr_053_0010_0030_0100_1960
138	1372	4	12	3	9	赤氣見于西北方。	kr_053_0010_0030_0100_1980
139	1373	1	11	12	17	赤氣見于西方。	kr_053_0010_0030_0100_1990
140	1373	1	27	1	4	赤氣見于西北方。	kr_053_0010_0030_0100_2010
141	1373	2	1	1	9	赤氣見于西方。	kr_053_0010_0030_0100_2020
142	1373	2	16	1	24	赤氣見于東西北方。	kr_053_0010_0030_0100_2030
143	1373	2	26	2	4	赤氣見于西北方。	kr_053_0010_0030_0100_2040
144	1373	3	3	2	9	赤氣見于西南方。	kr_053_0010_0030_0100_2050
145	1373			2		赤氣見于南北方。	kr_053_0010_0030_0100_2060

续表

编号	公历年月日			农历月日		原文	ID 编号
146	1373	8	8	7	20	赤氣見于西北。	kr_053_0010_0030_0100_2080
147	1374	3	7	1	24	赤氣見于西北方。	kr_053_0010_0030_0100_2090
148	1374	3	10	1	27	赤氣見于南方，白氣見于北方。	kr_053_0010_0030_0100_2100
149	1374	4	14	3	2	赤氣見于東北方。	kr_053_0010_0030_0100_2110
150	1374	4	16	3	4	四方有赤氣。	kr_053_0010_0030_0100_2120
151	1377	10	11	9	9	赤氣見于西方。	kr_053_0010_0030_0100_2130
152	1379	3	15	2	27	赤氣見于西南。	kr_053_0010_0030_0100_2170
153	1379	3	23	3	5	赤氣見于南方。	kr_053_0010_0030_0100_2180
154	1380	4	2	2	27	赤氣見于西方，光如炬。	kr_053_0010_0030_0100_2220
155	1381	1	12	12	17	赤氣見于西方。	kr_053_0010_0030_0100_2230
156	1381	1	31	1	6	赤氣見于南方。	kr_053_0010_0030_0100_2240
157	1381	2	27	2	3	西南北方，赤氣如血，騰空。	kr_053_0010_0030_0100_2250
158	1383	12	29	12	5	赤氣，自西指東。	kr_053_0010_0030_0100_2260
159	1385	3	7	1	26	赤氣竟天。	kr_053_0010_0030_0100_2270
160	1390	3	11	2	24	西方赤氣。	kr_053_0010_0030_0100_2300
161	1390	5	6	4	21	日旁，有青赤氣，中大而端尖。	kr_054_0010_0010_0070_0040

表 3.2 《高丽史》赤祲

编号	公历年月日			农历月日		原文	ID 编号
1	1014	4	6	3	5	夜，四方赤祲。	kr_053_0010_0030_0100_0020
2	1017	1	27	12	27	四方赤祲。	kr_053_0010_0030_0100_0030
3	1017	3	4	2	4	赤祲如火，彌天。	kr_053_0010_0030_0100_0040
4	1017	12	15	11	25	夜，白氣如練竟天，俄變爲赤祲。	kr_054_0010_0020_0080_0040
5	1174	1	26	12	22	赤祲，見于東方。日官奏：“赤氣移時，下有叛民。”	kr_053_0010_0030_0100_0490
6	1176	3	13	2	1	夜，赤祲見于西北方，如烟焰，南方亦如之。	kr_053_0010_0030_0100_0510
7	1176	10	10	9	6	四方赤祲。	kr_053_0010_0030_0100_0550
8	1220	3	23	2	17	赤祲竟天，三日。	kr_053_0010_0030_0100_0900
9	1222	5	4	3	21	四方赤祲。	kr_053_0010_0030_0100_0920
10	1222	6	8	4	27	赤祲見于東方。	kr_053_0010_0030_0100_0930
11	1222	9	1	7	24	赤祲見于西北。	kr_053_0010_0030_0100_0940
12	1227	4	4	3	17	赤祲見于西方。	kr_053_0010_0030_0100_0970
13	1227	8	27	7	14	赤祲見于西北。	kr_053_0010_0030_0100_0990
14	1252	1	2	11	20	東北方，赤祲如血。	kr_053_0010_0030_0100_1050

续表

编号	公历年月日			农历月日		原文	ID 编号
15	1260	8	7	6	29	乾方，有赤祲，長三十尺許，橫天如龍蛇。	kr_053_0010_0030_0100_1180
16	1278	3	26	3	2	赤祲見于南方，夜明如晝。	kr_053_0010_0030_0100_1340
17	1282	2	10	1	1	赤祲見于南方。	kr_053_0010_0030_0100_1360
18	1292	12	31	11	22	南方，有赤祲。	kr_053_0010_0030_0100_1390
19	1314	3	9	2	23	赤祲見于西北方。	kr_053_0010_0030_0100_1480
20	1316			11		西方，有赤祲。	kr_053_0010_0030_0100_1500
21	1317	1	12	12	29	西北方震雷赤祲。	kr_053_0010_0020_0130_2470
22	1320	2	1	12	22	夜，赤祲。	kr_053_0010_0030_0100_1510
23	1321	1	30	1	2	赤祲見于東西，白氣見于南方。	kr_053_0010_0030_0100_1530
24	1324	3	21	2	26	赤祲見于東方。	kr_053_0010_0030_0100_1560
25	1361	2	10	1	5	赤祲竟天。	kr_053_0010_0030_0100_1620
26	1365	3	14	2	21	夜，赤祲見于西方。	kr_053_0010_0030_0100_1660
27	1365	3	18	2	25	赤祲見于東方。	kr_053_0010_0030_0100_1680
28	1365	3	19	2	26	夜，赤氣見于南北方。	kr_053r_0010_0030_0100_1690
29	1367	2	28	1	29	夜，赤祲見于東方。	kr_053_0010_0030_0100_1740
30	1367	3	1	2	1	夜，赤祲見于東西。	kr_053_0010_0030_0100_1750
31	1367	3	2	2	2	夜，赤祲見于東。	kr_053_0010_0030_0100_1760
32	1368	2	21	2	3	夜，赤祲如火。	kr_053_0010_0030_0100_1840
33	1368	3	10	2	21	夜，赤祲。	kr_053_0010_0030_0100_1850
34	1368	3	12	2	23	＜赤祲。＞亦如之。	kr_053_0010_0030_0100_1860
35	1368	3	16	2	27	赤祲。	kr_053_0010_0030_0100_1870
36	1368	3	19	3	1	夜，赤祲如火，至乙亥。	kr_053_0010_0030_0100_1880
37	1370	3	17	2	20	赤祲。	kr_053_0010_0030_0100_1920
38	1370	9	4	8	14	赤祲見于東北方。	kr_053_0010_0030_0100_1930
39	1370	11	24	11	6	赤祲見于西北。	kr_053_0010_0030_0100_1940
40	1379	2	9	1	22	赤祲見于西北方。	kr_053_0010_0030_0100_2160
41	1390	4	29	4	14	白祲見于戶曹南池，俄變爲赤祲。	kr_054_0010_0020_0080_1190
42	1391	2	6	1	2	赤祲見于東方。	kr_053_0010_0030_0100_2330

表 3.3　《朝鲜王朝实录》赤气

编号	公历年月日			农历月日		原文	ID 编号
1	1395	4	28	4	1	赤氣中天。	waa_10404001_001
2	1396	1	19	12	1	北方赤氣。	waa_10412001_001
3	1396	4	6	2	20	東南赤氣。	waa_10502020_001

续表

编号	公历年月日			农历月日		原文	ID 编号
4	1397	4	8	3	3	夜，東北有赤氣。	waa_10603003_001
5	1397	12	30	12	3	夜，東西方有赤氣。	waa_10612003_001
6	1398	1	16	12	20	乾方有赤氣。	waa_10612020_002
7	1398	10	10	8	22	赤氣自東横流城市。	waa_10708022_001
8	1398	10	24	9	7	有赤氣。	waa_10709007_001
9	1400	2	25	1	23	西北東有赤氣。	wba_10201023_001
10	1400	2	26	1	24	日冠。西北有赤氣。	wba_10201024_001
11	1400	8	1	7	2	曉，北方有赤氣。	wba_10207002_001
12	1401	2	14	1	22	夜，四方有赤氣。	wca_10101022_001
13	1401	2	16	1	24	日珥日直日包日暈。夜，東南有赤氣。	wca_10101024_001
14	1402	1	16	12	4	暮，東有赤氣横天。	wca_10112004_001
15	1403	2	25	1	25	夜，艮巽方有赤氣，兑方有白氣。	wca_10301025_001
16	1403	3	17	2	16	太白晝見。夜，東方有赤氣。	wca_10302016_001
17	1403	12	23	11	1	日沒時，日北有赤氣外青。	wca_10311101_001
18	1404	1	8	11	17	夜，北方有淡赤氣，長丈許。	wca_10311017_001
19	1405	1	15	12	6	坤方有赤氣。	wca_10412006_002
20	1405	1	19	12	10	日珥且背。夜，南方有赤氣。	wca_10412010_001
21	1405	1	30	12	21	夜，寅卯地有赤氣。	wca_10412021_001
22	1405	1	31	12	22	夜，巽方及西北有赤氣，庚寅亦如之。	wca_10412022_001
23	1405	2	2	12	24	東方有赤氣。	wca_10412024_001
24	1405	2	4	12	26	夜，艮方有赤氣。	wca_10412026_001
25	1405	3	20	2	11	夜。艮方有赤氣。	wca_10502011_002
26	1406	1	5	12	6	坤方有赤氣。	wca_10512006_001
27	1406	1	20	12	21	夜，寅卯方有赤氣。	wca_10512021_002
28	1406	1	23	12	24	巽方有赤氣，金、土星相犯。	wca_10512024_001
29	1406	1	25	12	26	夜，艮方有赤氣。	wca_10512026_002
30	1406	2	14	1	17	西方有赤氣。	wca_10601017_001
31	1411	3	13	2	10	巽方有淡赤氣。	wca_11102010_001
32	1415	7	28	6	14	月傍有青赤氣。	wca_11506014_001
33	1415	12	30	11	21	日邊有青赤氣。	wca_11511021_001
34	1426	3	9	1	21	大風。東北方有赤氣。	wda_10801021_001

续表

编号	公历年月日			农历月日		原文	ID 编号
35	1499	8	17	7	2	傳于承政院曰：“六月三十日夜，予在大造殿觀之，天際有如群炬之氣，上觸于空，流動不定。初若自南山上而向東，俄復西流，又轉而向東，始自四更，至于五更乃滅。其狀又如旱時月色，或如禪家所云放光。其召金應箕問之。”應箕考《文獻通考》以啓曰：“所謂赤氣也。”傳曰：“知道。”	wja_10507002_005
36	1509	3	28	2	28	東南間連夜，有赤氣如電。	wka_10402028_005
37	1509	12	27	11	6	自三更至五更，北方有赤氣。	wka_10411006_002
38	1512	1	27	12	29	夜坤方有赤氣，其上有白氣一條。赤氣狀如炬，白氣狀如十字，一丈許。	wka_10612029_004
39	1512	3	31	3	4	是日初昏，北方有赤氣如火。	wka_10703004_003
40	1515	4	17	3	24	夜，艮方、巽方有赤氣。	wka_11003024_002
41	1517	3	8	2	6	辰時，日暈重匝，內暈微青黑，外暈外赤內青如虹。內外暈之西，皆有青赤氣，如弛弓外向，內暈南北，皆有珥，珥傍有白氣，竝外射至外暈而止。	wka_11202006_002
42	1520	3	18	2	19	全羅道 谷城縣，夜有赤氣渾天，山野皆明，村屋可數，良久而銷。	wka_11502019_004
43	1520	4	21	3	24	承旨尹殷弼、金希壽啓曰：“去夜四更，日官來報云：‘南方有赤氣甚異。’臣等起而視之，果有赤氣浮空，若炬火。然將滅將熾，熾而若滅，或南或東，若進若退，莫有其常，至爲驚愕也。朝又問日官，則云：‘自初更至五更，猶未止也。’”傳曰：“近來災變，如地震、日月星辰之異，連不止，而今又有此變，予甚懼焉。”	wka_11503024_001
44	1520	5	1	4	5	參贊官尹殷弼曰：“臣之直宿日四更，日官報云：‘南方有火氣。’臣起而親見之，則果有赤氣如炬，若進若退，若滅而還熾，甚爲驚異。”	wka_11504005_003
45	1522	12	1	11	3	夜，赤氣布天。	wka_11711003_004
46	1525	1	25	12	22	日暈。日入後，赤氣布天，自西方至于巽方。	wka_11912022_007
47	1533	3	29	2	24	白虹貫日。午時，日有重暈，兩珥冠履。日之左右，有白氣如珥，日東，有青赤氣橫立。	wka_12802024_002
48	1533	12	27	12	2	辰時，東方淡雲間，有黃赤氣，出日上，偏指天中，長二三丈許，良久乃滅。夜，流星出平道星，入頓頑星，狀如甁，尾長八九尺許，色白。	wka_12812002_001
49	1534	1	23	12	29	夜，艮方有赤氣。	wka_12812029_002
50	1534	3	6	2	12	夜，月暈，白氣貫暈下，青赤氣横着，長一布長許。	wka_12902012_004

续表

编号	公历年月日			农历月日		原文	ID 编号
51	1538	8	8	7	4	午時，青赤氣，自艮方指坤方，長五六尺許，横在日下。	wka_13307004_001
52	1540	5	27	4	12	日暈，暈北有雲如一匹布，暈南，有青赤氣。	wka_13504012_003
53	1544	12	13	11	19	辰時，自巽方至北方，赤氣如雲布天。	wka_13911019_006
54	1548	1	22	12	2	辰時，日無光，圓形如日之狀，出於日之上下。在上者接日，在下者去日三四寸許。又有赤氣出日上，其長半布長。	wma_10212002_001
55	1548	4	11	2	23	未時，青赤氣如冠，去日上一丈餘，長四五尺許。夜，月暈，兩珥。	wma_10302023_004
56	1552	11	8	10	12	夜，地震自東而西。昧爽，赤氣彌天，光照于地。	wma_10710012_002
57	1553	5	2	3	10	弘文館副提學鄭裕等上疏。……自今月以來，赤氣蔽天，日月無光。	wma_10803110_005
58	1555	2	16	1	15	日出時，日上赤氣直立，如一匹布許，良久乃滅。	wma_11001015_001
59	1555	2	20	1	19	日出時，日上有赤氣，如一匹布許，須臾而滅。夜，月微暈，兩珥。南方如雷聲一度。	wma_11001019_003
60	1556	4	21	3	2	傳于政院曰："近日雨種連縣，日出亦有赤氣，霧氣亘塞，已有旱徵。言于該曹，修溝壑淨阡陌可也。"	wma_11103002_001
61	1556	6	14	4	27	日微暈，兩珥。日入後，赤氣自乾方至艮方横天，移時乃滅。流星出貫索星，入氐星，狀如梨，尾長二三尺許，色白。流星出天市西垣第七星，入房星，狀如拳，尾長一二尺許，色白。	wma_11104027_004
62	1558	12	14	10	25	日出時，日上有黄赤氣，圓如日體，俄而與日俱入雲中。其下又有黄赤氣，距日皆五六寸許，久而乃滅。夜，水星見於東方。	wma_11310025_002
63	1566	12	18	10	27	四方沈霧。全羅道 順天；平安道 平壤，日有兩珥冠。色青赤，上有背虹。甑山，薄雲四布。日之東西兩傍，似日形，赤氣浮空。北方又青紅赤氣横天，良久不滅。咸從日耀黄赤，左右有珥，虹蜺亦見於其傍。	wma_12110127_002
64	1594	1	5	11	14	夜自一更至三更，月光明盛，客星不得看候。一更，西方有赤氣。	wna_12611114_005
65	1594	1	13	11	22	夜一更，西方有赤氣，自一更至二更，客星在天倉東第三星内三寸許，形體微小。	wna_12611122_006
66	1594	2	11	12	22	卯時、辰時，四方有霧氣。夜，四方有赤氣。客星，在天倉東第三星内。	wna_12612022_006

续表

编号	公历年月日			农历月日		原文	ID 编号
67	1595	12	8	11	8	黃海道觀察使柳永詢報曰："本月初二日初更爲始，赤氣一道，起於西方，狀如炬火，光燭半天，俄而南方東方一時竝起，雞鳴之後，漸次消滅；五更後，東北間，赤氣又起，狀如烈焰，平明後始滅"云。	wna_12811008_002
68	1596	2	20	1	23	平安道觀察使尹承吉馳啓曰："今正月初九日午時，有白氣，起自南方，圍日作圓，而南方缺。又有白氣，貫日向北而作圓，當日處，則其氣微抹，僅得而見。又有黃赤氣，挾日團聚，如日之狀，去黃赤氣十餘丈許。又有白氣，相對團聚，亦如黃赤氣之狀。所見極爲兇慘，圖其形上。"	wna_12901023_001
69	1596	10	31	9	11	昧爽，青赤氣起於乾方天際，指其中，廣可見體，長五六丈許，良久乃滅。	wna_12909011_003
70	1597	2	17	1	2	辰時，四方有霧氣。自一更至二更，巽方有赤氣，廣二尺餘，長十丈餘。起天際指天中，其光照地。南方、坤方有赤氣。	wna_13001002_009
71	1597	2	18	1	3	夜一更、二更，有赤氣。	wna_13001003_002
72	1597	2	20	1	5	辰時，有霧氣，日暈兩珥。巳時日暈。夜一更，東方、南方有赤氣，月暈。	wna_13001005_006
73	1597	2	22	1	7	夜一更、二更，南方、坤方有赤氣，一更至三更有霧氣。	wna_13001007_001
74	1599	3	27	3	2	夜二更，東西南三方，有赤氣如火光。	wna_13203002_002
75	1601	2	15	1	13	十二月二十七日晚朝，日暈兩珥，又有赤黃氣，爲冠而微，又赤黃氣，在日下而微，與兩珥暈氣相連。又有青赤氣，在冠上而向北，又有白氣，出於兩珥之下，向西相連，又有赤白氣，自南直上，接於白氣，移時漸消事。	wna_13401013_005
76	1601	4	2	2	29	全羅道觀察使李弘老馳啓曰："金溝縣監牒呈內，今二月初二日戌時，赤氣自東方始生，遍及南北西方，而北方尤甚，移時乃止。"	wna_13402029_001
77	1601	12	15	11	21	慶尙監司李時發馳啓曰："星州地，本月初六日初昏，辰、地巳地、未地、丑地，天際有赤氣，赤氣之上，又有白氣一道，狀如虹，長可二三丈許，自下以上，或現或微，夜半乃滅。東南赤氣，尤甚熾盛，變異非常。"	wna_13411021_001
78	1604	2	13	1	14	統制使李慶濬狀啓："十二月十九日夜初更，天上東西北，赤氣二道，光如火焰，狀如匹練，或竟天、或半天，旋起旋滅，二更而滅，變異非常事。"	wna_13701014_002

续表

编号	公历年月日			农历月日		原文	ID 编号
79	1605	1	17	11	28	巳時，日暈。午時，日暈，暈上有冠，暈上有履，色皆內赤外青。未時，日暈兩珥。申時，日暈。初昏，四方陰雲中有赤氣，始起於巽方，𦦨𦦨如火光，𦦨𦦨中，別有一條氣，如炬熛火，直立長長二三丈許。次起於南方、坤（光）〔方〕、西方、乾方、北方、東方，皆以次而見。大概形體皆同，互相明滅，至四更，密雲下雪不見。五更，密雲，客星不見。	wna_13711028_001
80	1605	3	8	1	19	夜一更、二更，四方皆有赤氣，如火色。四更，密雲，客星不見。	wna_13801019_002
81	1605	3	11	1	22	辰時、巳時，日暈。夜一更，南方有赤氣，焰焰如火光，中有一條氣，如炬熛火直立，長可二尺許，或明或滅，良久而止。二更，有白氣一條，狀如豎帚，貫句陳第三星間，長可尺許，至二更末乃滅。四更，客星所在，月光相近，不得詳候。	wna_13801022_001
82	1605	3	21	2	3	夜一更，乾方、東方、南方，有赤氣如火光。四更，客星在天江星上，入尾宿十一度，去極一百九度，小於心火星，色黃赤。	wna_13802003_001
83	1606	2	6	12	29	京畿監司李廷龜馳啓："水原府使李慶濬牒呈內：'今月二十二日初更時，天上南末，有赤氣一道，光如火焰；狀如匹練，或經天、或半天。俄而又有一道繼起，其狀如初，三更乃滅，而焰光所燭之處，明若微月之色，變異非常事。'"	wna_13812029_004
84	1606	4	7	3	1	卯時有霧氣。午時，太白見於巳地。申時日暈，自夜一更至二更，有赤氣。	wna_13903001_004
85	1611	3	10	1	26	夜一更，東西北三方有赤氣，狀如火炬者五，良久乃滅。	wob_10301026_003
86	1613	4	16	2	27	夜一更，赤氣大一二圍、長三四丈，狀如火炬，列立北斗下者三、南方者二、東方、巽方者各一，良久乃滅。	wob_10502027_002
87	1617	3	4	1	27	夜一更，東方、巽方，有氣如火光，上有赤氣直立，長丈餘，廣尺許，良久乃滅。	woa_10901027_006
88	1617	7	27	6	25	初昏，蒼赤氣二道起，自西方直指艮方，長各十餘丈，廣各尺餘，良久迺滅。	woa_10906025_005
89	1619	1	5	11	20	夜，南方有氣如火光。又有赤氣直立，長可三四尺，廣可尺餘，良久乃滅。五更，密雲，彗星不得看候。	wob_11011020_005
90	1624	1	27	12	8	日出時，赤氣如柱，立於日上，闊數尺，長十餘丈，良久乃滅。	wpa_10112008_001

续表

编号	公历年月日			农历月日		原文	ID 编号
91	1624	2	25	1	7	本月初三日夜一更，西方有赤氣，狀甚殊常，人皆見而驚駭，而當直官員，不爲登臺候察，故領監事啓請治罪。	wpa_10201007_001
92	1624	4	21	3	4	昧爽，東方有氣，如火光。夜東方赤氣，耀於天際。北方、坤方有氣，如火光。	wpa_10203004_005
93	1624	6	9	4	24	夜，青赤氣，自西方指艮方，南方有氣，如月光。	wpa_10204024_002
94	1624	7	11	5	26	雨。夜坤方，有赤氣，如火。	wpa_10205026_001
95	1625	3	15	2	7	夜一更，四方有赤氣，如火光，雷動。	wpa_10302007_002
96	1626	1	15	12	18	夜一更月出時，青赤氣如柱，自東方至西貫月，長可二丈許、廣尺餘。	wpa_10312018_002
97	1626	11	10	9	22	初昏，蒼赤氣一道，起自西方，直指東方。夜，金星入南斗。雷動、電光。	wpa_10409022_003
98	1627	2	1	12	16	夜一更，月上有赤氣直立，長三尺許，廣尺餘，移時乃滅。月犯軒轅星，五更，木星守房星上。	wpa_10412016_002
99	1634	1	30	1	2	日入時，黃赤氣如柱，直立日上，長丈餘，日沒乃滅。	wpa_11201002_001
100	1634	3	16	2	17	月初出有赤氣，狀如炬火。	wpa_11202017_001
101	1638	3	5	1	20	巽方有赤氣三條。	wpa_11601020_001
102	1639	4	8	3	6	雨雹，巽方赤氣燭天。	wpa_11703006_001
103	1648	11	16	10	2	夜，東方有赤氣如龍蛇。	wpa_12610002_001
104	1655	10	8	9	9	日出時赤氣一條，直指日上，長數丈許。	wqa_10609009_001
105	1669	10	4	9	10	初昏青赤氣一道，起自西方，直指天中，長三四尺，廣尺許，良久乃滅。	wra_11009010_001
106	1676	2	14	1	1	赤氣亘天。	wsa_10201001_001
107	1696	2	6	1	4	北青、端川、利城等邑，戌時有赤氣如虹，俄而雷聲大震，良久而止。	wsa_12201004_002
108	1708	5	25	4	6	日出時，傍有赤氣，狀如虹。	wsa_13404006_001
109	1712	9	4	8	4	初昏，西方有赤氣如火光，良久而滅。	wsa_13808004_001
110	1737	12	15	10	24	光佐曰："數昨曉起，見東方有紅光如火焰，乃赤氣也。"	wua_11310024_003

表 3.4　《朝鲜王朝实录》赤祲

编号	公历年月日			农历月日		原文	ID 编号
1	1393	3	16	1	25	四方赤祲。	waa_10201025_001
2	1393	3	20	1	29	西方赤祲。	waa_10201029_001
3	1393	3	26	2	6	南方赤祲。	waa_10202006_001
4	1393	8	12	6	26	西方赤祲。	waa_10206026_001

续表

编号	公历年月日			农历月日		原文	ID 编号
5	1399	12	26	11	15	赤祲徧于四方。	wba_10111015_001
6	1400	3	2	1	28	先是，書雲觀啓曰："昨昏，赤祲見于西北，宗室中當有猛將出。"	wba_10201028_003
7	1407	1	4	11	16	慶尙道赤祲。	kca_10611016_001
8	1411	1	2	11	29	坤方有赤祲，夜有電光。	wca_10611016_001

表 3.5　《朝鲜王朝实录》气如火

编号	公历年月日			农历月日		原文	ID 编号
1	1507	2	3	1	12	傳于政院曰："讀書堂劄子云，夜有赤氣，信有是乎?"回啓曰："臣等亦聞前月晦日夜，乾方有赤氣如火光，南方雲淡色黃。又聞是日，山火偶發於高嶺、鐘山等處，連燒數里，疑是此火之光也。"【史臣曰："人君所畏者天變也。古人有以四方災異，常警告於君者。居喉舌之地，而以天之示變，歸之於山火之光，非但使疏辭不實，又啓人君慢忽變異之心，其殆於諛乎!"】	wka_10201012_008
2	1508	4	15	3	6	夜一更至四更，四方天際微明，有氣如火，或見或滅。命弘文館，考其應以啓。	wka_10303006_004
3	1512	3	31	3	4	是日初昏，北方有赤氣如火。	wka_10703004_003
4	1515	3	25	3	1	夜一更，北方有氣如火。四更，東方亦然。	wka_11003001_002
5	1515	3	28	3	4	夜乾方、艮方，有氣如火。	wka_11003004_003
6	1515	3	30	3	6	癸亥/夜，月掩畢大星。坤方、北方有氣如火。	wka_11003006_001
7	1515	3	31	3	7	夜，艮方、巽方，有氣如火。	wka_11003007_005
8	1515	4	19	3	26	夜，東方有氣如火。	wka_11003026_002
9	1515	4	23	3	30	夜，南方有氣如火。	wka_11003030_002
10	1515	4	29	4	6	是夜，東方有氣如火。	wka_11004006_002
11	1517	3	9	2	7	夜，巽方有氣如火。	wka_11202007_002
12	1517	3	29	2	27	日暈。夜，坤方有氣如火。	wka_11202027_008
13	1517	3	30	2	28	夜，南方有氣如火。	wka_11202028_006
14	1518	5	23	4	5	夜五更，坤方、巽方有氣如火。	wka_11304005_004
15	1520	4	20	3	23	夜，南方天際，有氣如火。	wka_11503023_003
16	1520	4	23	3	26	夜，東北南方有氣如火。	wka_11503026_004
17	1522	3	30	2	23	日暈，日上有冠。夜，東南方有氣如火。	wka_11702023_004
18	1522	4	4	2	28	夜，坤方、南方，有氣如火。	wka_11702028_004
19	1522	4	10	3	4	日重暈，其色內微紅，外微靑。夜，東北方有氣，如火。	wka_11703004_003
20	1522	5	3	3	27	夜，艮巽方有氣如火。	wka_11703027_004

续表

编号	公历年月日			农历月日		原文	ID 编号
21	1522	9	28	8	27	夜，巽方有氣，如火，南方電。	wka_11708027_002
22	1523	4	25	3	29	夜，坤方、巽方，氣有如火。	wka_11803029_002
23	1523	11	21	10	3	夜，西方有氣如火。	wka_11810003_004
24	1523	11	30	10	12	虹見艮方。日暈兩珥戴。夜，東方坤方有氣如火。	wka_11810012_003
25	1524	2	12	12	27	下雨。夜，巽方、南北方有氣如火。五更，霧。	wka_11812027_002
26	1524	3	20	2	6	自南方至巽方，有氣如火。	wka_11902006_004
27	1524	4	5	2	22	夜，艮巽方有氣，如火。	wka_11902022_006
28	1524	10	4	8	26	夜西方有氣，如火。	wka_11908026_006
29	1524	11	29	10	24	夜，南方有氣如火。	wka_11910024_002
30	1525	2	23	1	22	夜，巽方有氣如火。	wka_12001022_006
31	1525	3	28	2	25	夜，艮方、巽方、坤方、有氣如火。	wka_12002025_003
32	1525	4	16	3	14	日微暈。夜，南方有氣如火。	wka_12003014_020
33	1525	4	20	3	18	夜，巽方、坤方、有氣如火。	wka_12003018_022
34	1525	4	25	3	23	夜，南方有氣如火。	wka_12003023_005
35	1525	5	2	3	30	夜，南方有氣如火。中宗恭僖徽文昭武欽仁誠孝大王實錄卷之五十三。	wka_12003030_002
36	1525	5	11	4	9	夜，坤方有氣如火。	wka_12004009_004
37	1525	11	23	10	29	夜，坤方有氣，如火。	wka_12010029_009
38	1526	3	31	2	9	壬戌/夜，雨雹交下，狀如大豆。南方有氣如火。	wka_12102009_001
39	1526	4	15	2	24	夜，南方、乾方，有氣如火。	wka_12102024_002
40	1526	4	18	2	27	夜，東方南方、有氣如火。	wka_12102027_003
41	1526	4	20	2	29	夜，西方有氣如火。	wka_12102029_004
42	1526	5	10	3	19	三更，巽方有氣如火。	wka_12103019_006
43	1526	5	16	3	25	巽方有氣如火。	wka_12103025_005
44	1526	6	30	5	11	癸巳/夜，南方有氣如火。	wka_12105011_001
45	1526	7	10	5	21	夜，乾方有氣如火。	wka_12105021_004
46	1526	7	28	6	10	夜，有氣如火。	wka_12106010_007
47	1526	8	16	6	29	夜，南方有氣如火。	wka_12106029_002
48	1526	8	17	6	30	夜，南方有氣如火。	wka_12106030_003
49	1526	9	25	8	9	坤方，有氣如火。	wka_12108009_003
50	1526	10	4	8	18	夜，東方有氣如火。	wka_12108018_004
51	1526	12	17	11	4	五更，巽方有氣如火。	wka_12111004_003
52	1526	12	24	11	11	五更，南方有氣如火。	wka_12111011_002
53	1527	2	5	12	25	癸酉/東南西方，有氣如火。坤方，亦如之。	wka_12112025_001
54	1527	3	11	1	29	丁未/夜五更，南方有氣如火。	wka_12201029_001

续表

编号	公历年月日			农历月日		原文	ID 编号
55	1528	3	27	2	27	夜，自乾方、艮方至巽方，有氣如火。	wka_12302027_009
56	1528	3	29	2	29	夜，南方有氣如火。	wka_12302029_009
57	1528	4	10	3	12	癸未/大雨夜，自南方至艮方，白氣布天，南方有氣如火。	wka_12303012_001
58	1528	4	24	3	26	夜，南方有氣如火。	wka_12303026_011
59	1528	6	25	5	29	夜，坤方有氣如火。	wka_12305029_004
60	1528	6	26	5	30	夜，坤方有氣如火。	wka_12305030_007
61	1529	3	18	1	28	日暈。夜，北有氣如火。	wka_12401028_002
62	1529	6	18	5	3	日暈。白氣布天。夜乾方有氣如火。	wka_12405003_003
63	1530	3	3	1	24	三更，乾方有氣如火。	wka_12501024_003
64	1530	3	4	1	25	四更，乾方有氣如火。	wka_12501025_004
65	1531	3	6	2	8	夜，坤方、南方、巽方，有氣如火。	wka_12602008_002
66	1531	4	23	3	26	辛亥/夜，丙方，有氣如火。	wka_12603026_001
67	1531	6	2	5	8	夜東方，有氣如火。	wka_12605008_003
68	1531	6	20	5	26	夜三更，坤方有氣如火，至于四更。	wka_12605026_002
69	1531	7	29	6	6	夜，巽方有氣如火。	wka_12606106_002
70	1531	8	16	6	24	是夜，巽方有氣如火。	wka_12606124_002
71	1532	3	22	2	6	乙酉/夜，南方、乾方、艮方，有氣如火。	wka_12702006_001
72	1532	3	23	2	7	丙戌/夜，巽方、南方、乾方、艮方，有氣如火。	wka_12702007_001
73	1532	4	13	2	28	夜，巽方有氣如火。	wka_12702028_005
74	1532	8	30	7	20	丙寅/未時，太白見於午地。夜，東方、南方，有氣如火。	wka_12707020_001
75	1532	10	6	8	28	癸卯/夜，坤方有氣如火，密雲下雨，彗星不見。	wka_12708028_001
76	1533	2	7	1	4	夜，艮巽坤方，有氣如火。	wka_12801004_002
77	1533	2	12	1	9	夜，南方、有氣如火，坤方、艮方，白氣布天。	wka_12801009_003
78	1533	2	29	1	26	夜，東方有氣如火。	wka_12801026_003
79	1533	3	4	1	29	夜，東西方，有氣如火。	wka_12801029_002
80	1533	4	5	3	1	夜，巽方有氣如火。	wka_12803001_002
81	1533	4	6	3	2	夜巽方有氣如火。	wka_12803002_004
82	1533	5	9	4	6	戊寅/夜，北方有氣如火。	wka_12804006_001
83	1533	5	10	4	7	夜，北方、巽方，有氣如火。	wka_12804007_002
84	1533	5	11	4	8	夜，東方、北方、巽方、艮方，有氣如火。	wka_12804008_004
85	1533	5	12	4	9	夜，艮方、巽方、坤方，有氣如火。	wka_12804009_003
86	1533	6	2	4	30	是夜，坤方有氣如火。	wka_12804030_007

续表

编号	公历年月日			农历月日		原文	ID 编号
87	1533	8	4	7	4	彗星暫見於丑地雲間。流星出王良星下，入奎星下，狀如甁，尾長四五尺許，色白。乾方、坤方、巽方、有氣如火。	wka_12807004_005
88	1533	9	9	8	11	卯時，日微暈兩珥。夜，密雲，彗星不見。五更，有氣如火。	wka_12808011_005
89	1534	2	2	1	10	夜，巽方、艮方，有氣如火。	wka_12901010_004
90	1534	4	24	3	2	戊辰/夜，坤方，有氣如火。	wka_12903002_001
91	1534	4	26	3	4	夜，東方有氣如火。	wka_12903004_004
92	1534	4	27	3	5	夜，東方有氣如火。	wka_12903005_003
93	1534	5	3	3	11	夜，坤方，有氣如火。	wka_12903011_004
94	1534	5	11	3	19	夜，北方有氣如火。	wka_12903019_002
95	1534	5	30	4	8	自四更至五更，南方巽方，有氣如火。	wka_12904008_002
96	1534	6	23	5	2	日暈。夜，坤方有氣如火。	wka_12905002_003
97	1534	6	24	5	3	日暈冠。夜，坤方有氣如火。	wka_12905003_003
98	1534	9	12	7	24	己丑/太白晝見。夜巽方有氣如火。	wka_12907024_001
99	1534	9	16	7	28	夜，坤方有氣如火。	wka_12907028_003
100	1535	1	14	12	1	夜，巽方、艮方，有氣如火。	wka_12912001_002
101	1535	1	17	12	4	夜，南方有氣如火。	wka_12912004_003
102	1535	1	18	12	5	丁酉/夜，坤方有氣如火。	wka_12912005_001
103	1535	2	9	12	27	日暈。夜，南方有氣如火。	wka_12912027_003
104	1535	2	10	12	28	庚申/日暈。東方有氣如火。	wka_12912028_001
105	1535	3	16	2	3	夜，巽方至坤方，有氣如火。	wka_13002003_002
106	1535	4	10	2	28	日暈。夜，四方有氣如火。	wka_13002028_002
107	1535	4	12	3	1	辛酉朔/夜，艮方、坤方、西方，有氣如火。	wka_13003001_001
108	1535	4	14	3	3	夜，艮方、巽方、乾方，有氣如火。	wka_13003003_003
109	1535	5	9	3	28	夜，巽方有氣如火。	wka_13003028_002
110	1535	5	10	3	29	己丑/夜，巽方有氣如火。	wka_13003029_001
111	1535	5	16	4	5	日暈。夜，乾、巽方，有氣如火。	wka_13004005_002
112	1535	5	17	4	6	夜，乾、巽方，有氣如火。	wka_13004006_002
113	1535	6	7	4	27	夜，流星出氐星下，入庫樓星，尾長八九尺許，色白。又出立星，入天淵星，尾長六七尺許，色赤。南方、坤方，有氣如火。	wka_13004027_003
114	1535	6	9	4	29	夜，坤方有氣如火。	wka_13004029_003
115	1535	7	5	5	25	夜，東方、坤方、巽方、南方，有氣如火。	wka_13005025_003
116	1535	7	10	6	1	夜，東方、南方、西方有氣如火。	wka_13006001_004
117	1535	7	11	6	2	夜，東方、南方、西方有氣如火。	wka_13006002_003

续表

编号	公历年月日			农历月日		原文	ID 编号
118	1535	8	7	6	29	夜，艮方有氣如火。流星出北斗星，入天市西垣，色赤。	wka_13006029_006
119	1535	11	24	10	19	夜，南方有氣如火。	wka_13010019_002
120	1535	12	10	11	6	夜，坤方、乾方，雷電。坤方、南方，有氣如火。	wka_13011006_002
121	1535	12	11	11	7	夜，東方、南方，有氣如火。	wka_13011007_003
122	1536	1	1	11	28	乙酉/夜，東方、坤方，有氣如火。	wka_13011028_001
123	1536	1	10	12	8	夜，艮方。坤方，有氣如火。	wka_13012008_004
124	1536	2	27	1	26	壬午/夜，南方、東方、艮方，有氣如火。流星出天市西垣，入大微東垣，狀如鉢，尾長六七尺許，色赤。	wka_13101026_001
125	1536	3	4	2	3	戊子/日重暈兩珥，戴冠。夜，東方、艮方、巽方、南方、乾方，坤方，有氣如火。	wka_13102003_001
126	1536	3	17	2	16	日暈兩珥。夜，坤方有氣如火。	wka_13102016_002
127	1536	3	20	2	19	日微暈兩珥。太白晝見。夜，巽方有氣如火。	wka_13102019_003
128	1536	3	22	2	21	夜，東方、北方、西方，有氣如火。	wka_13102021_002
129	1536	3	23	2	22	夜，巽方有氣如火。	wka_13102022_002
130	1536	3	27	2	26	北方、南方、艮方、巽方，有氣如火。	wka_13102026_002
131	1536	5	27	4	28	夜，乾方有氣如火。	wka_13104028_003
132	1536	8	29	8	3	夜，艮方、北方，有氣如火。	wka_13108003_002
133	1537	3	17	1	26	夜，艮方有氣如火。	wka_13201026_002
134	1537	6	11	4	24	日暈。艮方、坤方，有氣如火。	wka_13204024_005
135	1537	6	12	4	25	夜，艮方有氣如火。	wka_13204025_005
136	1537	6	22	5	5	坤方，有氣如火。	wka_13205005_005
137	1537	6	23	5	6	夜，坤方有氣如火。	wka_13205006_008
138	1537	12	15	11	4	己卯/夜，巽方、坤方，有氣如火。	wka_13211004_001
139	1538	1	30	12	20	夜，南方、巽方、東方，有氣如火。	wka_13212020_005
140	1538	3	14	2	4	夜，東西南方，有氣如火。	wka_13302004_002
141	1538	3	15	2	5	夜，南方有氣如火。	wka_13302005_004
142	1538	6	11	5	5	丁丑/夜，西方有氣如火。	wka_13305005_001
143	1538	6	12	5	6	夜，西方有氣如火。	wka_13305006_002
144	1538	7	4	5	28	夜，巽方有氣如火。	wka_13305028_002
145	1538	10	30	9	28	夜，南方天中電光，乾方東方，有氣如火。	wka_13309028_003
146	1538	10	31	9	29	夜，南方有氣如火。	wka_13309029_004
147	1538	12	13	11	12	是夜，艮方巽方，有氣如火。	wka_13311012_002
148	1538	12	14	11	13	夜，艮方巽方，有氣如火。	wka_13311013_004
149	1539	2	15	1	17	夜，南方坤方，有氣如火。	wka_13401017_002

续表

编号	公历年月日			农历月日		原文	ID 编号
150	1539	3	31	3	2	庚午/夜，乾方、南方、巽方，有氣如火。	wka_13403002_001
151	1539	4	18	3	20	日微暈。夜，北方、巽方，有氣如火。	wka_13403020_006
152	1539	4	19	3	21	北方、南方，有氣如火。	wka_13403021_002
153	1539	5	24	4	27	夜，東南方，有氣如火。	wka_13404027_002
154	1539	6	8	5	12	夜，東方有氣如火。	wka_13405012_004
155	1540	1	23	12	5	戊辰/南方有氣如火。	wka_13412005_001
156	1542	2	27	2	3	夜，艮方有氣如火，光照于地。	wka_13702003_003
157	1542	3	22	2	26	夜，有氣如火。	wka_13702026_002
158	1542	5	1	4	7	夜，巽方有氣如火。	wka_13704007_003
159	1542	5	25	5	1	巽方、坤方，有氣如火。	wka_13705101_004
160	1542	6	2	5	9	夜，有氣如火。	wka_13705109_002
161	1542	6	18	5	25	乙巳/夜，東方、南方，有氣如火。	wka_13705025_001
162	1542	8	23	7	3	夜，有氣如火。	wka_13707003_007
163	1542	11	5	9	18	乙丑/夜，西方有氣如火。	wka_13709018_001
164	1543	2	5	12	22	丁酉/夜，有氣如火。	wka_13712022_001
165	1543	2	15	1	2	夜，巽方艮方南方，有氣如火。	wka_13801002_005
166	1543	3	4	1	19	夜，坤方，有氣如火。	wka_13801019_003
167	1543	3	9	1	24	日暈，兩珥，重暈。夜，坤方有氣如火。	wka_13801024_002
168	1543	4	8	2	25	夜，西北方有氣如火。	wka_13802025_002
169	1543	4	9	2	26	庚子/夜，西方有氣如火。	wka_13802026_001
170	1543	5	20	4	7	夜，坤方有氣如火。	wka_13804007_002
171	1543	6	2	4	20	夜，西方有氣如火。	wka_13804020_003
172	1543	8	16	7	6	申時，太白見於未地。夜，東、西、南方，有氣如火。	wka_13807006_004
173	1544	3	25	2	22	日暈，兩珥冠，白氣如環貫日。夜，南方、巽方、乾方，有氣如火。	wka_13902022_006
174	1544	4	8	3	7	申時，日戴抱，兩珥。夜，艮方，有氣如火。	wka_13903007_004
175	1544	7	5	6	6	坤方有氣如火。	wka_13906006_005
176	1544	11	24	10	30	南方有氣如火。	wka_13910030_002
177	1544	11	26	11	2	夜，南方有氣如火。	wka_13911002_005
178	1545	4	11	2	20	夜，坤方艮方有氣如火。	wla_10102020_003
179	1545	6	17	4	28	一更，巽方有氣如火。	wla_10104028_002
180	1546	3	19	2	8	夜，艮坤方有氣如火。	wma_10102008_005
181	1550	7	22	6	28	辛酉/夜，乾方、坤方、西方，有氣如火。	wma_10506028_001

续表

编号	公历年月日			农历月日		原文	ID 编号
182	1551	3	25	2	9	日暈，兩珥內赤外青。未時白雲如帛，自乾方至艮方布天，其狀如氣，良久乃滅。夜月暈，色白，五更，巽方有氣如火。	wma_10602009_005
183	1560	2	11	1	6	壬申/夜，巽方、坤方，有氣如火。	wma_11501006_001
184	1594	3	20	1	29	戊申/夜一更，東方、乾方，有氣如火。	wna_12701029_001
185	1596	12	26	11	8	夜一更，巽方有氣如火，移時乃滅。	wna_12911008_005
186	1599	3	27	3	2	夜二更，東西南三方，有赤氣如火光。	wna_13203002_002
187	1601	3	31	2	27	夜一更，坤方有氣如火，長可七八尺，廣尺許，良久乃滅。	wna_13402027_009
188	1602	12	27	11	15	夜，自一更至二更，艮方有氣如火。	wna_13511015_003
189	1603	2	1	12	21	戊申/夜一更，巽方密雲中，有氣如火，長丈餘，闊數尺許。	wna_13512021_001
190	1604	12	15	10	25	辛未/巳時，太白見於午地。夜一更，東方有氣如火，四更流星出柳星上，入軫星下，狀如鉢，尾長三四尺許，色赤。五更，月犯左角星。	wna_13710025_001
191	1605	2	10	12	23	戊辰/夜一更，艮方、東方、南方有氣如火，互相明滅。五更密雲，客星不見。	wna_13712023_001
192	1605	3	8	1	19	夜一更、二更，四方皆有赤氣，如火色。四更，密雲，客星不見。	wna_13801019_002
193	1605	3	21	2	3	丁未/夜一更，乾方、東方、南方，有赤氣如火光。四更，客星在天江星上，入尾宿十一度，去極一百九度，小於心火星，色黃赤。	wna_13802003_001
194	1608	4	2	2	18	（夜一更，巽方、乾方有氣如火光。）	woa_10002018_016
195	1608	4	3	2	19	（夜一更，巽方、坤方、乾方有氣如火光。）	woa_10002019_013
196	1610	3	15	2	21	傳曰："禫祭時慈殿以下，又有望哭之禮乎？預爲講定儀註，磨鍊以入。"觀象監，今月二十日，日暉。夜一更至五更，艮方巽方，有氣如火光。啓。	woa_10202021_002
197	1610	3	25	3	1	（夜一更，巽方坤方，有氣如火光。）	woa_10203001_007
198	1610	4	10	3	17	（日暈，日上有戴。夜，艮方、巽方、坤方，有氣如火光。月暈。）	woa_10203017_005
199	1611	11	30	10	26	辛亥十月二十六日 壬辰（觀象監"今月二十五日夜，自二更至四更，坤方有氣如火光"啓。）	woa_10310026_001
200	1612	2	28	1	27	（辰時、巳時、午時，日暈。申時，日暈，兩珥。夜一更二更，巽方、坤方，有氣如火。四更五更，艮方、坤方，有氣如火。）	woa_10401027_004
201	1617	2	6	1	1	夜一更，坤方有氣如火光，三更四更，亦如之。	woa_10901001_002

续表

编号	公历年月日			农历月日		原文	ID 编号
202	1617	3	4	1	27	夜一更，東方、巽方，有氣如火光，上有赤氣直立，長丈餘，廣尺許，良久乃滅。	woa_10901027_006
203	1617	3	9	2	3	（夜一更，巽方電光，有氣如火光。四更，有氣於東方如火光。流星出天津星下，入東方天際，狀如拳，尾長三四尺許，色赤。）	woa_10902003_012
204	1617	3	12	2	6	未時，太白見於巳地。夜五更，巽方有氣如火光。	woa_10902006_006
205	1617	3	21	2	15	（夜一更，巽方、坤方，有氣如火光。）	woa_10902015_004
206	1617	12	15	11	18	夜一更，流星出委星上，入坤方天際，狀如鉢，尾長三四尺許，色赤。巽方，有氣如火光，良久乃滅。	woa_10911018_005
207	1618	4	26	4	2	（夜一更、二更，巽方、艮方，有氣如火光。）	woa_11004002_010
208	1618	11	17	10	1	夜一更，乾方、艮方，有氣如火光。五更，白氣一道，起東方天際，歷左轄星，直抵翼星。	woa_11010001_002
209	1618	12	14	10	28	戊午十月二十八日癸未，夜，東方有氣如火光。蚩尤旗、彗星長廣，比前漸減。	woa_11010028_001
210	1619	1	7	11	22	夜，東方有氣，如火光。月光明盛，彗星不得看候。	woa_11011022_013
211	1619	1	5	11	20	夜，南方有氣如火光。又有赤氣直立，長可三四尺，廣可尺餘，良久乃滅。五更，密雲，彗星不得看候。	woa_11011020_005
212	1624	2	25	1	7	日暈兩珥，暈上有冠，色內赤外青。白氣一道，起自艮方，圜天而指南方，良久乃滅。夜一更，東方、巽方、西方，有氣如火光。四更，南方有氣如火光。	wpa_10201007_004
213	1624	2	26	1	8	癸亥/夜三更，巽方有氣如火光，四更五更，艮方巽方坤方，有氣如火光。	wpa_10201008_001
214	1624	3	21	2	3	初更，巽方有氣如火。二更，流星出軒轅星下，入坤方。	wpa_10202003_006
215	1624	4	18	3	1	朔乙卯/昧爽，東方有氣，如火光；夜，南方、艮方、巽方、坤方有氣，如火光。	wpa_10203001_001
216	1624	4	19	3	2	初昏，東方有氣，如火光。	wpa_10203002_001
217	1624	7	12	5	27	庚辰/雨。夜四方有氣，如火。	wpa_10205027_001
218	1624	12	31	11	22	夜坤方有氣，如火光。	wpa_10211022_003
219	1625	2	6	12	29	夜坤方有氣，如火光。	wpa_10212029_007
220	1625	2	9	1	3	乾方有氣如火光。	wpa_10301003_009
221	1625	3	2	1	24	夜有氣如火光。	wpa_10301024_002
222	1625	3	6	1	28	夜，東方、西方有氣如火光。	wpa_10301028_005

续表

编号	公历年月日			农历月日		原文	ID 编号
223	1625	3	11	2	3	壬午/辰時，日有重暈。內暈有兩珥，白雲出於兩珥，各長五六尺，良又乃滅。夜艮方、坤方，有氣如火光。	wpa_10302003_001
224	1625	3	31	2	23	卯時，日暈兩珥，暈上有冠，色內赤外青。白雲一道如氣，起自坤方，直指東方。夜巽方、艮方，有氣如火光。	wpa_10302023_009
225	1625	4	2	2	25	申時，日暈兩珥，暈上有冠，色內赤外青，四方有氣如火光。	wpa_10302025_004
226	1625	4	7	3	1	朔己酉/夜，北方艮方、巽方，有氣如火光。	wpa_10303001_001
227	1625	4	8	3	2	夜，東方、巽方，有氣如火光。	wpa_10303002_003
228	1625	4	11	3	5	夜，艮方、巽方、坤方，有氣如火光。	wpa_10303005_006
229	1625	8	4	7	2	夜，流星出織女星下，入貫索星上。艮方，有氣如火。	wpa_10307002_004
230	1625	8	28	7	26	夜，乾方、坤方，有氣如火光。	wpa_10307026_003
231	1625	9	16	8	15	初昏，艮方、乾方有氣如火光。夜，流星出紫微東垣，入婁星下。	wpa_10308015_002
232	1625	9	20	8	19	艮方坤方，有氣如火光。	wpa_10308019_004
233	1625	11	2	10	3	戊寅/夜，坤方有氣如火光。	wpa_10310003_001
234	1625	11	5	10	6	雷動、電光。坤方，有氣如火光。	wpa_10310006_003
235	1625	11	24	10	25	夜，流星出天郎星下，入南方。南方有氣如火光。土星入太微西垣，月入太微東垣。	wpa_10310025_002
236	1625	11	30	11	1	夜，坤方有氣如火光。	wpa_10311001_003
237	1625	12	13	11	14	夜，白雲一道如氣，起自東方，直指乾方，長竟天。坤方，有氣如火光。	wpa_10311014_004
238	1625	12	15	11	16	夜，坤艮方，有氣如火光。	wpa_10311016_002
239	1625	12	28	11	29	甲戌/夜，白雲一道如氣，起自坤方，指艮方，長竟天。有氣如火光。	wpa_10311029_001
240	1626	1	3	12	6	夜，東方有氣如火光。	wpa_10312006_002
241	1626	1	25	12	28	壬寅/夜，西方有氣如火光。	wpa_10312028_001
242	1626	1	26	12	29	癸卯/夜，坤方有氣如火光。流星出參星下，入天苑星下。	wpa_10312029_001
243	1626	1	27	12	30	夜，坤方有氣如火光。白雲一道，起自巽方指艮方，長數十丈。仁祖大王實錄卷之十	wpa_10312030_004
244	1626	3	6	2	9	未時，蒼白氣一道，起自乾方，直指巽方，長竟天。五更，東方、巽方，有氣如火光。	wpa_10402009_003
245	1626	3	18	2	21	甲午/夜一更、二更，南方有氣如火光。	wpa_10402021_001

续表

编号	公历年月日			农历月日		原文	ID 编号
246	1626	3	19	2	22	乙未/白虹貫日。辰時、巳時，日有重暈，內暈有兩珥。夜，流星出北斗星下，入坤方，長四五尺許，色赤。南方有氣如火光。	wpa_10402022_001
247	1626	3	20	2	23	夜，東方、巽方，有氣如火光。熒惑犯天街星。	wpa_10402023_004
248	1626	3	21	2	24	夜，艮方、東方、巽方，有氣如火光。	wpa_10402024_007
249	1626	3	22	2	25	夜，乾方、巽方、南方，有氣如火光。	wpa_10402025_004
250	1626	3	23	2	26	夜，巽方有氣如火光。	wpa_10402026_008
251	1626	3	25	2	28	辰時，日暈兩珥。暈上有冠，暈下有履，色皆內赤外青。夜，東方有氣如火光。	wpa_10402028_003
252	1626	3	29	3	2	卯時，黑雲一道如氣，橫掩日光，色赤。是夜，南方有氣如火，赤光照地。	wpa_10403002_002
253	1626	3	31	3	4	初昏，流星出狼星上，入鬼星下。夜，南方有氣，如火光	wpa_10403004_003
254	1626	4	2	3	6	己酉/夜，艮方、東方，有氣如火光。	wpa_10403006_001
255	1626	4	3	3	7	夜，南方有氣如火光。	wpa_10403007_004
256	1626	4	18	3	22	夜，艮方、巽方、南方，有氣如火光。	wpa_10403022_003
257	1626	4	20	3	24	夜，東方、艮方，有氣如火光。	wpa_10403024_002
258	1626	4	22	3	26	夜，艮方、東方、巽方、南方，有氣如火光。	wpa_10403026_004
259	1626	4	28	4	3	夜一更，白雲一道如氣，起自乾方，逶迤指南。南方有氣如火光。四更，黑雲一道如氣，起自西方，直指巽方，長竟天。	wpa_10404003_004
260	1626	6	16	5	23	夜，坤方、東方，有氣如火光。	wpa_10405023_003
261	1626	6	24	6	1	夜，西方、東方、艮方，有氣如火光。	wpa_10406001_005
262	1626	12	7	10	19	戊午/夜一更，西方有氣如火光。	wpa_10410019_001
263	1626	12	11	10	23	夜，東方天際，有氣如火光。	wpa_10410023_002
264	1626	12	17	10	29	夜，乾方有氣如火光。	wpa_10410029_002
265	1626	12	18	10	30	夜，東方有氣如火光。	wpa_10410030_002
266	1626	12	19	11	1	夜一更，南方有氣如火光。自二更至四更，東方、坤方有氣如火光。	wpa_10411001_004
267	1626	12	26	11	8	夜三更，坤方有氣如火光，電光。五更有霧氣。	wpa_10411008_003
268	1627	1	16	11	29	戊戌/夜，南方、巽方，有氣如火光。	wpa_10411029_001
269	1627	1	19	12	3	夜，艮方有氣如火光。	wpa_10412003_002
270	1627	2	4	12	19	丁巳/夜，流星出密雲天中，色赤。坤方、東方、巽方，有氣如火光。	wpa_10412019_001
271	1627	2	9	12	24	壬戌/夜，南方、艮方，有氣如火光。	wpa_10412024_001
272	1660	1	13	12	2	戊子/夜一更，有氣如火光。	wra_10012002_001
273	1660	1	15	12	4	庚寅/夜月暈，東方有氣如火光。	wra_10012004_001

续表

编号	公历年月日			农历月日		原文	ID 编号
274	1660	1	24	12	13	己亥/夜巽方坤方，有氣如火光。	wra_10012013_001
275	1660	1	31	12	20	丙午/巽方有氣如火光。	wra_10012020_001
276	1661	3	30	3	1	庚戌朔/艮方有霧氣如火光。	wra_10203001_001
277	1679	11	20	10	18	己卯/夜，東方有氣如火光。	wsa_10510018_001
278	1679	12	2	10	30	辛卯/夜，東方有氣如火光。	wsa_10510030_001
279	1680	1	28	12	27	戊子/夜，東方有氣如火光。	wsa_10512027_001
280	1681	6	15	4	29	夜，巽方艮方有氣如火光。	wsa_10704029_004
281	1681	6	17	5	2	夜，巽方、坤方有氣如火光。	wsa_10705002_008
282	1681	12	19	11	10	己未/夜，西方有氣如火光。	wsa_10711010_001
283	1682	3	12	2	4	壬午/夜，東南方有氣如火光。	wsa_10802004_001
284	1682	3	25	2	17	乙未/夜，南方有氣，如火光。	wsa_10802017_001
285	1682	4	1	2	24	壬寅/夜，有氣如火光。	wsa_10802024_001
286	1682	4	3	2	26	甲辰/夜，南北乾方，有氣如火光。	wsa_10802026_001
287	1682	4	10	3	3	辛亥/夜，有氣如火光。	wsa_10803003_001
288	1693	4	30	3	25	己巳/夜有氣如火光。	wsa_11903025_001
289	1703	11	5	9	26	己巳/夜，巽方、坤方，有氣如火光。月入太微東垣，左執法星內。	wsa_12909026_001
290	1703	11	16	10	8	庚辰/北方有氣如火光。	wsa_12910008_001
291	1707	12	11	11	18	丙寅/慶尙觀察使李壄，以密陽等邑，有流星，〔狀聞〕。或云聲如火炮，或云氣如火箭，或云有白色如斗，或云狀如白瓶，或云頭大如盤，或云狀如燭籠，或云如大虹大壼。	wsa_13311018_001
292	1712	9	4	8	4	乙卯/初昏，西方有赤氣如火光，良久而滅。	wsa_13808004_001
293	1713	9	18	7	29	甲戌/巽方有氣如火光。	wsa_13907029_001
294	1713	10	24	9	6	庚戌/西方有氣如火光。	wsa_13909006_001
295	1713	11	19	10	2	丙子/雷電。西方有氣如火光。	wsa_13910002_001
296	1717	1	20	12	8	甲午/西方有氣如火光。	wsa_14212008_001
297	1717	3	17	2	5	庚寅/夜，艮方、坤方，有氣如火光。	wsa_14302005_001
298	1717	4	30	3	19	甲戌/坤方有氣如火光。	wsa_14303019_001
299	1719	12	18	11	8	丙子/西方有氣如火光。	wsa_14511008_001
300	1720	12	22	11	23	丙戌/夜自一更至三更，巽方有氣，如火光。	wta_10011023_001
301	1721	3	17	2	20	辛亥/夜一更、二更，坤方有氣如火光。	wta_10102020_001
302	1721	3	29	3	2	癸亥/夜自一更至五更，乾方、坤方、巽方，有氣如火光。	wta_10103002_001
303	1721	4	17	3	21	壬午/夜自一更至四更，艮方、巽方、坤方，有氣如火光。	wta_10103021_001

续表

编号	公历年月日			农历月日		原文	ID 编号
304	1721	4	18	3	22	癸未/夜一更至五更，艮方、巽方、坤方，有氣如火光。	wta_10103022_001
305	1721	4	20	3	24	乙酉/卯時，日有左珥。午時，日暈兩珥，暈上有冠，暈下有履，色皆內赤外青。白虹貫日。未時、申時日暈。酉時日暈兩珥，暈上有冠，冠上有背，色皆內赤外青。夜一更二更，巽方有氣如火光。	wta_10103024_001
306	1721	7	21	6	27	丁巳/夜自二更至五更，巽方、南方、坤方，有氣如火光。	wta_10106027_001
307	1721	7	22	6	28	戊午/雨。夜自一更至五更，南方、巽方，有氣如火光。	wta_10106028_001
308	1722	7	17	6	5	戊午/夜三更、四更，乾方、坤方，有氣如火光。	wta_10206005_001
309	1722	11	9	10	1	朔癸丑/夜南方、坤方，有氣如火光。	wta_10210001_001
310	1723	7	8	6	7	甲寅/夜自一更至五更，坤方、巽方、艮方，有氣如火光。	wta_10306007_001
311	1726	5	22	4	21	癸未/夜二更，乾方有氣如火光。	wua_10204021_001
312	1726	7	1	6	2	癸亥/夜三更，東南西，有氣如火光。	wua_10206002_001
313	1726	7	6	6	7	戊辰/夜四五更，坤方有氣如火光。	wua_10206007_001
314	1726	9	4	8	9	戊辰/夜四更，艮方有氣如火光。	wua_10208009_001
315	1727	4	12	3	21	戊申/有氣如火光。	wua_10303021_001
316	1727	4	19	3	28	乙卯/夜有氣如火光。	wua_10303028_001
317	1728	4	16	3	8	戊午/夜三更四更，東方有氣如火光。	wua_10403008_001
318	1730	3	18	1	30	己亥/夜，坤方、南方有氣如火光。	wua_10601030_001
319	1730	5	22	4	6	癸卯/夜，坤方有氣如火光。	wua_10604006_001
320	1731	7	13	6	10	辛丑/夜有氣如火，光於坤方。	wua_10706010_001
321	1737	12	15	10	24	戊申/東方有氣如火光，月入太微東垣內。	wua_11310024_001
322	1779	6	10	4	26	庚辰/夜，有氣如火光。	wva_10304026_001
323	1779	6	25	5	12	乙未/有氣如火光。	wva_10305012_001
324	1795	4	24	3	6	丁巳/夜有氣如火。	wva_11903006_001

表 3.6　《朝鲜王朝实录》如火气

编号	公历年月日			农历月日		原文	ID 编号
1	1522	4	5	2	29	觀象監啓曰：“去夜，有氣見西南，如火氣，至曉乃銷。考之《文獻通考》乃猛將之氣云。”傳曰：“此，非常之災，雖不可指爲某事之應，上下所當恐懼修省。”	wka_11702029_003

续表

编号	公历年月日			农历月日		原文	ID 编号
2	1525	4	7	3	5	夜，辰方、巽方如火氣。	wka_12003005_006
3	1525	4	8	3	6	日重暈、兩珥，有冠、有履，日上白暈貫日。夜，巽方如火氣。	wka_12003006_007
4	1539	1	19	12	20	夜，南方、艮方、乾方，赤光如火氣。	wka_13312020_002
5	1539	1	20	12	21	夜，南方赤光如火氣，白氣自震方，至坤方布天。昧爽時，化爲黑氣，自坤方而滅。	wka_13312021_002
6	1545	11	6	9	22	午時，太白見於未地。夜自初更至二更，北方、乾方、坤方有電光；三更，乾、坤兩方雷電；四更，地震，自東而西，乾方、坤方、南方、天中雷電，艮方、巽方有如火氣；五更，坤方電動，南北有電光。黃海道 長連大雷，平安道 中和等六邑大雷電以雨，江東雨雹。	wma_10009022_004
7	1546	1	14	12	2	辛卯/夜，南北坤三方，如火氣。	wma_10012002_001
8	1546	5	19	4	10	夜，巽方、南方、坤方，如火氣。	wma_10104010_004
9	1546	6	13	5	6	申時，京師雨雹。夜，巽方、乾方如火氣。京畿、利川、高陽、安城、加平、陰竹、竹山、長湍、楊州、黃海道、江陰、牛峯雨雹。大如鳥卵，小如榛子，或如豆。	wma_10105006_002
10	1547	7	31	6	24	夜，南方北方乾方，如火氣。	wma_10206024_004
11	1548	1	11	11	21	夜，乾方、坤方、巽方，如火氣。	wma_10211021_003
12	1548	5	20	4	3	日微暈。夜，坤方如火氣。	wma_10304003_002
13	1548	7	13	5	28	夜，南方如火氣。	wma_10305028_002
14	1548	12	19	11	10	夜，乾方、艮方如火氣。	wma_10311010_002
15	1549	2	3	12	26	夜，艮方、坤方如火氣。	wma_10312026_002
16	1549	12	30	12	2	夜，東西南方天中，如火氣。	wma_10412002_002
17	1550	5	24	4	28	壬戌/日暈，兩珥。夜，巽方南方坤方，如火氣。	wma_10504028_001
18	1551	4	6	2	21	日微暈，兩珥。夜，巽方如火氣，月微暈。	wma_10602021_003
19	1551	4	11	2	26	夜，東方如火氣。	wma_10602026_004
20	1551	4	21	3	6	夜，艮方如火氣。	wma_10603006_004
21	1551	5	9	3	24	日暈，色內黃外青。夜，坤方如火氣。	wma_10603024_004
22	1551	6	6	4	22	夜，南北方，如火氣。	wma_10604022_005
23	1551	6	25	5	12	月暈兩珥，色白。東方、南方，如火氣。	wma_10605012_004
24	1551	12	7	10	30	日微暈。夜，艮方如火氣。	wma_10610030_004
25	1551	12	11	11	4	夜，巽方、艮方、乾方，如火氣。	wma_10611004_004
26	1552	2	26	1	22	日暈冠，色內外青。夜，未方、巽方，如火氣。	wma_10701022_002
27	1552	3	8	2	4	夜，有氣如雲，自西方至艮方布天，長四尺許，漸移東南方，須更而滅。北方、東方、南方、乾方、坤方、如火氣。	wma_10702004_003

续表

编号	公历年月日			农历月日		原文	ID 编号
28	1552	3	26	2	22	夜，艮方、南方、坤方、如火氣。	wma_10702022_004
29	1552	4	9	3	6	夜，北方如火氣。	wma_10703006_005
30	1552	4	29	3	26	日暈。夜，巽方、南方，如火氣。	wma_10703026_006
31	1552	5	11	4	8	庚申/夜，巽方、東方、西方，如火氣。	wma_10704008_001
32	1552	6	7	5	6	夜，巽方、坤方，如火氣。	wma_10705006_003
33	1553	2	16	1	24	日微暈。夜，巽方如火氣。	wma_10801024_002
34	1553	2	17	1	25	日暈，色內黃外青。夜，東南西方如火氣。月微暈兩珥。	wma_10801025_002
35	1553	2	18	1	26	夜，巽方、南方如火氣。	wma_10801026_003
36	1553	3	20	2	26	日暈。夜，坤方如火氣。	wma_10802026_002
37	1553	3	26	3	3	日暈兩珥，抱、冠、戴，色內黃外青。夜，巽方、艮方，如火氣。	wma_10803003_003
38	1553	3	28	3	5	日暈。夜，東方、南方，如火氣，坤方有火氣。	wma_10803005_003
39	1553	7	23	6	3	夜，坤方如火氣。	wma_10806003_005
40	1553	8	18	6	29	甲辰/夜，乾方、巽方，如火氣。明宗大王實錄卷之第十四	wma_10806029_001
41	1554	3	14	2	1	夜，艮方、東方、巽方、南方、坤方、乾方、如火氣。	wma_10902001_003
42	1554	3	19	2	6	夜，東西方，如火氣。	wma_10902006_002
43	1554	4	14	3	3	癸卯/日赤無光微雲。雨草實，或如雀豆，或如佐槐子。黃埃四塞。夜四更，西方、坤方、巽方，如火氣。五更，若霧非霧，四方蒙瞀。	wma_10903003_001
44	1554	4	15	3	4	夜，艮方、巽方，如火氣。	wma_10903004_004
45	1554	5	1	3	20	夜，四方如火氣。	wma_10903020_003
46	1554	5	15	4	4	夜，南方如火氣。	wma_10904004_002
47	1554	6	20	5	11	夜，自四更至五更，坤方、巽方、南方，如火氣。	wma_10905011_003
48	1554	7	9	5	30	夜，坤方、艮方、南方、東方、西方，如火氣。	wma_10905030_002
49	1554	7	17	6	8	夜，乾方如火氣。	wma_10906008_003
50	1554	7	18	6	9	夜，坤方如火氣。	wma_10906009_002
51	1554	8	17	7	10	夜，巽方如火氣。	wma_10907010_004
52	1554	10	19	9	13	申時，太白見於未地。夜，如火氣，西方電光。	wma_10909013_002
53	1554	12	26	11	22	夜，艮方南方如火氣。月微暈。	wma_10911022_003
54	1555	1	28	12	26	夜，坤方如火氣。	wma_10912026_003
55	1555	2	22	1	21	丁巳/夜，東方、南方，如火氣。	wma_11001021_001
56	1555	3	4	2	2	日暈，兩珥。夜，巽方、南方、艮方，如火氣。	wma_11002002_002
57	1555	3	9	2	7	日微暈。夜，月暈，坤方。艮方如火氣。	wma_11002007_006
58	1555	3	24	2	22	夜，流星出中台星，入昴星下，狀如鉢，尾長一丈許，色赤，光照地。巽方、艮方、東方，如火氣。	wma_11002022_002

续表

编号	公历年月日			农历月日		原文	ID 编号
59	1555	3	26	2	24	夜，四方如火氣。	wma_11002024_003
60	1555	3	27	2	25	夜，坤方、艮方，如火氣。	wma_11002025_004
61	1555	4	1	2	30	日暈。夜，艮方、東方，如火氣。	wma_11002030_002
62	1555	4	7	3	6	日暈。夜，東方，巽方如火氣。	wma_11003006_003
63	1555	4	29	3	28	日暈。夜，艮方、南方、乾方，如火氣。	wma_11003028_002
64	1555	6	18	5	20	夜，艮方、東方、南方、坤方，如火氣。月暈。江原道 江陵，雷動，雨雹交下。	wma_11005020_006
65	1555	6	23	5	25	夜，坤方、巽方、東方，如火氣。京畿 陽川，有男子雷震死，長湍雨雹交下，大如大豆。江原道 麟蹄，雨雹交下，大如鳥卵，小如榛子，經日不消。	wma_11005025_002
66	1555	7	1	6	3	夜，巽方、坤方，如火氣。	wma_11006003_003
67	1555	7	23	6	25	戊子/夜，坤方如火氣。	wma_11006025_001
68	1555	12	18	11	25	夜，南方如火氣。	wma_11011125_002
69	1555	12	19	11	26	日微暈兩弭。夜，巽方如火氣。	wma_11011026_004
70	1555	12	22	11	29	自辰時至巳時，濁氣蒙冒。夜，南方如火氣，流星出中台星下，入五車星，大如拳，尾長五六尺許，色赤。	wma_11011029_005
71	1556	1	25	12	4	日微暈，兩珥。夜，乾方如火氣。	wma_11012004_002
72	1556	2	21	1	1	南方、北方如火氣。日微暈。	wma_11101001_002
73	1556	3	12	1	21	日暈。左有珥。夜，艮方如火氣。彗星見於軫星東北七八度許，尾指西南，長一尺餘，色微白。	wma_11101021_004
74	1556	3	15	1	24	日暈兩珥。夜，坤方、巽方、北方如火氣。三角山 白雲峰腰巖石崩，長四十尺。	wma_11101024_002
75	1556	3	18	1	27	丁亥/日微暈。夜，雲開處，彗星暫見還隱。坤方、南方，如火氣。	wma_11101027_001
76	1556	3	20	1	29	己丑/彗星見於周鼎星上，在角宿三度，去北極五十八度，尾指西南，長三尺五寸許，焰及諸侯星上第一星，色白。流星出南河星，入北極星下，大如鉢，尾長七八尺許，色白。流星出北斗第一星，入紫微東垣第一星，狀如梨，尾長一二尺許，色白。北方如火氣。慶尚道 陜川日暈兩傍，復有二日竝生，日色或黃或黑，良久乃滅。	wma_11101029_001
77	1556	3	21	2	1	庚寅朔/夜一更，彗星見於寅地。自二更至五更，彗星見於招搖星上，在亢宿初度，去北極四十四度，尾指西南，長四尺許，色白。巽方南、坤方，如火氣。流星出尾星，入南方天際，狀如拳，尾長二三尺許，色赤。	wma_11102001_001
78	1556	4	10	2	21	日暈。巽方如火氣，黑雲如氣，自東指西方布天，良久乃滅。	wma_11102021_003

续表

编号	公历年月日			农历月日		原文	ID 编号
79	1556	4	15	2	26	自朝至巳時，四方濁氣蒙霧。夜，南方、巽方、東方，如火氣。慧星暫見於艮方。	wma_11102026_002
80	1556	4	17	2	28	夜，彗星見於寅方，在壁星北，去北極六十度，尾指西南，長二尺許，色白。流星出天廚星，入紫微東垣，狀如拳，尾長二三尺許，色白。東方、巽方，如火氣。	wma_11102028_002
81	1556	4	18	2	29	夜，東方如火氣。黑雲一道如氣，長二匹布許，着天良久乃滅。辰、巳地，如火氣。彗星，見於寅地，在壁星北，尾指西南，長二尺許，色白。濁氣旋蔽。	wma_11102029_002
82	1556	4	19	2	30	艮方、巽方、南方、西方，如火氣。	wma_11102030_004
83	1556	4	23	3	4	癸亥/氛氣翳天，日瞢影薄。日微暈。夜，巽方、乾方，如火氣。	wma_11103004_001
84	1556	6	16	4	29	夜，東方、南方如火氣。	wma_11104029_002
85	1556	6	24	5	8	夜，木星犯房星第一星，南方如火氣。慶尙道 宜寧，暴風大作，樹木摧拔，屋瓦皆飛。雨雹交下，或如雞卵。	wma_11105008_006
86	1556	6	29	5	13	庚午/夜，巽方、南方，如火氣。	wma_11105013_001
87	1556	7	18	6	2	己丑/夜，東方、南方、坤方，如火氣。	wma_11106002_001
88	1556	8	21	7	7	癸亥/夜，東方、南方、西方，如火氣。	wma_11107007_001
89	1556	11	9	9	28	夜，坤方如火氣。黃海道 載寧，雷動。	wma_11109028_002
90	1556	11	21	10	10	乙未/夜，月暈。白氣一道起巽方，貫暈指乾方。巽方、南方、坤方，如火氣。	wma_11110010_001
91	1557	3	2	1	22	日暈，兩珥、重珥，又有冠，色內青外赤。夜，艮方、巽方、南方，如火氣。	wma_11201022_004
92	1557	4	2	2	23	日微暈。夜，巽方、東方如火氣，艮方雷動電光，坤方如火氣。	wma_11202023_003
93	1557	4	4	2	25	日暈，兩珥。夜，東方、巽方、乾方、西方，如火氣。	wma_11202025_002
94	1557	5	4	3	26	日暈。白雲一道如氣，自坤方至艮方竟天，良久乃滅。南方、東方、艮方，如火氣。	wma_11203026_006
95	1557	5	8	3	30	癸未/夜，西方、坤方、南方、巽方、東方，如火氣。	wma_11203030_001
96	1557	6	14	5	8	夜，坤方、巽方，如火氣。	wma_11205008_005
97	1558	3	16	2	17	日暈，兩珥。午時，太白見於巳地。夜，巽方、東方、北方，如火氣。月微暈。	wma_11302017_003
98	1558	3	27	2	28	夜，巽方、坤方、東方，如火氣。	wma_11302028_002
99	1558	4	26	3	28	丙子/夜，乾方巽方，如火氣。	wma_11303028_001
100	1558	5	1	4	4	辛巳/日暈，兩珥。夜，北方、艮方、巽方、南方、坤方、如火氣。	wma_11304004_001
101	1558	5	14	4	17	夜，乾方、巽方、南方，如火氣。	wma_11304017_002
102	1558	6	14	5	18	夜，坤方、巽方、乾方，如火氣。	wma_11305018_003

续表

编号	公历年月日			农历月日		原文	ID 编号
103	1559	2	12	12	26	夜，西方、東方、南方，如火氣。	wma_11312026_002
104	1559	2	19	1	3	夜，東方如火氣。	wma_11401003_003
105	1559	3	7	1	19	夜，東方、南方，如火氣。	wma_11401019_002
106	1559	3	17	1	29	夜，乾方、坤方、東方，如火氣。	wma_11401029_002
107	1559	4	14	2	27	己巳/夜，艮方、巽方、南方、如火氣。	wma_11402027_001
108	1559	5	19	4	3	夜，乾方、巽方，如火氣。	wma_11404003_002
109	1559	12	29	11	21	戊子/日微暈。夜，巽方、乾方如火氣。	wma_11411021_001
110	1560	1	3	11	26	癸巳/夜，南方如火氣。	wma_11411026_001
111	1560	1	12	12	5	壬寅/四方沈霧。日暈，左珥。夜，艮方、巽方，如火氣。南方電光。	wma_11412005_001
112	1560	4	27	3	22	戊子/日暈。夜，巽方如火氣。	wma_11503022_001
113	1560	7	4	6	1	夜，東方、巽方、南方，如火氣。	wma_11506001_004
114	1560	7	6	6	3	戊戌/夜，乾方、西方，如火氣。	wma_11506003_001
115	1560	7	9	6	6	夜，東方、南方、西方，如火氣。	wma_11506006_003
116	1561	3	24	2	29	己未/夜，巽方如火氣。	wma_11602029_001
117	1561	4	17	3	23	癸未/夜，東方、巽方、南方，如火氣。月微暈。	wma_11603023_001
118	1561	4	24	4	1	日微暈。夜，艮方、巽方，如火氣。	wma_11604001_002
119	1561	11	18	10	2	戊午/午時，太白見於未地。日微暈。夜，坤方如火氣。	wma_11610002_001
120	1562	5	17	4	5	霜降。日微暈。夜，坤方如火氣。	wma_11704005_002
121	1562	6	17	5	6	日微暈。夜，南方如火氣。	wma_11705006_003
122	1563	3	5	2	1	庚戌朔/夜，乾、巽、西南方及天中，如火氣。	wma_11802001_001
123	1563	3	26	2	22	夜，巽方如火氣。	wma_11802022_002
124	1563	4	28	3	26	日暈。夜，巽方如火氣。	wma_11803026_002
125	1563	5	2	4	1	夜，巽方、坤方，如火氣。	wma_11804001_004
126	1563	5	6	4	5	壬子/夜，東方、巽方、南方，如火氣。	wma_11804005_001
127	1563	6	27	5	27	甲辰/夜，巽方、南方，如火氣。	wma_11805027_001
128	1564	2	18	1	26	庚子/夜，木星退行，入輿鬼星。巽方如火氣。	wma_11901026_001
129	1564	2	22	2	1	夜，木星退行，入輿鬼星。坤方、良方，如火氣。	wma_11902001_004
130	1564	3	21	2	29	夜，巽方、北方如火氣。	wma_11902029_002
131	1564	4	25	3	5	丁未/夜，巽方有如火氣。	wma_11903005_001
132	1566	3	5	2	4	日暈，有兩珥。夜月微暈，坤方巽方東方如火氣。	wma_12102004_003
133	1566	7	21	6	25	夜，巽方如火氣。	wma_12106025_002
134	1566	12	19	10	28	乙卯/四方沈霧。夜，巽方南方，如火氣。	wma_12110128_001
135	1567	5	17	3	29	甲申/夜，巽方南方、坤方、乾方，如火氣。	wma_12203029_001

续表

编号	公历年月日			农历月日		原文	ID 编号
136	1567	5	21	4	3	戊子/夜，巽方、坤方如火氣。流星出天津星，入室星下。狀如梨，尾長三四尺許，色赤。	wma_12204003_001
137	1595	3	20	2	10	未時，日暈。夜一更二更，巽方、坤方，如火氣。自一更至三更，月暈。	wna_12802010_005
138	1595	4	30	3	21	卯時辰時，日暈。夜一更，艮方，雲中如火氣。五更，金星與木星同度。	wna_12803021_003
139	1601	4	4	3	2	一更，艮方坤方，如火氣，五更，艮方坤方巽方，如火氣。	wna_13403002_004
140	1604	2	27	1	28	自昧爽，至夜二更，有霧氣。初更，東方巽方，如火氣。	wna_13701028_006

表 3.7　《承政院日记》赤气

编号	公历年月日			农历月日		原文	ID 编号
1	1624	1	27	12	8	日出時赤氣如柱，立於日上，闊數尺，長十餘丈，良久乃滅。	SJW-A01120080-00200
2	1625	3	15	2	7	夜一更月暈。一更·二更，四方有赤氣，互相明滅。三更南方有氣如火光電光，四更·五更，雷動電光，午時·未時日暈，酉時日暈左珥。	SJW-A03020070-00200
3	1625	11	16	10	17	初昏，艮方東方，有赤氣如火光。燼餘	SJW-A03100170-01000
4	1626	1	15	12	18	夜一更，月出東方時，青赤氣如柱，自東至西貫月，長可二丈許，廣尺餘，至三更乃滅。春坊日記	SJW-A03120180-00200
5	1626	11	10	9	22	初昏，蒼赤氣一道，起自西方，直指東方，長竟天，廣尺許，良久乃滅。夜一更，金星，入南斗第五星，電光。二更三更四更，雷動電光，五更電光。	SJW-A04090220-00300
6	1627	7	23	6	11	午時，日暈左珥，初昏有赤氣如火光，移時乃滅。夜一更，黑氣一道，起自坤方，横過月下，逶迤指天中，長可七八丈，廣尺許，良久乃滅，月暈。二更，流星出危星上，入室星上，狀如鉢，尾長五六尺許，色赤，月暈。內下日記	SJW-A05060110-00500
7	1627	9	8	7	29	卯時，赤氣一道如虹，直立坤方，長可五六丈，廣尺許，良久乃滅。	SJW-A05070290-00300
8	1628	1	4	11	28	日出時，赤氣一道，直立日上，長丈餘，廣尺許，良久乃滅。辰時，有霧氣。巳時，日暈。夜一更，東南方，有氣如火光。以上內下日記	SJW-A05110280-00200
9	1628	1	25	12	19	辰時，有霧氣。夜一更，東北方·南方，有氣如火光，而南方火氣尤甚，光照地。且有赤氣，直立其上，長可數丈許，廣尺許，良久乃滅。四五更，月暈。	SJW-A05120190-00200
10	1629	2	17	1	25	夜一更，東方有赤氣如火光。	SJW-A07010250-00900

续表

编号	公历年月日			农历月日		原文	ID 编号
11	1629	12	25	11	11	日出時，日上赤氣直立，長十餘丈，廣尺許，良久乃滅。	SJW-A07110110-00200
12	1634	1	30	1	2	夜一更，乾方坤方，有氣如火光。日入時，黃赤氣如柱，亘立日上，長丈餘，日沒後乃滅。	SJW-A12010020-00300
13	1634	3	16	2	17	夜一更，月出時，月上赤氣，狀如炬火，俄而乃滅，巽方有氣，如火光。	SJW-A12020170-00200
14	1634	4	22	3	25	昧爽，巽方。有赤氣如火光。	SJW-A12030250-00600
15	1636	4	13	3	8	日出時，日上有赤氣直立，長二三丈，廣尺許，良久乃滅。自巳時至未時，日暈。申時酉時，日暈右珥。卯時辰時，日暈左珥。白氣出自左珥，長二三尺許，良久乃滅。	SJW-A14030080-00200
16	1636	4	26	3	21	卯時，東方有赤氣如柱，長三四丈，廣尺餘，良久乃滅。夜四更，月暈。五更，流星出牽牛星下，入貫索星上，狀如瓶，尾長五六尺，色赤，月暈。	SJW-A14030210-00300
17	1636	9	24	8	26	卯時，黃赤氣一道，起自東方天際，直指天中，長可五六尺，廣尺許，良久乃滅。未時，月暈。春坊日記	SJW-A14080260-00500
18	1637	11	17	10	2	夜四更五更，西方〈有〉赤氣如火影，電光。	SJW-A15100020-00200
19	1637	12	7	10	22	夜一更二更，西方南方有氣如火光。五更，東方〈有〉赤氣如霞。	SJW-A15100220-00200
20	1637	12	10	10	25	夜一更二更三更，東方巽方，〈有〉赤氣如火光。	SJW-A15100250-00200
21	1638	3	5	1	20	夜一更，巽方，有赤氣三條直立，長各三丈，廣各尺許，上尖下大，移時乃滅。二更三更，巽方艮方，有氣如火光。四更，西方，有氣如火光，皆良久乃滅。	SJW-A16010200-01500
22	1639	8	29	8	1	夜五更，巽方有赤氣，如火光。以上出爐餘日記	SJW-A17080010-01100
23	1642	10	15	9	22	夜一更，電光。四更，月傍有赤氣。五更，流星出車星上，入八穀星下，狀如拳，尾長三四尺許，色赤。	SJW-A20090220-00200
24	1643	8	21	7	8	日出時，赤氣四條，出自日上，直指天中，長各三四丈許，廣各尺餘，良久乃滅。夜一更，白虹見於東方。	SJW-A21070080-00200
25	1645	1	18	12	21	日出時，赤氣從日上直指巽方，長二尺許，廣尺許，良久乃滅。夜三更四更，月暈。五更，黑雲一道如氣，起自巽方，直指艮方，長十餘丈，廣尺許，良久乃滅。	SJW-A22120210-00200
26	1649	1	12	11	30	夜一更，四方赤氣如火光。五更，灑雪。	SJW-A26110300-00200
27	1649	2	2	12	21	自辰時至申時，日暈。夜一更，艮方有赤氣如火光。	SJW-A26120210-00200
28	1649	6	27	5	18	自午時至申時，日暈。初昏，赤氣一道，起自西方，直指艮方，長竟天，廣數尺，良久乃滅。	SJW-B00050180-00200
29	1652	3	13	2	4	自巳時至未時，日暈。申時，日有半暈，赤氣屈曲，在於暈上，長十餘尺，廣數尺許，兩頭銳，移時乃滅。夜自一更至五更，東方·艮方，有氣如火光。	SJW-B03020040-00200

续表

编号	公历年月日			农历月日		原文	ID 编号
30	1654	12	25	11	17	日出時，赤氣一道，直立日上，長五六尺，廣尺許，良久乃滅。	SJW-B05110170-00200
31	1655	10	8	9	9	昧爽，流星出柳星下，入東方天際，狀如鉢，尾長五六尺許，色赤。日出時，赤氣一條，直立日上，長數丈，良久乃滅。申時，雨雹，狀如大豆。啓。	SJW-B06090090-00200
32	1656	2	16	1	22	日出時，有赤氣一條，立於日上，長數丈許，廣尺餘，良久乃滅。巳時，太白見於未地。	SJW-B07010220-00900
33	1658	12	17	11	23	夜一更，東方有氣如火光，上有黃赤氣，二條直立，長各二三尺，廣各尺許，良久乃滅。	SJW-B09110230-01900
34	1659	2	14	1	23	觀象監，夜一更，艮方·東方·巽方，有氣如火光，赤氣一道，横在其上，長各五六尺許，廣皆尺餘，良久乃滅，啓。以上朝報	SJW-B10010230-00500
35	1661	8	5	7	11	卯時，西方有青赤氣，如虹，圓如小暈狀，良久乃滅。	SJW-C02071110-02100
36	1669	10	4	9	10	初昏，青赤氣一道，起自西方，直指天中，長三十丈，廣尺許，良久乃滅。	SJW-C10090100-00200
37	1672	3	15	2	17	巳時，太白見於未地。夜一更，巽方南方，赤氣如火影。	SJW-C13020170-00300
38	1675	3	31	3	6	自卯時至未時，日暈。夜一更，蒼赤氣一度如虹，起自坤方天際，委迤指艮方天際，廣尺許，良久乃滅。	SJW-D01030060-00200
39	1675	8	9	6	18	初昏，乾方，有赤氣如虹，直指天中，長五六尺許，良久乃滅。夜一更，流〈星〉出天津星上，入天市垣中，狀如拳，尾長五六尺許，色赤。	SJW-D01060180-00200
40	1684	8	25	7	15	自昧爽至卯時，有霧氣。自巳時至酉時，日暈，日入後，青赤氣一道如虹，直立艮方天際，長二三丈，廣尺許，良久乃滅。	SJW-D10070150-00200
41	1708	5	25	4	6	日出時，日傍有赤氣，狀如虹，長十餘丈，廣尺許，良久乃滅。未時，太白見於巳地。申時，日暈，暈上有冠。	SJW-D34040060-00200
42	1712	9	4	8	4	觀象監，初昏西方有赤氣，如火光，良久乃滅。啓。以上朝報	SJW-D38080040-01000

表 3.8 《承政院日记》气如火

编号	公历年月日			农历月日		原文	ID 编号
1	1625	3	6	1	28	夜一更東方西方，有氣如火光。出春坊日記	SJW-A03010280-00200
2	1625	3	11	2	3	辰時日有重暈，內暈有兩珥，白氣生於兩珥，各長四五尺許，良久乃滅，自巳時至未時，日暈兩珥，申時日暈。夜一更月暈，艮方坤方，有氣如火光。	SJW-A03020030-01400

续表

编号	公历年月日			农历月日		原文	ID 编号
3	1625	3	15	2	7	夜一更月暈。一更·二更，四方有赤氣，互相明滅。三更南方有氣如火光電光，四更·五更，雷動電光，午時·未時日暈，酉時日暈左珥。	SJW-A03020070-00200
4	1625	3	16	2	8	自昧爽，至辰時，雷動電光。未時申時雷動。初昏雷動。夜三更，巽方有氣如火光。	SJW-A03020080-00200
5	1625	3	18	2	10	夜一更，南方有氣，如火光。	SJW-A03020100-00300
6	1625	3	26	2	18	夜一更，坤方巽方，有氣如火光，月暈。	SJW-A03020180-02700
7	1625	4	2	2	25	夜一更，流星出天紀星上，入大角星下，狀如鉢，尾長三四尺許，色白。一更二更，四方有氣，如火光。春坊日記	SJW-A03020250-01700
8	1625	4	11	3	5	辰時，日暈兩珥，黑雲一道如氣，起自巽方，直指坤方，長十餘丈，廣尺許，良久乃滅。午時未時，日暈。自一更至四更，艮巽坤三方，有氣如火光。春坊日記	SJW-A03030050-00300
9	1625	5	2	3	26	辰時巳時，日暈兩珥。午時未時申時，日暈。夜一更二更，北方巽方，有氣如火光。	SJW-A03030260-01200
10	1625	8	4	7	2	夜一更，流星出織女星下，入貫索星上，狀如拳，尾長五六尺許，色白。三更四更，艮方有氣，如火光。	SJW-A03070020-02300
11	1625	8	9	7	7	夜一更，白雲一道如氣，起自乾方，直指南方，橫過月上，長竟天，廣尺許，良久乃滅。南方巽方·坤方，有氣如火光，有霧氣。燼餘	SJW-A03070070-00500
12	1625	8	26	7	24	夜一更，白雲一道如氣，起自坤方，直指巽方，長十餘丈，良久乃滅，乾方有氣如火光。春坊日記	SJW-A03070240-00400
13	1625	8	28	7	26	初昏，乾方有氣如火光。夜一更，蒼白雲一道如氣，起自乾方，直指巽方，長可八九丈，廣二三尺，良久乃滅。四更，巽方·坤方有氣如火光。春坊日記	SJW-A03070260-01000
14	1625	9	16	8	15	初昏，艮方乾方有氣如火光。夜一更，月食，流星出紫微東垣，入婁星下，狀如鉢，尾長七八尺許，色赤。四更，月暈。五更，白雲一道如氣，起自艮方，直指乾方，長八九丈，廣尺許，漸東方，良久乃滅，月暈。巳時，太白見於午地。燼餘	SJW-A03080150-01200
15	1625	9	20	8	19	自午時至申時，日暈。夜一更，艮方坤方，有氣如火光。自三更至五更，月暈。燼餘	SJW-A03080190-02000
16	1625	11	2	10	3	夜一更，坤方，有氣如火光。	SJW-A03100030-00400

续表

编号	公历年月日			农历月日		原文	ID 编号
17	1625	11	5	10	6	夜一更，雷動電光。三更四更，電光。坤方，有氣如火光。爐餘	SJW-A03100060-01800
18	1625	11	16	10	17	初昏，艮方東方，有赤氣如火光。爐餘	SJW-A03100170-01000
19	1625	11	30	11	1	未時，日暈。夜二更，坤方，有氣如火光。以上玉堂日記	SJW-A03110010-00200
20	1625	12	2	11	3	巳時午時，日暈。夜一更，東方南方西方，有氣如火光。春坊日記	SJW-A03110030-00600
21	1625	12	13	11	14	辰時，日暈。夜一更，月暈，白雲一道，如氣，起自東方，直指乾方，長竟天，廣尺餘，良久及滅，坤方有氣如火光。自二更至五更，月暈。春坊日記	SJW-A03110140-01100
22	1625	12	15	11	16	未時申時，日暈兩珥。初昏，坤方有氣如火光。一更，月暈，艮方，有氣如火光。春坊日記	SJW-A03110160-02100
23	1625	12	17	11	18	夜一更，乾方有氣如火光。五更，月暈。爐餘	SJW-A03110180-02000
24	1625	12	30	12	2	夜一更，巽方有氣如火光。二更三更，坤方巽方，有氣如火光。春坊日記	SJW-A03120020-00300
25	1626	1	3	12	6	夜一更，有霧氣。五更，東方有氣如火光。春坊日記	SJW-A03120060-00200
26	1626	1	25	12	28	夜一更，西方有氣如火光。春坊日記	SJW-A03120280-00200
27	1626	1	26	12	29	自昧爽至辰時，有霧氣。夜一更，坤方有氣如火光，流星出參星下，入天苑星下，狀如鉢，尾長三四尺許，色白。春坊日記	SJW-A03120290-00200
28	1626	1	27	12	30	夜一更，坤方有氣如火光。四更，白氣一道，起巽方指艮方，長數十丈，廣尺許，良久乃滅。春坊日記 郎廳 任瑋 校正。郎廳金時芳書。	SJW-A03120300-00300
29	1626	2	16	1	20	夜一更，坤方有氣如火光。五更，月暈。	SJW-A04010200-02400
30	1626	2	19	1	23	夜一更，艮方有氣如火光。四更五更，月暈。	SJW-A04010230-04000
31	1626	2	24	1	28	夜一更二更，東方·艮方，有氣如火光。	SJW-A04010280-01300
32	1626	3	31	3	4	初昏，流星出狼星上，入鬼星下，狀如瓶，尾長七八尺許，色赤。夜一更，月犯畢星，南方有氣如火光。	SJW-A04030040-02400
33	1626	4	1	3	5	夜一更，月暈，東方·巽方，有氣如火光，熒惑，犯諸王星。	SJW-A04030050-02200
34	1626	4	3	3	7	夜一更二更，南方有氣如火光。以上爐餘日記	SJW-A04030070-01500

续表

编号	公历年月日			农历月日		原文	ID 编号
35	1626	4	17	3	21	夜一更，乾方·東方·巽方有氣如火光，流星，出三台星下，入角星下，狀如鉢尾，長七八尺許，色赤。三更，月色赤。四更，月暈。	SJW-A04030210-02300
36	1626	4	18	3	22	夜一更二更，艮方·巽方·南方有氣如火光。	SJW-A04030220-01300
37	1626	4	22	3	26	夜一更二更，艮方·東·巽方·南方，有氣如火光。五更，巽方有氣如火光。以上爐餘日記	SJW-A04030260-01900
38	1626	4	23	3	27	午時·未時日暈。申時·酉時日暈兩珥。夜自一更至五更，東方·巽方·南方有氣如火光。	SJW-A04030270-03200
39	1626	5	7	4	12	卯時，白氣一道，起自艮方，直指巽方，長數十丈，廣尺許，良久乃滅。辰時巳時，日暈。午時，日暈，白氣一道，出自暈下，指東方，長七八尺，廣尺許，移時乃滅。自未時至酉時，日暈兩珥。夜自一更至三更，月暈。五更，巽方有氣如火光。以上爐餘日記	SJW-A04040120-02000
40	1626	12	7	10	19	夜一更，西方有氣如火光。	SJW-A04100190-00200
41	1626	12	11	10	23	夜一更，東方天際，有氣如火光。五更，流星出昴星上，入翼星上，狀如拳，尾長四五尺許，色白。	SJW-A04100230-00200
42	1626	12	17	10	29	夜缺更乾方，有氣如火光。	SJW-A04100290-00200
43	1626	12	18	10	30	夜一更，東方有氣如火光。三更，流星出畢星下，入坤方天際，狀如鉢，尾長三四尺許，色赤。四更，流星出北斗星下，狀如鉢，尾長五六尺許，色蒼白。	SJW-A04100300-00200
44	1627	3	4	1	17	自巳時至申時，日暈。夜一更，月暈，南方有氣如火光。二更，月暈。	SJW-A05010170-00300
45	1627	3	5	1	18	夜一更，南方有氣如火光。三更四更五更，月暈。	SJW-A05010180-01300
46	1627	3	21	2	5	夜一更二更，巽方有氣如火光。三更至五更，白氣一道，起巽方，直指坤方，廣可尺餘，良久乃滅。以上内下日記	SJW-A05020050-00400
47	1627	4	1	2	16	自卯時至酉時，日暈。夜一更二更，西方有氣如火光，良久乃滅。	SJW-A05020160-00200
48	1627	6	13	5	1	自辰時至午時，日暈。初昏，黑雲一道如氣，起自乾方，直指艮方，長十餘丈，廣尺許，良久乃滅。五更，艮方有氣如火光。	SJW-A05050010-00200

续表

编号	公历年月日			农历月日		原文	ID 编号
49	1627	7	23	6	11	午時，日暈左珥，初昏有赤氣如火光，移時乃滅。夜一更，黑氣一道，起自坤方，橫過月下，逶迤指天中，長可七八丈，廣尺許，良久乃滅，月暈。二更，流星出危星上，入室星上，狀如鉢，尾長五六尺許，色赤，月暈。內下日記	SJW-A05060110-00500
50	1627	11	5	9	28	夜一更，艮方巽方，南西方有氣如火光，良久乃滅。灑雨。	SJW-A05090280-00200
51	1627	11	20	10	13	辰時巳時，日暈兩珥，暈上有冠，冠上有戴，色皆內赤外青。午時未時，日暈。初昏，乾方有氣如火。夜一更二更，月暈。	SJW-A05100130-01000
52	1627	12	6	10	29	夜一更，東方西方，有氣如火光。二更，北方，有氣如火光。以上春坊日記	SJW-A05100290-00800
53	1628	1	2	11	26	夜二更，艮方·巽方，有氣如火光。	SJW-A05110260-00200
54	1628	1	4	11	28	日出時，赤氣一道，直立日上，長丈餘，廣尺許，良久乃滅。辰時，有霧氣。巳時，日暈。夜一更，東南方，有氣如火光。以上內下日記	SJW-A05110280-00200
55	1628	1	7	12	1	夜一更，巽方，有氣如火光。	SJW-A05120010-00200
56	1628	1	8	12	2	未時，大風。申時，下雪。夜一更，東南方，有氣如火光。	SJW-A05120020-00200
57	1628	1	10	12	4	辰時，日暈右珥。自巳時至申時，日暈兩珥，暈上有冠，色內赤外青。夜自一更至三更，四方有氣如火光。終日雨雪交下。	SJW-A05120040-00200
58	1628	1	23	12	17	夜一更，東方坤方西方，有氣如火光。以上內下日記	SJW-A05120170-00200
59	1628	1	24	12	18	夜一更，東方有氣如火光。初更，下雪。	SJW-A05120180-00200
60	1628	1	25	12	19	辰時，有霧氣。夜一更，東北方·南方，有氣如火光，而南方火氣尤甚，光照地。且有赤氣，直立其上，長可數丈許，廣尺許，良久乃滅。四五更，月暈。	SJW-A05120190-00200
61	1628	1	26	12	20	夜一更，東方北方西方有氣如火光。二更，艮方有氣如火光。	SJW-A05120200-00200
62	1628	2	1	12	26	夜一更，艮方有氣如火光。	SJW-A05120260-00200
63	1628	7	31	7	1	未時，日暈左珥。夜一更，坤方□□有氣如火光。春坊日記	SJW-A06070010-00400
64	1629	2	14	1	22	夜西方，有氣如火光。五更，月暈。	SJW-A07010220-01300
65	1629	2	17	1	25	夜一更，東方有赤氣如火光。	SJW-A07010250-00900

续表

编号	公历年月日			农历月日		原文	ID 编号
66	1629	2	24	2	2	夜一更，東方南方，有氣如火光。五更，流星出角星上，入西方天際，狀如拳，尾長三四尺許，色白。	SJW-A07020020-00300
67	1629	2	26	2	4	夜一更，南方有氣如火光。	SJW-A07020040-01700
68	1629	3	4	2	10	自巳時至酉時，日暈。夜一更至三更，月暈。四更五更，乾方有氣如火光。	SJW-A07020100-01500
69	1629	3	13	2	19	夜一更，東方巽方，有氣如火光。以上爐餘	SJW-A07020190-01300
70	1629	3	14	2	20	今月二十日夜一更二更，巽方有氣如火光。五更，月暈。以上爐餘	SJW-A07020200-02700
71	1629	3	17	2	23	夜二更，艮方東方，有氣如火光。五更，天中有氣如火光。	SJW-A07020230-03100
72	1629	3	30	3	6	夜一更二更，月暈。四更五更，乾方有氣如火光。	SJW-A07030060-01700
73	1629	3	31	3	7	申時，日有左珥。夜一更，東方，有氣如火光。	SJW-A07030070-02100
74	1629	4	1	3	8	夜五更，乾方巽方，有氣如火光。流星出天津星上，入乾方天際，狀如瓶，尾長五六尺許，色赤。	SJW-A07030080-02900
75	1629	4	3	3	10	自卯時至申時，日暈。酉時，日暈兩珥。夜五更，北方坤缺方東方，有氣如火光。	SJW-A07030100-02000
76	1629	4	11	3	18	午時未時，日暈。申時未時，日暈兩珥。夜一更，艮方巽方，有氣如火光。四更五更，月暈。	SJW-A07030180-01900
77	1629	4	17	3	24	未時，日暈。申時，日暈右珥。酉時，日暈。夜一更二更，艮方有氣如火光。五更，月色赤。以上爐餘	SJW-A07030240-01100
78	1629	4	24	4	2	日出時，日色赤如血。卯時至巳時，日暈。自卯時至酉時，四方昏濛若下塵。夜五更，南方有氣如火光。	SJW-A07040020-01000
79	1629	9	17	8	1	卯時辰時，日暈。自午時至申時，日暈。夜三四更，巽方有氣如火光。	SJW-A07080010-00400
80	1629	9	26	8	10	今八月初十日酉時暮，白雲一道如氣，起自乾方，橫截數字缺指坤方，長十餘丈，廣尺許，良久乃滅。夜一更，月暈。數字缺更，黑雲一道如氣，起乾方指巽方，長竟天，廣三四字缺，良久乃滅。三更，巽方有氣如火光□，啓。以上爐餘	SJW-A07080100-01300
81	1629	12	20	11	6	未申時，日暈兩珥，暈上有背，色內赤外青。夜一更，東方有氣如火光，良久乃滅。	SJW-A07110060-00300

续表

编号	公历年月日			农历月日		原文	ID 编号
82	1630	3	26	2	13	午時未時，日暈，暈上有冠，色內赤外靑。申時酉時，日暈。初昏至三更，南方有氣如火光。四更五更，雷動電光。春坊日記	SJW-A08020130-00700
83	1630	4	11	2	29	夜一更，巽方有氣如火光。春坊日記	SJW-A08020290-00400
84	1630	12	4	11	1	夜二更，巽方，有火氣如火光。春坊日記	SJW-A08110010-00800
85	1630	12	10	11	7	自辰時至巳時，日暈左珥。午時，日暈。未時申時，日暈兩珥，暈上有背色，內赤外靑。夜一更，有霧氣。東方有氣如火光。二更，東方坤方，有氣如火光。春坊日記	SJW-A08110070-01200
86	1630	12	26	11	23	夜一更，東方有氣如火光。春坊日記	SJW-A08110230-00600
87	1631	1	4	12	3	辰時巳時，日暈右珥，暈上背色，內赤外靑。午時未時，日暈。夜一更二更，東方，有氣如火光。春坊日記	SJW-A08120030-00800
88	1631	1	9	12	8	未時申時，日有重暈，內暈上有冠，色內赤外靑。申時，有霧氣。夜一更，月暈，有霧氣。二更三更，東方，有氣如火光。春坊日記	SJW-A08120080-00500
89	1631	1	24	12	23	午時未時，日暈。夜一更，東方，有氣如火光。春坊日記	SJW-A08120230-00900
90	1631	1	27	12	26	夜一更二更，東方·巽方·坤方，有氣如火光。春坊日記	SJW-A08120260-00900
91	1631	3	1	1	29	辰時，日有重暈，內暈兩珥。申時，日暈。夜一更二更，巽坤方，有氣如火光。	SJW-A09010290-00500
92	1631	3	2	1	30	夜一更，坤方，有氣如火光，流星出角星下，入左權星上，狀如針，尾長四五尺許，色赤。郞廳 金朝潤 校正。日記廳 郞廳 沈國賢 書。	SJW-A09010300-00900
93	1631	3	3	2	1	辰時，日暈兩珥。巳時午時，日暈。夜一更，艮方，有氣如火光。	SJW-A09020010-00600
94	1631	3	4	2	2	卯時，日有左珥。辰時巳時，日暈。夜一更，南方，有氣如火光。二更，南方艮方，有氣如火光。	SJW-A09020020-01200
95	1631	3	8	2	6	夜一更二更，月暈。東方南方乾方，有氣如火光。自三更至五更，艮方東方南方乾方，有氣如火光。	SJW-A09020060-00600
96	1631	3	28	2	26	夜一更二更，巽方，有氣如火光。	SJW-A09020260-01200
97	1631	3	30	2	28	自辰時至午時，日暈兩珥。未時申時，日暈兩珥。夜一更二更，北方艮方，有氣如火光。三更四更，艮方巽方南方，有氣如火光。	SJW-A09020280-00900
98	1631	4	6	3	5	辰時巳時，日暈。夜一更二更，北方艮方，有氣如火光。五更，坤方，如火光。	SJW-A09030050-01000

续表

编号	公历年月日			农历月日		原文	ID 编号
99	1631	4	21	3	20	自午時至申時，日暈。夜一更二更，北方東方，有氣如火光。	SJW-A09030200-01000
100	1631	5	23	4	23	夜一更二更，坤方，有氣如火光。	SJW-A09040230-01400
101	1631	6	8	5	9	午時未時，日暈。申時，日暈，白雲一道如氣，起自日傍，直指南方，長十餘丈，廣尺許，良久乃滅。酉時，日暈。夜一更二更，月暈。五更，巽方，有氣如火光。	SJW-A09050090-01100
102	1631	8	27	8	1	夜一更，巽方坤方，有氣如火光。	SJW-A09080010-01300
103	1631	12	14	11	22	辰時，有霧氣。夜一更，南方有氣如火光。	SJW-A09110220-00200
104	1632	2	8	12	19	夜一更，乾方坤方巽方，有氣如火光。	SJW-A09120190-00500
105	1632	4	15	2	26	夜一更二更，艮方有氣如火光。卯時，有霧氣。自巳時至申時，日暈。酉時，日有兩珥。	SJW-A10020260-00200
106	1632	7	13	5	26	自昧爽至辰時，有霧。五更，東方·坤方，有氣明滅，如火光。	SJW-A10050260-00400
107	1632	11	29	10	18	午時未時，日暈兩珥。申時，日暈。夜一更，艮方坤方，有氣如火光。以上朝報	SJW-A10100180-00900
108	1632	12	16	11	5	夜一更，東方有氣如火光。以上朝報	SJW-A10110050-00600
109	1633	1	14	12	5	夜一更，巽方有氣如火光。	SJW-A10120050-00200
110	1633	1	16	12	7	夜一更二更，月暈。四更，巽方有氣如火光。內下日記	SJW-A10120070-00300
111	1633	2	14	1	7	未時，太白見於巳地。夜一更，白雲一道如氣，起自坤方，直指巽方，長十餘丈，廣尺許，良久乃滅。四更，乾方有氣如火光。內下日記	SJW-A11010070-00500
112	1633	3	27	2	18	夜一更，巽方有氣如火光。自三更至五更，月暈。內下日記	SJW-A11020180-00300
113	1633	3	28	2	19	卯辰時，日暈左珥。自午時至申時，日暈。夜一更，艮方·東方·巽方·南方，有氣如火。內下日記	SJW-A11020190-00600
114	1633	3	31	2	22	自昧爽至辰時，沈霧。自辰時至酉時，日暈。夜巽·南方，有氣如火光。五更，月暈。內下日記	SJW-A11020220-00400
115	1633	4	4	2	26	未時，太白見於巳地。酉時，白雲一道如氣，起自日傍，直指乾方，長七八丈，廣尺許，良久乃滅。夜四五更，巽方有氣如火光。五更，有霧氣。內下日記	SJW-A11020260-00200
116	1633	4	5	2	27	自昧爽至辰時，沈霧。自巳時至申時，日暈。酉時，日暈兩珥。夜一二更，艮方有氣如火光。四更五更，北·艮·巽方，有氣如火光。內下日記	SJW-A11020270-00200

续表

编号	公历年月日			农历月日		原文	ID 编号
117	1633	4	14	3	7	未時，太白見於巳地。夜三更，月暈。三四更，艮方有氣如火光。內下日記	SJW-A11030070-00200
118	1633	4	15	3	8	二三更，月暈。四五更，有氣如火光。內下日記	SJW-A11030080-00300
119	1633	6	11	5	5	夜一更，月暈。自三更至五更，坤南方有氣，明滅如火光。內下日記	SJW-A11050050-00200
120	1633	7	24	6	19	夜一更，東方有氣如火光。以上燼餘	SJW-A11060190-00800
121	1633	11	25	10	24	夜一更，乾方艮方，有氣如火光。二更，雷動電光，雨雹，狀如小豆。三更，雷動電光。	SJW-A11100240-00800
122	1634	1	29	1	1	辰時巳時，日有重暈，內暈上有冠，色內□外青。午時未時，日暈。夜一更二更，乾方坤方艮方，有氣如火光。	SJW-A12010010-00300
123	1634	1	30	1	2	夜一更，乾方坤方，有氣如火光。日入時，黃赤氣如柱，亘立日上，長丈餘，日沒後乃滅。	SJW-A12010020-00300
124	1634	3	16	2	17	夜一更，月出時，月上赤氣，狀如炬火，俄而乃滅，巽方有氣，如火光。	SJW-A12020170-00200
125	1634	3	24	2	25	未時申時，日暈。酉時，日暈左珥。夜一更，巽方南方，有氣如火光。	SJW-A12020250-00200
126	1634	3	26	2	27	自巳時至午時，日暈，暈上有冠，暈下有履，色皆內赤外青。自未時至酉時，日暈。夜一更二更，艮方有氣如火光。	SJW-A12020270-00200
127	1634	3	31	3	3	自午時至申時，日暈。夜自一更至五更，巽方有氣如火光。春坊日記	SJW-A12030030-00200
128	1634	4	2	3	5	自巳時至申時，四方昏蒙。酉時，蒼白雲一道如氣，起自東方，直至西方，長竟天，廣尺許，良久乃滅。夜一更，東方有氣如火光。以上春坊日記	SJW-A12030050-00300
129	1634	4	17	3	20	夜一更，東方南方，有氣如火光。四更，月暈。五更，月暈兩珥，流星出織女星下，入左旗星上，狀如鉢，尾長三四尺許。以下數字缺。以上燼餘日記	SJW-A12030200-01800
130	1634	4	18	3	21	初昏，黃白雲一道如氣，起自艮方，指坤方，長竟天，廣尺許，良久乃滅。自一更至三更，巽方，有氣如火光。	SJW-A12030210-02400
131	1634	4	22	3	25	昧爽，巽方。有赤氣如火光。	SJW-A12030250-00600
132	1634	5	17	4	21	夜一更，坤方巽方有氣如火光。以上燼餘日記	SJW-A12040210-00700
133	1634	9	25	8	4	申時，日暈。夜三更，巽方，有氣如火光。	SJW-A12081040-00200

续表

编号	公历年月日			农历月日		原文	ID 编号
134	1634	10	24	9	3	自午時至申時，日暈。酉時，日暈，白雲一道如氣，起自坤方，直指艮方，長十餘丈，廣尺許，良久乃滅。夜五更，坤方有氣如火光。春坊日記	SJW-A12090030-00200
135	1634	12	16	10	26	夜一更，巽方有氣如火光。四更，木星退入輿鬼星。五更，流星出翼星下，入軫星上，狀如瓶，尾長四五尺許，色赤。	SJW-A12100260-00200
136	1635	3	3	1	15	夜五更，月食，巽方有氣如火光。	SJW-A13010150-01400
137	1635	3	5	1	17	夜一更，巽方有氣如火光。五更，月暈。以上燼餘	SJW-A13010170-01600
138	1635	3	9	1	21	申時，日暈。夜一更，艮方有氣如火光。	SJW-A13010210-00400
139	1635	3	11	1	23	卯時有霧氣。辰時巳時，日暈兩珥，暈上有冠，冠上有戴，色皆內赤外青。午時，日暈。夜一更二更，巽方有氣如火光。燼餘	SJW-A13010230-00500
140	1635	3	12	1	24	巳時午時，日暈。夜一更二更，東方有氣如火光。春坊日記	SJW-A13010240-00800
141	1635	3	19	2	1	卯時辰時，日暈右珥。午時未時，日暈。夜一更，流星出軒轅星，入參星下，狀如針，尾長三四尺，色赤。巽方有氣如火光。四更五更，有霧氣。春坊日記	SJW-A13020010-00800
142	1635	3	20	2	2	朝霧晚晴。自昧爽至卯時，沈霧。辰時，日暈。未時申時，日暈。一更，巽方有氣如火光。春坊日記	SJW-A13020020-01600
143	1635	3	22	2	4	夜一更二更，月暈。自一更至二更，巽方有氣如火光。春坊日記	SJW-A13020040-02100
144	1635	4	11	2	24	朝陰食後晴。辰時，日暈，暈上有冠，色內赤外青。巳時，日暈。未時，日暈，白雲一道如氣，自坤方，直指艮方，長竟天，廣尺許，移時乃滅。申時酉時，日暈兩珥。夜一更，蒼白雲一道如氣，起自西方，直指艮方，長各竟天，廣尺許，良久乃滅。艮方有氣如火光。春坊日記	SJW-A13020240-01300
145	1635	4	12	2	25	夜一更二更，巽方有氣如火光。春坊日記	SJW-A13020250-00200
146	1636	2	9	1	3	夜一更，東方有氣如火光。內下日記	SJW-A14010030-00200
147	1636	2	10	1	4	夜二更，東方有氣如火光。春坊日記	SJW-A14010040-00200
148	1636	2	24	1	18	夜一更，流星出柳星上，入狼星下，狀如拳，尾長七八尺許，色赤，巽方有氣如火光。內下日記	SJW-A14010180-00200

续表

编号	公历年月日			农历月日		原文	ID 编号
149	1636	2	27	1	21	申時，日暈兩珥。自五更二點下雪。夜一更二更，巽方東方艮方，有氣如火光。內下日記	SJW-A14010210-00200
150	1636	2	29	1	23	卯時，白雲二道如氣，起自巽方，直指坤方，長十餘丈，廣尺許，漸移南方，良久乃滅，東方有氣如火光。二更，流星出句陳星上，入北星下，尾長五六尺許，色赤。五更，艮方，有氣如火光，月暈。內下日記	SJW-A14010230-00200
151	1636	3	3	1	26	卯時辰時，日暈兩珥。自巳時至未時，日暈。夜一更，巽方有氣如火光，雷動電光。內下日記	SJW-A14010260-00400
152	1636	3	5	1	28	夜一更，巽方·艮方，有氣如火光。三更四更，坤方有氣如火光。內下日記	SJW-A14010280-00400
153	1636	3	7	2	1	卯時辰時，日暈兩珥，蒼白氣一道，起自巽方，直指坤方，長竟天，廣尺許，良久乃滅。巳時，日暈。午時未時，日暈，暈上有冠，色內赤外青。申時，日有重暈，內暈有冠，色內赤外青。酉時，日有重暈，內暈有兩珥。夜一更至五更，艮方·巽方，有氣如火光。內下日記	SJW-A14020010-00200
154	1636	3	8	2	2	卯時辰時午時，日暈。夜一更二更，巽方，有氣如火光。內下日記 社稷大祭齋戒，無事。內下日記	SJW-A14020020-00300
155	1636	3	9	2	3	卯時，日暈兩珥。辰時，有霧氣。午時，日暈，暈上有冠，色內赤外青。申時酉時，日暈兩珥。夜一更二更，艮方·東方·巽方，有氣如火光。內下日記	SJW-A14020030-00300
156	1636	3	10	2	4	夜一更，流星出婁星上，入乾方天際，狀如鉢，尾長二三尺許，色白，東方·巽方，有氣如火光。自二更至四更，巽方有氣如火光。五更，流星出大角星下，入心星上，狀如拳，尾長四五尺許，色赤，巽方有氣如火光。午時，日有兩珥。內下日記 沈副摠接伴使李必榮下直。	SJW-A14020040-00200
157	1636	3	11	2	5	夜一更電光，艮方·東方·巽方，有氣如火光。自二更至五更，東方·巽方，有氣如火光。	SJW-A14020050-00200
158	1636	3	12	2	6	辰時，日有右珥。巳時，日暈。申時，日暈兩珥。酉時，日暈。夜一更月暈，巽方·艮方，有氣如火光，流星出柳星下，入參星上，狀如鉢，尾長四五尺許，色赤。內下日記	SJW-A14020060-00200

续表

编号	公历年月日			农历月日		原文	ID 编号
159	1636	3	24	2	18	卯時，沈霧。午時，日暈。夜一二更，東方有氣如火光。內下日記	SJW-A14020180-00300
160	1636	3	29	2	23	申時，日暈左珥。酉時，日有左珥。夜一更二更，東方巽方，有氣如火光。四更，電光。內下日記	SJW-A14020230-00300
161	1636	3	30	2	24	夜一更二更，巽方·東方·艮方·乾方，有氣如火光。五更，流星出氐星上，入角星下，狀如拳，尾長三四尺許，色赤。內下日記	SJW-A14020240-00400
162	1636	3	31	2	25	卯辰時，日暈兩珥。未時，日暈右珥。申時，日暈兩珥，暈上有背，色內赤外青。酉時，日暈兩珥。夜一更，南方有氣如火光，黑雲一道如氣，起自巽方，直指艮方天際，長十餘丈，廣尺餘，良久乃滅。五更月暈。內下日記	SJW-A14020250-00200
163	1636	4	4	2	29	卯時辰時，日暈左珥。自巳時至未時，日暈。夜一更二更，巽方·東方·艮方，有氣如火光。內下日記	SJW-A14020290-00300
164	1636	4	5	2	30	夜一更二更，巽方有氣如火光。四更，流星出河鼓星上，入大角星下，狀如鉢，尾長四五尺許，色赤。申酉時，日暈左珥。內下日記	SJW-A14020300-00300
165	1636	4	14	3	9	夜四更五更，艮方有氣如火光。春坊日記	SJW-A14030090-01100
166	1636	5	1	3	26	夜一更二更，東方有氣如火光。內下日記	SJW-A14030260-00300
167	1636	11	24	10	27	夜一更，東方南方有氣如火光。二更，東方有氣如火光。春坊日記	SJW-A14100270-00200
168	1636	12	2	11	6	昧爽，流星出乾位星下，入弧星上，狀如鉢，尾長四五尺許，色白。辰時，日有左珥。夜一更，東方有氣如火光，電光。春坊日記	SJW-A14110060-00200
169	1636	12	18	11	22	夜一更，東方巽方，有氣如火光。內下日記	SJW-A14110220-00200
170	1637	11	17	10	2	夜四更五更，西方〈有〉赤氣如火影，電光。	SJW-A15100020-00200
171	1637	11	23	10	8	夜一更，東方有氣如火光。	SJW-A15100080-00200
172	1637	12	4	10	19	夜一更，東方有氣如火光。燼餘	SJW-A15100190-02400
173	1637	12	7	10	22	夜一更二更，西方南方有氣如火光。五更，東方〈有〉赤氣如霞。	SJW-A15100220-00200
174	1637	12	8	10	23	夜一更二更，東方有氣如火光。	SJW-A15100230-00200
175	1637	12	10	10	25	夜一更二更三更，東方巽方，〈有〉赤氣如火光。	SJW-A15100250-00200

续表

编号	公历年月日			农历月日		原文	ID 编号
176	1637	12	17	11	2	夜一更二更，艮方巽方坤方，有氣如火光。自三更至五更，艮方坤方，有氣如火光。	SJW-A15110020-00200
177	1637	12	24	11	9	夜一更，坤方有氣如火影。	SJW-A15110090-00200
178	1637	12	26	11	11	夜一更，坤方有氣如火影。二更，艮方有氣如火影。	SJW-A15110110-00200
179	1638	2	22	1	9	巳時午時，日暈。未時，日暈兩珥，暈上有冠，內赤外青。申時酉時，日暈。夜一更，月暈，艮方，有氣如火光。	SJW-A16010090-00300
180	1638	3	3	1	18	卯時辰時，日暈。巳時午時，日暈兩珥。未時，日暈。夜一更，乾方坤方東方，有氣如火光。二更，電光，乾方坤方東方，有氣如火光，黑雲一度如氣，起自巽方，直指艮方，長二十餘丈，廣尺許，良久乃滅。三更，電光。四更，蒼白雲一度如氣，起自坤方，直指天中，長可二十丈，廣尺許，良久乃滅。	SJW-A16010180-01400
181	1638	3	5	1	20	夜一更，巽方，有赤氣三條直立，長各三丈，廣各尺許，上尖下大，移時乃滅。二更三更，巽方艮方，有氣如火光。四更，西方，有氣如火光，皆良久乃滅。	SJW-A16010200-01500
182	1638	3	6	1	21	夜一更至三更，艮方東方巽方，有氣如火光。	SJW-A16010210-01600
183	1638	3	10	1	25	夜一更，艮方巽方，有氣如火光。流星出軒轅星下，入東方天際，狀如鉢，尾長三四尺許，色赤。	SJW-A16010250-00300
184	1638	3	11	1	26	自巳時至申時，日暈。夜一更二更，乾坤巽方，有氣如火光。三更四更，南方巽方東方，有氣如火光。五更，艮方巽方，有氣如火光。缺雲一度如氣，起自巽方，直指乾方，長竟天，廣尺許，良久乃滅。	SJW-A16010260-00400
185	1638	3	12	1	27	觀象監，夜自一更至三更，乾方艮方南方，有氣如火光。四更，巽方，有氣如火光。	SJW-A16010270-00200
186	1638	3	13	1	28	午時未時，日暈，暈上有冠，色內赤外青。申時，日暈。酉時，日暈，暈上有冠，色內赤外青。夜一更，乾方艮方巽方，有氣如火光。自二更至五更，艮方巽方坤方，有氣如火光。	SJW-A16010280-00200
187	1638	3	15	1	30	巳時午時，日暈。夜一更三更，乾方東方巽方，有氣如火光。	SJW-A16010300-00400
188	1638	3	18	2	3	夜自一更至三更，艮方東方巽方，有氣如火光。五更，坤方，有氣如火光。	SJW-A16020030-00200

续表

编号	公历年月日			农历月日		原文	ID 编号
189	1638	3	21	2	6	巳時，日暈。未時，白雲一道如氣，自坤方，直指巽方，長二十餘尺，廣一尺許，良久乃滅。夜一更，東方有氣如火光。二更，白雲一道如氣，起自艮方，直指坤方，長竟天，廣尺許，良久乃滅。五更，流星出天津星下，入艮方天際，狀如鉢，尾長三四尺許，色白。缺	SJW-A16020060-00300
190	1638	3	30	2	15	夜一更，乾方有氣如火光。自三〈更〉至五更，月暈。以下缺	SJW-A16020150-00200
191	1638	3	31	2	16	自午時至申時，日暈，四方昏蒙。夜一更，乾方艮方東方，有氣如火光。自三更至五更，月暈。	SJW-A16020160-00400
192	1638	4	1	2	17	自卯時至酉時，四方昏蒙。酉時，日赤無光。夜一更，乾方艮方，有氣如火光。自三更至五更，月暈。	SJW-A16020170-00600
193	1638	4	4	2	20	夜一更二更，東方坤方，有氣如火光。五更，流星出貫索星下，入河鼓星上，狀如拳，尾長三四尺許，色赤，月暈。	SJW-A16020200-00800
194	1638	4	5	2	21	夜一更，艮方坤方，有氣如火光。	SJW-A16020210-00200
195	1638	4	7	2	23	日出時，日色赤無光。自巳時至酉時，日暈。夜一更，艮方巽方，有氣如火光。三四更，巽北方，有氣如火光。五更，月暈。缺	SJW-A16020230-00200
196	1638	4	8	2	24	卯時，日暈。巳時，白雲一道如氣，起自坤方，直指乾方，長十餘丈，廣尺許，橫過日上，漸移東方，良久乃滅。自昧爽至未時，四方昏蒙。夜一二更，東方坤方，有氣如火光。三更，東方如火光。五更，月暈。	SJW-A16020240-00200
197	1638	4	9	2	25	夜一更二更，乾巽坤方，有氣如火光。三四更，巽坤方，有氣如火光。五更，流星出句陳星下，入艮方天際，狀如鉢，尾長三四尺許，色赤。	SJW-A16020250-00300
198	1638	4	10	2	26	夜自一更至五更，艮方巽方，有氣如火光。	SJW-A16020260-00200
199	1638	4	12	2	28	夜一二更，艮方巽方坤方，有氣如火光。三更，艮方，有氣如火光。	SJW-A16020280-00200
200	1638	4	13	2	29	夜一更，流星出軫星下，入巽方天際，狀如拳，尾長三四尺許，色赤，東北坤方，有氣如火光。二更，東方，有氣如火光。	SJW-A16020290-00300
201	1638	4	14	3	1	夜一更，流星出北河星下，入胃星上，狀如拳，尾長二三尺許，色白，乾·巽方，有氣如火光。內下日記	SJW-A16030010-01000

续表

编号	公历年月日			农历月日		原文	ID 编号
202	1638	4	15	3	2	自卯時至未時，日暈。卯時，日暈，暈上有冠，色內赤外青。自辰時至酉時，日暈兩珥。夜一更，流星出北斗星下，入胃星上，狀如拳，尾長二三尺許，色白，乾方·巽方，有氣如火光。以下缺	SJW-A16030020-00400
203	1638	4	16	3	3	夜一更二更，艮方·東方·巽方·坤方，有氣如火光，明滅於天中。	SJW-A16030030-01400
204	1638	4	19	3	6	夜一更二更，月暈。三更，坤方有氣如火光。	SJW-A16030060-01100
205	1638	5	5	3	22	夜一更二更，巽方，有氣如火光。五更，月暈。以下缺	SJW-A16030220-02100
206	1638	5	6	3	23	夜一更二更，巽方，有氣如火光。五更，沈霧。	SJW-A16030230-01200
207	1638	5	12	3	29	自昧爽至酉時，四方昏濛。夜一更，乾方，有氣如火光。五更，流星出策星上，入王良星下，狀如鉢，尾長三四尺許，色赤。	SJW-A16030290-00200
208	1638	11	2	9	27	夜一更，坤方有氣如火光，良久乃滅。二更，流星出文昌星上，入北方天際，狀如拳，尾長二三尺許，色赤。	SJW-A16090270-00300
209	1638	11	4	9	29	夜一更，艮方有氣如火光。四更，流星出句陳星上，入坤方天際，狀如拳，尾長五六尺許，色白。五更，流星出柳星下，入巽方天際，狀如鉢，尾長四五尺許，色赤。	SJW-A16090290-00200
210	1638	11	12	10	7	夜一更二更，月暈。三·四更，巽方東方，有氣如火光。五更，東方，有氣如火光。四更以後，下雨。	SJW-A16100070-00800
211	1638	11	24	10	19	夜一更，艮方有氣如火光。流星出危星下，入坤方密雲中，狀如鉢，尾長五六尺許，色赤。四更五更，月暈。	SJW-A16100190-01200
212	1638	12	7	11	3	觀象監，缺初三日夜一更，東方有氣如火光。二更，坤方有氣如火光。三更，流星出弧星下，入巽方天際，狀如鉢，尾長五六尺許，色赤。	SJW-A16110030-01300
213	1638	12	8	11	4	觀象監，今夜一更，艮方有氣如火光。二更，流星出參星下，入天圓星上，狀如拳，尾長四五尺許，色白。三更，流星出北斗星下，入北方天際，狀如鉢，尾長五六尺許，色赤。	SJW-A16110040-00700
214	1639	1	2	11	29	夜一更，東方有氣如火光。四更，坤方有氣如火光。五更，木星犯房第一星，白氣一道，起自坤方，直指艮方天中，長四五丈許，廣尺許，良久乃滅。流星出坤方密雲中，入艮方天際，狀如鉢，尾長三四尺許，色赤。內下日記	SJW-A16110290-00200

续表

编号	公历年月日			农历月日		原文	ID 编号
215	1639	1	3	11	30	夜一更，艮方有氣如火光，流星出積薪星，入觳星下，狀如拳，尾長七八尺許，色白。四更，流星出南河星上，入木位星上，狀如鉢，尾長三四尺許，色赤。內下日記	SJW-A16110300-00300
216	1639	1	5	12	2	夜一二更，艮巽乾坤方，有氣如火光。三更坤方，有氣如火光。	SJW-A16120020-00200
217	1639	1	6	12	3	未申時，日暈。夜一更，乾坤方有氣如火光。以上內下日記	SJW-A16120030-00400
218	1639	1	9	12	6	辰時，日暈左珥。巳時，日暈，暈上有冠，色內赤外青。午時，日暈。夜大雪。一二更，東方巽方，有氣如火光。以上內下日記	SJW-A16120060-00200
219	1639	2	9	1	7	辰·巳時，日暈兩珥，白氣出自兩珥，長各丈餘，良久乃滅。自午時至申時，日暈。夜一更，月暈，東方·艮方，有氣如火光，坤方·南方，有氣如火光，直立如柱，良久乃滅。自二更至四更，艮方西方南方，有氣如火光。	SJW-A17010070-00200
220	1639	2	19	1	17	夜一更，巽方艮方有氣如火光。五更，流星出貫索星下，入河鼓星上，狀如鉢，尾長四五尺許，色赤。	SJW-A17010170-00200
221	1639	2	20	1	18	夜一更，流星出井星上，入北斗星下，長三四尺許，狀如拳，尾色白。又流星出婁星下，入西方天際，狀如鉢，尾長四五尺許，色赤。五更，東方有氣如火光。	SJW-A17010180-00200
222	1639	2	22	1	20	夜一更，艮方坤方有氣如火光。五更，白雲一道如氣，起自坤方，直指天中，長十餘丈，廣尺許，良久乃滅。四五更，月暈。	SJW-A17010200-00200
223	1639	2	23	1	21	辰時，日有重暈，內暈有兩珥。巳時，日有交暈兩珥，暈上有冠，色內赤外青，白虹貫暈指日。白雲一道如氣，起自坤方，直指日傍，長四五尺，廣尺許，良久乃滅。未時，日暈。申時，日暈兩珥，暈上有背，色內赤外青。夜一更至四更，乾坤巽方，有氣如火光。	SJW-A17010210-00200
224	1639	2	24	1	22	辰時，日暈兩珥，暈上有背，色內赤外青，白氣出兩珥，〈長〉各丈餘，廣各尺許，良久乃滅。巳午時，日暈兩珥，暈上有冠，色內赤外青。未時，日暈。申時，有重暈，內暈兩珥，暈上有背，色內赤外青。夜一更至四更，乾坤巽方，有氣如火光。	SJW-A17010220-00200

续表

编号	公历年月日			农历月日		原文	ID 编号
225	1639	2	26	1	24	辰時，日暈右珥。巳時，日暈，暈上有背，色內赤外青。午未時，日暈。夜一更，乾巽方，有氣如火光。二更，艮方，有氣如火光。	SJW-A17010240-00200
226	1639	3	21	2	17	夜一更，東方巽方，有氣如火光。	SJW-A17020170-00300
227	1639	3	23	2	19	夜一更，東方巽艮北方，有氣如火光。二更，巽坤艮方，有氣如火光。	SJW-A17020190-00200
228	1639	3	26	2	22	夜一更二更，坤巽艮方，有氣如火光。三四更，乾巽方，有氣如火光。	SJW-A17020220-00200
229	1639	3	27	2	23	五更，乾艮方，有氣如火光。	SJW-A17020230-00200
230	1639	3	29	2	25	卯辰時，沈霧。酉時，日暈。夜一更，流星出句陳星下，入王良星上，狀如鉢，尾長四五尺許，色白。乾巽方，有氣如火光。	SJW-A17020250-00200
231	1639	3	30	2	26	夜二更，有氣如火光。	SJW-A17020260-00200
232	1639	4	2	2	29	夜一更，乾巽方，有氣如火光。流星出元星下，入東方天際，狀如拳，尾長五六尺許，色白。	SJW-A17020290-00200
233	1639	4	3	3	1	申酉時，日暈。乾巽方，有氣如火光。	SJW-A17030010-00300
234	1639	4	4	3	2	夜二更，乾巽艮方，有氣如火光。三四更，乾巽方，有氣如火光。	SJW-A17030020-00300
235	1639	4	8	3	6	午時，雨雹。申時，虹見東方。夜五更，乾·巽·艮方，有氣如火光。	SJW-A17030060-00200
236	1639	4	9	3	7	未申時，日暈。酉時，日暈左珥。夜一更，東南方，有氣如火光。	SJW-A17030070-00200
237	1639	4	25	3	23	夜一二更，巽方有氣如火光。	SJW-A17030230-00300
238	1639	4	30	3	28	三更，艮方有氣如火光。五更，流星出河鼓星上，入大角星下，狀如拳，尾長五六尺許，色赤。	SJW-A17030280-00200
239	1639	5	1	3	29	自卯時至申時，日暈。夜一更，艮方有氣如火光。五更，流星出八穀星上，入文昌星上，狀如鉢，尾長七八尺許，色赤。	SJW-A17030290-00300
240	1639	5	2	3	30	夜一更，白氣起自乾方，直指南方，長竟天，廣尺許，良久乃滅。二更五更，坤方有氣如火光。	SJW-A17030300-00300
241	1639	6	2	5	2	夜四更，東方有氣如火光。	SJW-A17050020-00200
242	1639	6	3	5	3	夜五更，流星出室星下，入牛星上，狀如鉢，尾長四五尺許，坤方有氣如火光。	SJW-A17050030-00200
243	1639	8	29	8	1	夜五更，巽方有赤氣，如火光。以上出燼餘日記	SJW-A17080010-01100

续表

编号	公历年月日			农历月日		原文	ID 编号
244	1639	10	21	9	25	夜一更，坤方有氣，如火光電光。三更，電光。五更，流星出北斗星下，入艮方天際，狀如鉢，尾長四五尺，色赤。	SJW-A17090250-03900
245	1639	10	22	9	26	午時未時，日暈。申時，日有右珥。夜一更，坤方，有氣如火光，流星出太一星下，入北斗魁中，狀如拳，尾長二三尺許，色白。以上出爐餘日記	SJW-A17090260-02800
246	1639	10	24	9	28	夜一更，白雲一道如氣，直立乾方，長丈餘，廣尺許，良久乃滅。四更至五更，乾方·艮方，有氣如火光。以上出爐餘日記	SJW-A17090280-02900
247	1639	10	25	9	29	酉時，日暈。夜三更，西方有氣如火光。郎廳 權崇 校。郎廳 愼基敬 書。	SJW-A17090290-04200
248	1639	12	21	11	27	夜二更三更，有氣如火光。以上出爐餘日記	SJW-A17110270-03400
249	1639	12	27	12	4	五更，巽方有氣如火光。	SJW-A17120040-00200
250	1640	1	19	12	27	未時申時，日暈。夜一更，巽方坤方艮方，有氣如火光。西方東方南方，有氣如火光。	SJW-A17120270-02100
251	1640	1	22	12	30	夜一更，艮方，有氣如火光。四更，坤方，有氣如火光。以上出爐餘日記 郎廳 權崇校正。郎廳 愼基慶 書。	SJW-A17120300-02400
252	1640	1	27	1	5	缺日暈，暈上有門討，外疊上有背，色皆內赤外青，狀如缺 夜自一更至三更，東方，有氣如火光。爐餘	SJW-A18010050-00500
253	1640	2	14	1	23	夜一更二更，東方有氣如火光。內下日記	SJW-A18010230-00200
254	1640	2	17	1	26	夜一更二更，東方有氣如火光。	SJW-A18010260-00200
255	1640	2	18	1	27	巳時，太白見於午地。未時，日暈，暈上有冠，暈下有履，色皆內赤外青。申時，日暈。夜一更二更，艮方有氣如火光。	SJW-A18010270-00200
256	1640	2	20	1	29	未時·申時，日暈。夜一更二更，艮方巽方，有氣如火光。日記	SJW-A18010290-00200
257	1640	2	22	1	1	卯時，日暈。巳時，太白見於午地。夜一更，艮方坤方，有氣如火光。五更，流星出心星下，入巽方天際，狀如拳，尾長三四尺許，色白。	SJW-A18011010-00200
258	1640	2	23	1	2	辰時，日暈兩珥。巳時午時，日暈。夜一更，乾方坤方艮巽方，有氣如火光。流星出密雲天中，入乾方天際，狀如鉢，尾長三四尺許，色赤，光照地。二更，艮巽方，有氣如火光。	SJW-A18011020-00200
259	1640	2	25	1	4	夜一二更，坤方有氣如火光。	SJW-A18011040-00600
260	1640	2	26	1	5	巳時，太白見於午地。夜一更，坤方有氣如火光。	SJW-A18011050-00200

续表

编号	公历年月日			农历月日		原文	ID 编号
261	1640	2	27	1	6	夜一更，乾方艮方巽方，有氣如火光，黑雲一道如氣，起自西方，直指東方，長竟天，廣尺餘，漸移南方，良久乃滅。自二更至五更，乾方艮方巽方，有氣如火光。	SJW-A18011060-00200
262	1640	2	29	1	8	巳時，太白見於午地。夜三更四更，艮方，有氣如火光。五更，黑雲一道，起自乾方，直持艮方，長竟天，廣尺餘，良久乃滅。	SJW-A18011080-00300
263	1640	3	1	1	9	卯時，黑雲一道如氣，起自坤方，直指巽方，長十餘丈，廣尺餘，良久乃滅。巳時午時，日暈，日有交暈兩珥，白氣如虹，出自左珥，逶迤指北，長七八丈，廣尺許，良久乃滅。申時，日暈，暈上有背，色內赤外青。夜一更二更，月暈，艮方，有氣如火光。三更，月暈兩珥，暈上有背，色內赤外青。四更，艮方，有氣如火光。	SJW-A18011090-01000
264	1640	3	2	1	10	夜一更二更，月暈。四更，艮方巽方，有氣如火光。五更，乾方，有氣如火光。	SJW-A18011100-01600
265	1640	3	15	1	23	夜一更，乾方艮方巽方，有氣如火光。四更五更，電光。燼餘	SJW-A18011230-02000
266	1640	3	23	2	2	夜一更，乾巽方，有氣如火光，流星出北極星下，入天柱星上，狀如拳，尾長三四尺許，色赤，二更，艮巽方，有氣如火光。	SJW-A18020020-00200
267	1640	3	24	2	3	卯時，日有兩珥，黑雲起自日傍，因爲俺日，良久乃滅。辰時，日暈兩珥。夜一更，艮巽方，有氣如火光。五更，流星出北斗星下，入巽方天際，狀如鉢，尾長五六尺許，色白。內下日記	SJW-A18020030-00200
268	1640	3	25	2	4	卯時，黑雲一道，如氣起自巽方，直指艮方，長十餘丈，廣尺許，良久乃滅。夜自一更至三更，艮巽方，有氣如火光。四更，流星出漸臺星下，入艮方天際，狀如拳，尾長四五尺許，色白。	SJW-A18020040-00200
269	1640	3	26	2	5	夜一更，流星出天角星下，入乾方天際，狀如拳，尾長七八尺許，色白。三更，艮方，有氣如火光。	SJW-A18020050-00200
270	1640	3	27	2	6	自辰時至酉時，日暈。夜一更，月暈。自二更至五更，巽艮方，有氣如火光。內下日記	SJW-A18020060-00200
271	1640	4	12	2	22	辰時未時，日暈左珥。酉時，日有兩珥。夜一更至四更，巽艮乾坤方，有氣如火光。內下日記	SJW-A18020220-00200

续表

编号	公历年月日			农历月日		原文	ID 编号
272	1640	4	17	2	27	夜三更，乾艮方，有氣如火光。五更，流星出牛星下，入天田星下，狀如拳，尾長三四尺許，色白。	SJW-A18020270-00200
273	1640	4	18	2	28	午時，白雲如氣，起自坤方，直指巽方，長七八丈許，廣尺許，良久乃滅。未時酉時，日暈右珥。夜，艮巽坤方，有氣如火光，流星，出北斗星下，入句陳星上，狀如鉢，尾長四五尺許，色赤。二更，艮巽方，有氣如火光。	SJW-A18020280-00200
274	1640	4	19	2	29	夜一更二更，艮巽乾方，有氣如火光。	SJW-A18020290-00200
275	1640	4	25	3	5	巳時，日暈兩珥，暈上有冠，色內赤外青，黑雲一道，如氣，起自坤方，直指艮方，長竟天，廣尺餘，掩日移東，良久乃滅。自午時至申時，日暈。酉時，日有重暈，內暈有兩珥，外暈上有戴，色內赤外青。夜一更至五更，艮方，有氣如火光。內下日記	SJW-A18030050-00200
276	1640	11	14	10	2	夜一更二更，巽·乾·坤方，有氣如火光。	SJW-A18100020-00200
277	1640	12	17	11	5	夜五更，坤方有氣，如火光。	SJW-A18110050-00200
278	1641	1	13	12	3	夜四更，艮·巽·乾方有氣，如火光。	SJW-A18120030-00200
279	1641	1	19	12	9	夜一更，月暈。二更，巽方有氣，如火光。	SJW-A18120090-00200
280	1641	3	7	1	26	夜五更，巽方有氣如火光。內下日記	SJW-A19010260-00200
281	1641	3	8	1	27	自昧爽至辰時，有霾雨。夜五更，東方有氣如火光。	SJW-A19010270-00200
282	1641	3	28	2	18	夜一更，巽方·南方·艮方，有氣如火光。三四更，月暈。內下日記	SJW-A19020180-00200
283	1641	3	30	2	20	夜一更，艮巽方，有氣如火光。內下日記	SJW-A19020200-00200
284	1641	4	2	2	23	夜一更，艮巽方，有氣如火光。內下日記	SJW-A19020230-00200
285	1641	4	8	2	29	夜一二更，艮方·東方，有氣如火光。夜一更，流星出紫微西垣外，入乾方天際濁氣中，狀如鉢，尾長四五尺許，色赤。內下日記	SJW-A19020290-00200
286	1641	4	9	2	30	夜一更至五更，乾方有氣如火光，流星出攝提星下，入心星上，狀如拳，尾〈長〉四五尺許，色白。內下日記	SJW-A19020300-00200
287	1641	4	12	3	3	夜一更，艮乾坤方，有氣如火光。內下日記	SJW-A19030030-00200
288	1641	4	14	3	5	夜一二更，艮方，有氣如火光。內下日記	SJW-A19030050-00200
289	1641	4	18	3	9	自卯時至午時，日暈。夜一二更，月暈。五更，巽艮方，有氣如火光。內下日記	SJW-A19030090-00200
290	1641	4	29	3	20	夜一更二更，艮巽方，有氣如火光。內下日記	SJW-A19030200-00500

续表

编号	公历年月日			农历月日		原文	ID 编号
291	1641	5	8	3	29	夜一更二更，巽方，有氣如火光。内下日記	SJW-A19030290-00200
292	1641	5	13	4	4	夜五更，東方有氣如火光，流星出南斗星上，入虚星下，狀如鉢，尾長五六尺許，色赤，光照地。自昧爽至卯時，有霧氣。内下日記	SJW-A19040040-00200
293	1641	5	18	4	9	自辰時至申時，日暈。夜二更，月暈。五更，乾方有氣如火光，有霧。内下日記	SJW-A19040090-00200
294	1641	12	2	10	30	夜五更，坤方艮方，有氣如火光。	SJW-A19100300-00200
295	1641	12	4	11	2	夜一更，東方有氣如火光。	SJW-A19110020-00200
296	1642	1	2	12	2	夜二更，乾方，有氣如火光。	SJW-A19120020-00200
297	1642	3	26	2	26	夜一更，巽方有氣，如火光。	SJW-A20020260-00200
298	1642	3	29	2	29	卯時，有霧氣。夜二更，巽方有氣如火光。三更，巽方有氣，如火光，直指坤方。	SJW-A20020290-00300
299	1642	4	4	3	6	夜二更三更，巽方艮方，有氣如火光，流星出箕星下，入巽方天際，狀如拳，尾長三四尺許，色白。	SJW-A20030060-00200
300	1642	4	5	3	7	夜一更，巽方有氣如火光。	SJW-A20030070-00200
301	1642	4	16	3	18	日出時色赤。夜一更二更，巽方艮方，有氣如火光。出内下日記	SJW-A20030180-00200
302	1642	4	17	3	19	辰時巳時，四方皆昏蒙。午時未時，日暈。夜巽艮方，有氣如火光。出内下日記	SJW-A20030190-00200
303	1642	4	21	3	23	巳時，日暈。夜一更，巽方有氣如火光。出内下日記	SJW-A20030230-00200
304	1642	4	24	3	26	夜一更至三更，坤方有氣如火光。	SJW-A20030260-00200
305	1642	4	25	3	27	自辰時至酉時，日暈。夜一更，艮方坤方，有氣如火光。	SJW-A20030270-00200
306	1642	5	8	4	10	卯時，日暈，暈上有冠，暈下有履，色内赤外青，夜四更五更，月暈，坤方有氣如火光。	SJW-A20040100-00200
307	1642	11	25	11	4	觀象監，昧爽，東方·巽方有赤黃氣，如火光。辰時，日上有戴，色黃。巳時午時，日暈。啓。	SJW-A20110040-00600
308	1643	1	25	12	6	夜一更，坤方有氣如火光，流星出參星上，入狼星下，狀如鉢，尾長二三尺許，色赤。三更，流星出大角星上，入亢星下，狀如拳，尾長二三尺許，色赤。五更，流星出軒轅星下，入柳星上，狀如拳，尾長二三尺許。	SJW-A20120060-00200
309	1643	3	8	1	18	未時申時，日暈有冠，色内赤外青。初更下雨。夜一更，艮東方西南方，有氣如火光。	SJW-A21010180-00200

续表

编号	公历年月日			农历月日		原文	ID 编号
310	1643	3	12	1	22	卯時巳時，日暈兩珥，暈上有冠，暈下有履，色內赤外青。白虹貫日。午時未時，日暈兩珥。虹氣乃滅。夜一二更，東方有氣，如火光。	SJW-A21010220-00200
311	1643	3	15	1	25	午未酉時，日暈右珥。夜一二更，艮方有氣，如火光。三更，巽方有氣，如火光。	SJW-A21010250-00200
312	1643	3	18	1	28	申時酉時，日暈兩珥。夜一更，艮巽方，有氣如火光。五更，流星出貫索星下八角星上，狀如拳，尾長三四尺許，色赤。	SJW-A21010280-00200
313	1643	3	19	1	29	夜一更，流星出鬼星下，入巽方天際，狀如鉢，尾長三四尺許，色白。流星出亢星下，入東方天際，狀如鉢，尾長四五尺，色赤。東方有氣如火光。	SJW-A21010290-00300
314	1643	3	20	2	1	辰初三刻，日有食之。至巳時未時，日暈兩珥。申時，日有重暈，外暈上有戴，內暈有兩珥，暈上有冠，色皆內赤外青，暈左珥傍有戴，色黑。白氣出自兩珥，長各五六丈，廣皆尺許，逶迤指北。又白氣一道，起自乾方，行跨外暈上，直指□方，長十餘丈，廣尺餘，移時乃滅。夜一二更，艮坤方有氣如火光。以上內下日記	SJW-A21020010-00300
315	1643	3	26	2	7	申時，日暈，暈上有冠，冠上有戴，色內赤外青。夜一二更，月暈。巽方有氣如火光。	SJW-A21020070-00200
316	1643	4	9	2	21	夜一更，東方巽方，有氣如火光。三更，白雲一道如氣，起自乾方，直指東方，長竟天，廣尺許，漸移南方，良久乃滅。	SJW-A21020210-00200
317	1643	4	10	2	22	夜一二更，東方巽方乾方，有氣如火光。四更，月暈左珥。五更，月暈。	SJW-A21020220-00200
318	1643	4	11	2	23	自辰時至未時，日暈。夜一更，北方乾方·艮方，有氣如火光。三更，北方·艮方巽方，有氣如火光。	SJW-A21020230-00200
319	1643	4	16	2	28	夜自一更至五更，坤巽方，有氣如火光。	SJW-A21020280-00200
320	1643	5	7	3	20	自卯時至巳時，日暈。夜一更，巽方有氣如火光。	SJW-A21030200-00200
321	1643	5	10	3	23	夜一更，東方有氣如火光。	SJW-A21030230-00200
322	1643	5	13	3	26	夜一二更，南方有氣如火光。三更，黑雲一道如氣，自東方，直指西方，長竟天，廣尺許，移時乃滅。	SJW-A21030260-00400

续表

编号	公历年月日			农历月日		原文	ID 编号
323	1643	5	20	4	3	夜四更，艮方有氣如火光。五更，艮方有氣如火光。流星出奎星下，入艮方天際，狀如鉢，尾長七八尺許，色白，光照地。金星·木星合在奎宿，色皆白。	SJW-A21040030-00200
324	1643	9	16	8	4	夜一更二更，艮方坤方，有氣如火光。四更，艮方巽方，有氣如火光。	SJW-A21080040-00200
325	1643	11	5	9	24	巳時未時，日暈。夜一更，東方有氣，如火光。	SJW-A21090240-00200
326	1643	11	11	10	1	辰時，日暈。夜四更，艮坤方有氣如火光，達夜下雨。	SJW-A21100010-00200
327	1643	11	12	10	2	夜一更，雨雹，狀如小豆，巽方有氣如火光。五更，白雲一道，起自坤方，直指艮方，長竟天，廣尺許，良久乃滅。內下日記	SJW-A21100020-00200
328	1643	11	15	10	5	夜一更，流星出五車星上，入北方天際，狀如拳，尾長三四尺許，色白。三四五更，東坤方有氣如火光。內下日記	SJW-A21100050-00200
329	1643	12	2	10	22	辰時，日暈兩珥。巳時午時，日暈。夜一更，流星出參星下，入巽方天際，狀如鉢，尾長四五尺許，色赤，光照地。三更，巽方有氣如火光。五更，流星出翼星下，入右角星下，狀如鉢，尾長五六尺許，色赤。內下日記	SJW-A21100220-00200
330	1643	12	24	11	14	昧爽，東方有氣如火光。	SJW-A21110140-00200
331	1644	1	6	11	27	午時，日暈。夜一更，艮方。東方。巽南方，有氣如火光。自二更至四更，南方有氣如火光。五更，流星出密雲天中，入巽方天際，狀如瓶，尾長四五尺許，色赤光照地，有聲。	SJW-A21110270-00200
332	1644	1	7	11	28	夜二更，東方有氣如火光。	SJW-A21110280-00200
333	1644	2	3	12	25	巳時·午時，日暈。夜一更，四方有氣如火光。二更，巽方·坤。北方有氣如火光。三更，巽方有氣如火光。	SJW-A21120250-00200
334	1644	2	27	1	20	未時，日暈，暈上有冠，暈下有履，色內赤外青。申時，日有重暈，暈內暈上有戴，暈下有履，暈上有冠，色皆內亦外青。夜一更二更，艮方巽方，有氣如火光。至五更，月暈。	SJW-A22010200-00200
335	1644	3	4	1	26	夜一更，東方有氣如火光。	SJW-A22010260-00200
336	1644	3	5	1	27	夜一更二更，雷動雷光，巽方艮方，有氣如火光。	SJW-A22010270-00200
337	1644	3	6	1	28	夜自一更至五更，巽方東方，有氣如火光。	SJW-A22010280-00200
338	1644	3	7	1	29	夜一更至五更，巽方東方，有氣如火光。	SJW-A22010290-00200
339	1644	3	12	2	4	夜一更二更，四方有氣如火光。二更，下雨。	SJW-A22020040-00200

续表

编号	公历年月日			农历月日		原文	ID 编号
340	1644	3	26	2	18	申時，日暈兩珥。酉時，日暈兩珥，暈上有冠，色內赤外青。夜一更，艮方巽方，有氣如火光。	SJW-A22020180-00200
341	1644	3	28	2	20	自辰時至申時，日暈。夜一更至三更，巽方·艮方·乾方，有氣如火光。	SJW-A22020200-00200
342	1644	3	29	2	21	夜一更，有氣如火光。	SJW-A22020210-00200
343	1644	4	2	2	25	巽方艮方坤方，有氣如火光。	SJW-A22020250-00200
344	1644	4	3	2	26	自卯時至巳時，日暈兩珥。夜三更，東方，有氣如火光。	SJW-A22020260-00200
345	1644	4	4	2	27	夜三更，有氣如火光。	SJW-A22020270-00200
346	1644	4	5	2	28	夜五更，有氣如火光。	SJW-A22020280-00200
347	1644	4	6	2	29	夜一更二更，艮方東方巽方，有氣如火光。	SJW-A22020290-00200
348	1644	4	7	3	1	觀象監，午時未時，日暈。夜一更二更，東方巽方，有氣如火光。五更，黑雲一道如氣，起自坤方，直指東方，長十餘丈，廣尺許，良久乃滅。內下日記	SJW-A22030010-00400
349	1644	4	8	3	2	夜自一更至三更，東方，有氣如火光。五更，流星出密雲天中，入乾方天際，狀如鉢，尾長三四尺許，色白。東方艮方，有氣如火光。	SJW-A22030020-00200
350	1644	4	26	3	20	夜一更二更，巽方坤方，有氣如火光。	SJW-A22030200-00200
351	1644	5	1	3	25	夜三更，有氣如火光。	SJW-A22030250-00200
352	1644	5	6	4	1	酉時，日暈右珥，暈上有冠，色內赤外青。夜一更，有氣如火光。	SJW-A22040010-00200
353	1644	5	8	4	3	夜一更二更，東方巽方，有氣如火光。	SJW-A22040030-00200
354	1644	6	9	5	5	夜五更，東方有氣如火光。	SJW-A22050050-00200
355	1644	7	3	5	29	申時酉時，日暈。夜四更·五更，坤方·巽方有氣如火光。	SJW-A22050290-00200
356	1644	9	27	8	27	夜一更，巽方有氣如火光。五更，流星出鬼星下，入軒轅星，狀如拳，尾長三四尺許，色白。內下日記	SJW-A22080270-00200
357	1644	10	14	9	14	自巳時至酉時，日暈。夜一更，東方有氣如火光。	SJW-A22090140-00200
358	1646	3	9	1	22	午時，日暈。未時申時，日暈左珥。酉時日暈。夜一更，流星出北極星下，入乾方密雲中，狀如拳，尾長四五尺許，色赤，巽方艮方氣如火光。自二更至五更，巽方艮方乾方，有氣如火光。	SJW-A24010220-00200

续表

编号	公历年月日			农历月日		原文	ID 编号
359	1646	3	20	2	4	未時，太白見於巳地。夜一更，巽方坤方，有氣如火光。五更，流星出天津星下，狀如瓶，尾長四五尺許，色赤光照地。內下日記	SJW-A24020040-00200
360	1646	3	22	2	6	自巳時至申時，日暈。夜一更，月暈。自二更至四更，艮方東方巽方，有氣如火光。五更，四方有氣如火光。內下日記	SJW-A24020060-00200
361	1646	4	4	2	19	卯時，日有右珥。自巳時至未時，日暈。夜一更二更，北方東方南方，有氣如火光。內下日記	SJW-A24020190-00200
362	1646	4	7	2	22	午時未時酉時，日暈。夜一更二更，艮方乾方，有氣如火光。三更，坤方巽方，有氣如火光。內下日記	SJW-A24020220-00200
363	1646	4	8	2	23	夜一更二更，南方有氣如火光。內下日記	SJW-A24020230-00200
364	1646	4	11	2	26	自辰時至酉時，日暈。夜一更，東方有氣如火光。四更，流星出北極星上，入艮方天際，狀如鉢，尾長三四尺許，色白。	SJW-A24020260-00300
365	1646	4	13	2	28	自辰時至申時，日暈。夜自一更至五更，乾方艮方巽方，有氣如火光。內下日記	SJW-A24020280-00200
366	1646	4	22	3	7	辰時巳時，日暈。午時未時，日有交暈，色皆內赤外青，白虹貫日，左右有戟傍，黑雲氣如戟，長二三丈。申時，日暈。夜一更，月暈，乾方有氣如火光。內下日記	SJW-A24030070-00300
367	1646	5	13	3	28	夜自三更至五更，艮方坤方，有氣如火光。內下日記	SJW-A24030280-00200
368	1646	9	14	8	6	巳時，太白見於未地。夜二更，流星出天倉星上，入天花星下，狀如拳，尾長四五尺許，色白。三更，坤方有氣如火光。內下日記	SJW-A24080060-00300
369	1646	11	10	10	4	夜一更，南方有氣如火光。內下日記	SJW-A24100040-00300
370	1646	12	4	10	28	夜一二更，南北方有氣如火光。內下日記	SJW-A24100280-00400
371	1647	1	28	12	23	夜一更至四更，巽方·坤方，有氣如火光。	SJW-A24120230-00400
372	1647	1	29	12	24	辰時，日暈左珥。夜一更，東方·巽方，有氣如火光。二更東方·南方，有氣如火光。五更，白雲一道如氣，起自巽方，直指艮方，長十餘尺，廣尺許，良久乃滅。燼餘	SJW-A24120240-00300
373	1647	2	2	12	28	夜一更，坤方·巽方，有氣如火光。燼餘	SJW-A24120280-01100
374	1647	2	3	12	29	夜三更四更，東方艮方，有氣如火光。五更乾方，有氣如火光。燼餘	SJW-A24120290-00900
375	1647	2	5	1	1	夜一更，東方，有氣如火光。二更，艮方巽方，有氣如火光。	SJW-A25010010-00200

续表

编号	公历年月日			农历月日		原文	ID 编号
376	1647	2	6	1	2	夜一更，西方，有氣如火光。二更，巽南方，有氣如火光。內下日記	SJW-A25010020-00200
377	1647	2	9	1	5	夜一更，坤巽方，有氣如火光。二三更，有氣如火光。內下日記	SJW-A25010050-00200
378	1647	2	10	1	6	巳午時，日暈。未時，日暈兩珥，暈上有冠，色內赤外靑。申酉時，日暈兩珥。夜一更，有氣如火光。二更，流星出昴星下，入南方天際，狀如瓶，長七八尺許，色赤光照地。自三更至五更，東巽方，有氣如火光。內下日記	SJW-A25010060-00200
379	1647	2	13	1	9	夜五更，東坤方，有氣如火光。內下日記	SJW-A25010090-00200
380	1647	2	22	1	18	卯時至巳時，日暈。未時，日暈。夜一更，巽艮方，有氣如火光。五更，月暈。內下日記	SJW-A25010180-00200
381	1647	2	23	1	19	夜一更二更，艮巽方，有氣如火光。五更，月暈。	SJW-A25010190-00200
382	1647	2	25	1	21	夜一更，艮南方，有氣如火光。內下日記	SJW-A25010210-00200
383	1647	3	22	2	17	自辰時至未時，日暈。夜一更，艮方巽方，有氣如火光。三四更，月暈。內下日記	SJW-A25020170-00300
384	1647	3	23	2	18	辰巳時，日暈兩珥。夜二更，巽方，有氣如火光。內下日記	SJW-A25020180-00300
385	1647	3	24	2	19	辰時，日暈。巳時，日暈，暈上有冠，暈下有履，色皆內赤外靑。午時，日暈。夜一更，艮方·巽方·坤方，有氣如火光。二更，巽方，有氣如火光。三更，月暈。	SJW-A25020190-00200
386	1647	3	25	2	20	卯時，日暈。自巳時至申時，日暈。夜一更，東方南方，有氣如火光。三更，東方，有氣如火光。五更，月暈。	SJW-A25020200-00300
387	1647	3	26	2	21	夜一更，黑雲一道如氣，起自艮方，直指巽方，長竟天，廣尺許，移時乃滅。艮方，有氣如火光。	SJW-A25020210-00200
388	1647	3	27	2	22	未時·申時，日暈。夜自一更至三更，艮方·巽方，有氣如火光。五更，月暈。	SJW-A25020220-00200
389	1647	3	28	2	23	辰時·巳時，日暈。夜一更二更，有霧氣。自三更至五更，東方艮方·坤方，有氣如火光。	SJW-A25020230-00200
390	1647	3	29	2	24	自辰時至申時，日暈。夜自一更至四更，東方·乾方，有氣如火光。	SJW-A25020240-00200
391	1647	3	30	2	25	自午時至申時，日暈。夜一更，北方·東方·南光，有氣如火光。	SJW-A25020250-00200

续表

编号	公历年月日			农历月日		原文	ID 编号
392	1647	3	31	2	26	辰時，日暈，兩珥。自巳時至未時，日暈。夜一更，艮方·東方巽方，有氣如火光。	SJW-A25020260-00200
393	1647	4	2	2	28	夜一更，巽方乾方，有氣如火光。	SJW-A25020280-00200
394	1647	4	4	2	30	夜一二更，南方·北方，有氣如火光。	SJW-A25020300-00200
395	1647	4	6	3	2	夜自一更至五更，艮方·東方·巽方·南方，有氣如火光。	SJW-A25030020-00200
396	1647	4	7	3	3	夜一更，乾方·艮方·巽方，有氣如火光。	SJW-A25030030-00200
397	1647	4	10	3	6	自午時至申時，日暈。夜一更，月暈。三更，有氣如火光。	SJW-A25030060-00200
398	1647	4	11	3	7	夜一更二更，月暈。自三更至五更，艮方·巽方，有氣如火光。	SJW-A25030070-00200
399	1647	4	23	3	19	夜一更，艮方有氣如火光。五更，白雲一道如氣，起自坤方，直指東方，長竟天，廣尺許，漸移南方，良久乃滅。	SJW-A25030190-00200
400	1647	4	24	3	20	自辰時至酉時，月暈。夜一更，巽方·艮方，有氣如火光。	SJW-A25030200-00200
401	1647	8	3	7	3	夜五更，有霧氣，坤方有氣，如火光。	SJW-A25070030-00200
402	1647	9	19	8	21	夜一更，艮方有氣，如火光。	SJW-A25080210-00200
403	1648	2	19	1	26	夜一更，艮方巽方有氣，如火光。	SJW-A26010260-01400
404	1648	3	16	2	23	夜一更，巽方艮方，有氣如火光。	SJW-A26020230-00200
405	1648	3	23	2	30	自午時至申時，日暈。夜一更，艮方有氣如火光。四更，東方有氣如火光。	SJW-A26020300-00200
406	1648	3	25	3	2	辰時，日暈兩珥。午時，日暈。未時，日有交暈，左右有戟，色皆青赤，白虹貫暈。申·酉時，日暈。夜自一更至五更，巽·艮·乾方，有氣如火光。	SJW-A26030020-00200
407	1648	3	27	3	4	夜一更，巽方有氣，如火光。	SJW-A26030040-00200
408	1648	4	12	3	20	夜一更，艮·巽方有氣，如火光。	SJW-A26030200-00200
409	1648	4	13	3	21	夜自一更至三更，有氣如火光。	SJW-A26030210-00200
410	1648	4	14	3	22	巳時，日暈，暈上有冠。自午時至酉時，日暈。夜一更艮方，三更坤方，有氣如火光。	SJW-A26030220-00200
411	1648	4	17	3	25	自卯時至午時，日暈。夜一二更，東南方有氣如火光。	SJW-A26030250-00200
412	1648	4	18	3	26	夜一更，坤方有氣如火光。五更，白雲二道如氣，起自艮方，直指坤方，長各竟天，廣皆尺許，良久乃滅。內下日記	SJW-A26030260-00200
413	1648	4	28	3	6	夜一更至四更，巽方，有氣如火光。五更，巽·坤方有氣如火氣。	SJW-A26031060-00200

续表

编号	公历年月日			农历月日		原文	ID 编号
414	1648	5	21	3	29	夜一更，流星出北極星上，入大理星下，狀如鉢，尾長二三尺許，色赤。自三更至五更，巽方有氣，如火光。	SJW-A26031290-00200
415	1648	6	22	5	2	夜五更，北方有氣，如火光。	SJW-A26050020-00200
416	1648	6	28	5	8	夜四更，坤方有氣，如火光。	SJW-A26050080-00200
417	1648	11	11	9	27	夜一更二更，巽方有氣如火光。以上燼餘	SJW-A26090270-02400
418	1648	11	16	10	2	夜四更，東方赤色如氣，龍蛇在山頭住，又如火光，乃滅。	SJW-A26100020-00200
419	1648	11	17	10	3	夜一更，南方有氣如火光，而氣上又有蒼白氣直立，長各丈餘，廣尺許，良久乃滅。	SJW-A26100030-00200
420	1649	1	12	11	30	夜一更，四方赤氣如火光。五更，灑雪。	SJW-A26110300-00200
421	1649	2	2	12	21	自辰時至申時，日暈。夜一更，艮方有赤氣如火光。	SJW-A26120210-00200
422	1649	2	6	12	25	未申時，日暈。夜一更，巽方有氣如火光。五更，月暈，流星出亢星下，入庫樓星上，狀如拳，尾長三四尺許，色赤。	SJW-A26120250-00200
423	1649	2	13	1	3	申時，太白見於未地。夜一更，坤方艮方，有氣如火光。	SJW-A27010030-00200
424	1649	2	14	1	4	未時，太白見於未地。夜一更，艮方東方巽方，有氣如火光。	SJW-A27010040-00200
425	1649	3	9	1	27	辰時，日暈兩珥。自巳時至未時，日暈。申時，太白見於未地。夜五更，巽方坤方，有氣如火光。	SJW-A27010270-00200
426	1649	3	10	1	28	巳時，日暈。自未時至酉時，日暈。夜一更二更，巽方東方，有氣如火光。	SJW-A27010280-00200
427	1649	3	11	1	29	卯時，日有右珥。酉時，日暈。夜一更，巽方有氣如火光。五更，黑雲一道如氣，起自坤方直指艮方，長竟天，廣尺許，良久乃滅。	SJW-A27010290-00200
428	1649	3	14	2	2	巳時，白雲如氣，起自西方，直指巽方，長竟天，廣尺許，良久乃滅。自二更至五更，艮方巽方南方，有氣如火光。	SJW-A27020020-00200
429	1649	3	17	2	5	夜一更，月暈。三更，東方艮方有氣如火光。四更，東方有氣如火光。	SJW-A27020050-00200
430	1649	3	20	2	8	自辰時至未時，日暈。夜五更，東方有氣如火光，流星出密雲中，入巽方天際，狀如拳，尾長三四尺許，色赤。	SJW-A27020080-00200
431	1649	3	21	2	9	自巳時至未時，日暈。夜一更，艮方巽方東方，有氣如火光。二更三更，月暈。	SJW-A27020090-00200

续表

编号	公历年月日			农历月日		原文	ID 编号
432	1649	3	23	2	11	辰時，日暈。巳時，日暈兩珥。午時，日暈。夜一更，月暈。四更五更，東方有氣如火光。	SJW-A27020110-00200
433	1649	3	30	2	18	夜一更，艮方·巽方·坤方，有氣如火光，流星出北斗星下，入軫星上，狀如鉢，尾長五六尺許，色赤。二更，月暈，白雲一道如氣，起自南方，直指艮方，長竟天，廣尺許，良久乃滅。	SJW-A27020180-00200
434	1649	4	2	2	21	申時，太白見於未地。夜一更二更，東方艮方，有氣如火光。內下記草	SJW-A27020210-01500
435	1649	4	3	2	22	午時未時，日暈。申時，日有重暈。夜一更二更，東方巽方，有氣如火光。五更，白雲一道如氣，起自乾方，直指艮方，長竟天，廣二尺許，良久乃滅。	SJW-A27020220-00200
436	1649	4	8	2	27	自辰時至申時，日暈。夜自二更至四更，艮方有氣如火光。以上朝報	SJW-A27020270-02000
437	1649	4	14	3	3	辰時巳時，日暈右珥。自二更至三更，東方有氣，如火光。	SJW-A27030030-00200
438	1649	4	15	3	4	夜一更，東方巽方，有氣，如火光。	SJW-A27030040-00200
439	1649	4	29	3	18	申時，太白見於未地。申時，日暈右珥。夜一更二更，巽方有氣如火光。	SJW-A27030180-00300
440	1649	6	4	4	25	自昧爽至卯時，有霧氣。巳時·午時，日暈。申時·酉時，日暈。夜二更，巽方有氣，如火光。	SJW-A27040250-00200
441	1649	6	6	4	27	夜三更至五更，巽方有氣如火光。以上內下日記	SJW-A27040270-00600
442	1649	11	21	10	18	夜一更，東方有氣如火光。二更，白雲一道如氣，起自東方，直指西方，長竟天，良久乃滅。	SJW-B00100180-00200
443	1649	11	29	10	26	夜一更至三更，艮方巽方坤方，有氣如火光。	SJW-B00100260-00200
444	1649	12	31	11	28	夜一更，東方有氣如火光。內下日記	SJW-B00110280-00500
445	1650	1	3	12	2	夜一更，艮方東方，有氣如火光。	SJW-B00120020-00200
446	1650	1	24	12	23	夜一更二更，有氣如火光。	SJW-B00120230-00200
447	1650	1	28	12	27	夜一更，坤方，有氣如火光。	SJW-B00120270-00200
448	1650	2	6	1	6	自卯時至酉時，日暈。夜一更，月暈，暈上有冠，色內赤外青。二更，月暈，東方，有氣如火光。	SJW-B01010060-00200
449	1650	2	7	1	7	夜一更，月暈，東方有氣如火光。三更四點，南方申方，有火光。	SJW-B01010070-00400

续表

编号	公历年月日			农历月日		原文	ID 编号
450	1650	2	10	1	10	夜二三更，月暈。四更，蒼白雲一道，起自坤方，直指東方，長竟天，廣尺許。巽方，有氣如火光。	SJW-B01010100-00200
451	1650	2	20	1	20	卯辰時，日暈兩珥。自巳時至未時，日暈。申時，黑雲一道如氣，起自坤方，直指巽方，長十餘丈，廣尺許，日暈。夜一更，東方，有氣如火光。三更至五更，月暈。	SJW-B01010200-00200
452	1650	2	22	1	22	夜一更，艮方巽方，有氣如火光。三更，黑雲一道如氣，起自艮方，直指巽方，長二十餘丈，廣尺許，橫過月中。	SJW-B01010220-00200
453	1650	2	23	1	23	自午時至酉時，日暈兩珥。夜二更，巽方，有氣如火光。	SJW-B01010230-00200
454	1650	2	24	1	24	夜一更，南方有氣如火光。二更，坤方有氣如火光。	SJW-B01010240-00200
455	1650	2	28	1	28	夜三更，坤方巽方，有氣如火光。五更，東方巽方，有氣如火光，電光，色赤。	SJW-B01010280-00200
456	1650	3	2	2	1	辰時，黑雲一道如氣，起自巽方，直指艮方，長竟天，廣尺許。夜一更，東方有氣如火光。	SJW-B01020010-00400
457	1650	3	5	2	4	夜一更，艮方巽方，有氣如火光。	SJW-B01020040-00200
458	1650	3	19	2	18	夜一更，東方艮方巽方，有氣如火光。	SJW-B01020180-00200
459	1650	3	21	2	20	卯時至午時，日暈。未申時，日有重暈，內暈上有冠，暈下有履，色皆赤。酉時，日暈右珥。夜一更，東方艮方，有氣如火光。三更至五更，月暈。	SJW-B01020200-00200
460	1650	3	22	2	21	日出時色赤。自辰時至未申時，日暈兩珥，暈上有背，色內赤外靑。夜一更，艮方南方，有氣如火光。五更，月暈兩珥，白雲一道如氣，起自坤方直指艮方，長經天，廣尺許，漸移東方。	SJW-B01020210-00200
461	1650	3	23	2	22	日出時，色赤。自巳時至酉時，日暈。初昏，赤雲一道如氣，起自西方，直指艮方，長十餘丈，廣尺許。自一更至三更，艮方東方巽方，有氣如火光。	SJW-B01020220-00200
462	1650	3	24	2	23	夜一更，流星出柳星下，入南方天際，狀如拳，尾長二三尺許，色赤，東方·巽方有氣，如火光。五更，月暈。	SJW-B01020230-00200
463	1650	3	25	2	24	卯時，日暈兩珥。夜一更，艮方有氣，如火光。	SJW-B01020240-00200
464	1650	3	28	2	27	夜一更，巽方有氣，如火光。	SJW-B01020270-00200

续表

编号	公历年月日			农历月日		原文	ID 编号
465	1650	4	1	3	1	卯·辰時，日暈兩珥。夜一二更，坤方有氣如火光。	SJW-B01030010-00200
466	1650	4	22	3	22	自辰時至未時，日暈。夜一更，艮方·巽方·坤方有氣如火光。	SJW-B01030220-00200
467	1650	4	28	3	28	夜自一更至三更，艮方·東方·巽方，有氣如火光。	SJW-B01030280-00500
468	1650	4	29	3	29	自巳時至未時，日暈。夜一更二更，坤方有氣如火光。	SJW-B01030290-01000
469	1650	5	5	4	5	夜一二更，月暈。五更，北方有氣，如火光。	SJW-B01040050-00200
470	1650	5	9	4	9	夜五更，坤方有氣如火光。	SJW-B01040090-00200
471	1650	10	18	9	23	夜三四更，巽方有氣如火光。五更，月暈。	SJW-B01090230-00200
472	1650	11	30	11	8	未時，太白見於巳地。夜一更，有霧氣。夜四五更，艮方東方，有氣如火光。	SJW-B01110080-00200
473	1650	12	30	11	8	自巳時至未時，日暈兩珥。二三更，月暈。五更，巽方艮方，有氣如火光。	SJW-B01111080-00200
474	1651	1	10	11	19	自辰時至申時，日暈。夜一更，艮方南方，有氣如火光。五更，月暈。	SJW-B01111190-00200
475	1651	1	11	11	20	夜一更，東方艮方，蒼白氣二道雙立，直指密雲中，長五六尺，廣尺許，巽方有氣如火光。五更，月暈。	SJW-B01111200-00200
476	1651	2	24	1	5	午時，太白見於未地。夜一更二更，月暈。三更，坤方，有氣如火光。	SJW-B02010050-00200
477	1651	3	10	1	19	申時，日暈。夜一更，艮方巽方，有氣如火光。	SJW-B02010190-00200
478	1651	3	12	1	21	自巳時至酉時，日暈。夜二更，艮方有氣，如火光。	SJW-B02010210-00200
479	1651	3	19	1	28	巳時，太白見於未地。未時，日暈左珥。夜自一更至二更，艮方巽方，有氣如火光。	SJW-B02010280-00200
480	1651	3	20	1	29	夜四五更，東西方有氣，如火光。	SJW-B02010290-00200
481	1651	3	26	2	6	巳時，太白見於未地。申時，日暈左珥。夜三更，巽方有氣如火光，流星出亢星下，入東方天際，狀如鉢，尾長三四尺許，色赤。	SJW-B02020060-00200
482	1651	3	28	2	8	辰時，日暈。巳時，太白見於未地。自未時至酉時，日暈。夜一更，東方巽方，有氣如火光。二更，月暈。	SJW-B02020080-00200
483	1651	3	30	2	10	巳時，太白見於未地，南方有氣，如火光。	SJW-B02020100-00200
484	1651	4	13	2	24	夜二更，艮方巽方，有氣如火光。	SJW-B02020240-00200
485	1651	5	10	3	21	夜，自一更至三更，北方巽方南方坤方，有氣如火光。	SJW-B02030210-00200

续表

编号	公历年月日			农历月日		原文	ID 编号
486	1651	6	19	5	2	自辰時至酉時，日暈。夜四更，坤方有氣如火光。	SJW-B02050020-00200
487	1651	8	19	7	4	夜四更，東方有氣，如火光。五更，東方有氣，如火光，流星出昴星上，入南方天際，狀如鉢，尾長五六尺，色赤。	SJW-B02070040-00200
488	1651	10	19	9	6	夜初昏，流星出天中，入南方天際，狀如鉢，尾長四五尺許。一更，流星出室星下，入巽方天際，狀如鉢，尾長五六尺許。四五更，巽方有氣，如火光。	SJW-B02090060-00200
489	1651	12	8	10	26	夜一更二更，坤方，有氣如火光。	SJW-B02100260-01400
490	1652	1	4	11	23	夜一更，巽方，有氣如火光。二更，坤方，有氣如火光。	SJW-B02110230-00200
491	1652	3	3	1	24	夜一更，艮方，有氣如火光。	SJW-B03010240-00200
492	1652	3	7	1	28	自午時至申時，日暈。夜三更，坤方，有氣如火光。	SJW-B03010280-00200
493	1652	3	13	2	4	自巳時至未時，日暈。申時，日有半暈，赤氣屈曲，在於暈上，長十餘尺，廣數尺許，兩頭銳，移時乃滅。夜自一更至五更，東方·艮方，有氣如火光。	SJW-B03020040-00200
494	1652	3	16	2	7	卯時辰時，日暈兩珥。巳時，日有重暈，內暈上有冠，色內赤外青。自午時至酉時，日暈。夜一更二更，月暈。四更，月暈，艮方，有氣如火光。	SJW-B03020070-00200
495	1652	3	17	2	8	日出時，色赤。卯時，日暈兩珥。辰時，日暈，暈上有冠，色內青外黃。自巳時至酉時，日暈。夜一更，有霧氣。自一更至三更，月暈。四更五更，東方·巽方，有氣如火光。	SJW-B03020080-00200
496	1652	4	7	2	29	日出時，色赤如血。自辰時至申時，日暈。夜一更至五更，坤方，有氣如火光。五更，流星出心星上，入東方天際，狀如鉢，尾長五六尺許，色赤。	SJW-B03020290-00200
497	1652	4	28	3	21	夜一更，流星出北斗星下，入攝提星上，狀如拳，尾長二三尺許，色白。三四更，坤方，有氣如火光。	SJW-B03030210-00200
498	1652	5	13	4	6	夜一更，月暈。四更五更，東方·坤方有氣如火光。	SJW-B03040060-00200

续表

编号	公历年月日			农历月日		原文	ID 编号
499	1652	6	10	5	5	未時，太白見於巳地。夜三更，流星出壁星下，入東方天際，狀如拳，尾二三尺，色白。四更，流星出北斗星下，入北方天際，狀如鉢，尾長三四尺許，色白。五更，艮方有霧氣，如火光。	SJW-B03050050-00200
500	1652	11	28	10	28	辰時，日有左珥。巳時，日有戴。自巳時至未時，日暈。夜一更，艮方，有氣如火光，二更三更，艮方坤方，有氣如火光。	SJW-B03100280-00200
501	1653	2	20	1	23	夜三更，南方，有氣如火光。	SJW-B04010230-00200
502	1653	2	25	1	28	夜一更，坤方，有氣如火光。	SJW-B04010280-00200
503	1653	2	27	1	30	申時，日暈。夜三更，巽方艮方，有氣如火光。	SJW-B04010300-00200
504	1653	3	16	2	17	夜一更，艮方東方，有氣如火光。自二更至五更，月暈。啓。	SJW-B04020170-00600
505	1653	3	28	2	29	卯時，日有左珥。申酉時，日暈。夜一更二更，艮方東方巽方，有氣如火光。	SJW-B04020290-00200
506	1653	3	30	3	2	申時，日暈。夜一更二更，東方有氣如火光。	SJW-B04030020-00200
507	1653	4	2	3	5	申時，日暈兩珥。夜一更，有霧氣如火光。	SJW-B04030050-00200
508	1653	5	3	4	7	觀象監，夜五更，坤方有氣如火光。啓。	SJW-B04040070-00700
509	1653	5	27	5	1	夜四更五更，巽方坤方，有氣如火光。	SJW-B04050010-00200
510	1653	6	1	5	6	自昧爽至卯時，沈霧。夜一更，月暈。五更，坤方巽方，有氣如火光。	SJW-B04050060-00300
511	1653	12	18	10	29	夜一更，東方有氣如火光。	SJW-B04100290-00200
512	1653	12	25	11	6	夜三更，東方有氣如火光。	SJW-B04110060-00200
513	1654	1	8	11	20	辰時，日有左珥，未時，太白見於巳地。夜二更，東方有氣如火光。	SJW-B04110200-00200
514	1654	1	19	12	2	巳時，日暈。未時，太白見於巳地。夜一更，有霧氣。自一更至三更，巽方有氣如火光。五更，流星出太微垣端門內，入星星下，狀如瓶，尾長六七尺許，色赤，尾跡屈曲，有聲，光照地，良久乃滅。	SJW-B04120020-00200
515	1654	3	7	1	19	自辰時至午時，日暈，有兩珥。夜一更二更，東方有氣，如火光。	SJW-B05010190-00200
516	1654	3	19	2	1	巳時，日暈，暈上有冠，色內赤外青。自午時至申時，日暈。夜一更，南方艮方有氣，如火光。	SJW-B05020010-00300
517	1654	3	21	2	3	夜二更三更，巽方有氣如火光。	SJW-B05020030-00200
518	1654	4	9	2	22	夜一更至四更，北方巽方南方，有氣如火光。	SJW-B05020220-00200
519	1654	4	10	2	23	夜一更二更，東方艮方，有氣如火光。	SJW-B05020230-00200

续表

编号	公历年月日			农历月日		原文	ID 编号
520	1654	4	11	2	24	未時申時，日暈。夜一更二更，艮方巽方，有氣如火光。五更，流星出箕星下，入東方天際，狀如鉢，尾長三四尺許，色赤，月暈。	SJW-B05020240-00200
521	1654	4	14	2	27	夜一更二更，北方·艮方·東方·巽方，有氣如火光。	SJW-B05020270-00300
522	1654	4	16	2	29	夜一更二更，西方有氣如火光。三更四更，東方有氣如火光。	SJW-B05020290-00300
523	1654	4	21	3	5	夜一更，巽方有氣如火光。二更，月暈。	SJW-B05030050-00300
524	1654	5	15	3	29	夜四更五更，南方有氣如火光，移時乃滅。	SJW-B05030290-00200
525	1654	5	17	4	2	夜二更三更，東方坤方，有氣如火光，有霧氣。四更五更，有霧氣。	SJW-B05040020-00200
526	1654	5	19	4	4	夜五更，坤方有氣，如火光。	SJW-B05040040-00200
527	1654	5	26	4	11	夜五更，西方南方東方，有氣，如火光。	SJW-B05040110-00200
528	1654	6	14	4	30	夜四更五更，東方有氣如火光。	SJW-B05040300-00200
529	1654	6	22	5	8	夜三更，東方有氣如火光。	SJW-B05050080-00200
530	1654	6	25	5	11	夜二更，巽方，有氣如火光。	SJW-B05050110-00200
531	1654	12	3	10	25	夜二更，坤方有氣如火光。	SJW-B05100250-00200
532	1654	12	7	10	29	夜一更二更，有霧氣。二更，東方有氣如火光。出朝報	SJW-B05100290-00800
533	1654	12	8	10	30	午時未時，四方昏朦若下塵。夜一更，東方南方，有氣如火光。四更，雨雹，狀如小豆。	SJW-B05100300-00200
534	1654	12	27	11	19	夜一更，艮方有氣如火光。二三更，月暈。五更，月犯軒轅左角星。	SJW-B05110190-00200
535	1655	1	2	11	25	夜一更，東方有氣如火光，有霧氣。二更，流星出參星上，入巽方天際，狀如鉢，尾長五六尺許，色赤。四更，電光。	SJW-B05110250-00200
536	1655	3	6	1	29	自辰時至酉時，日暈。夜一更，東方有氣如火。五更，巽方有氣如火光。	SJW-B06010290-00200
537	1655	3	11	2	4	夜一更，東方有霧氣如火光。二更，流星出翼星上，入井星下，狀如鉢，尾長五六尺許，色赤。	SJW-B06020040-00200
538	1655	3	13	2	6	夜一更二更，艮方東方，有氣如火光。	SJW-B06020060-00200
539	1655	3	26	2	19	夜一更二更，南方巽方東方艮方北方，有氣如火光。	SJW-B06020190-00200
540	1655	4	1	2	25	夜二更，巽方艮方，有氣如火光。	SJW-B06020250-00200
541	1655	4	2	2	26	夜二更，東方巽方坤方乾方，有氣如火光。	SJW-B06020260-00200
542	1655	4	3	2	27	夜一更，艮方有氣如火光。	SJW-B06020270-00200
543	1655	4	4	2	28	夜一更，艮方有氣如火光。三更，巽方有氣如火光。	SJW-B06020280-00200

续表

编号	公历年月日			农历月日		原文	ID 编号
544	1655	4	5	2	29	夜一更二更，艮方坤方，有氣如火光。四更五更，有氣如火光。	SJW-B06020290-00200
545	1655	5	13	4	8	自卯時至午時，日暈。未時，日暈，白雲一道如氣，起自巽方，横過暈邊，直至乾方，長竟天，廣尺許，良久乃滅。申時，日暈。夜一更，月暈。五更，有氣如火光。	SJW-B06040080-00200
546	1655	6	9	5	6	夜五更，巽方有氣，如火光。	SJW-B06050060-00200
547	1655	11	26	10	29	夜一更，東方·南方有氣如火光。出春坊朝報	SJW-B06100290-00300
548	1655	11	29	11	2	辰時巳時，日暈。夜一更·二更，未方·南方有氣如火光。三更·四更，東方有氣如火光。	SJW-B06110020-00200
549	1655	12	1	11	4	夜一更·二更，東方·南方，有氣如火光。	SJW-B06110040-00200
550	1655	12	7	11	10	夜一更，南方有氣如火光。	SJW-B06110100-00200
551	1655	12	26	11	29	夜一更二更，南方巽方有氣如火光。三更，雨雹狀如小豆，南方有氣如火光，下雪。	SJW-B06110290-00200
552	1655	12	29	12	2	夜一更，南方有氣如火。五更，北方有氣如火光。	SJW-B06120020-00200
553	1655	12	30	12	3	夜一更，東南方有氣，如火光。二更·四更，南方有氣，如火光。	SJW-B06120030-00200
554	1656	2	13	1	19	午時未時，日暈。申時，日暈兩珥。夜一更，巽方有氣如火光。自二更至五更，月暈。以上朝報	SJW-B07010190-01000
555	1656	2	18	1	24	夜一更二更，東方乾方坤方，有氣如火光。以上朝報	SJW-B07010240-00800
556	1656	2	19	1	25	卯時，日暈左珥。辰時，日有重珥，內暈有兩珥，暈上有冠，色內赤外靑。夜一更二更，艮方東方巽方，有氣如火光。五更，月暈。以上朝報	SJW-B07010250-00700
557	1656	2	21	1	27	夜一更二更，巽方南方，有氣如火光。	SJW-B07010270-01000
558	1656	2	23	1	29	夜一更二更，東方巽方，有氣如火光。五更，流星出貫索星上，入西方天際，狀如鉢，尾長五六丈，色赤，光照地。	SJW-B07010290-01700
559	1656	3	1	2	6	辰時巳時，日暈兩珥。自午時至申時，日暈。夜一更，東方巽方南方，有氣如火光，黑雲一道如氣，起自乾方，直指巽方，長竟天，廣尺餘，良久乃滅。二更，東方南方，有氣如火光。啓。	SJW-B07020060-01600
560	1656	3	16	2	21	巳時至未時，日暈。夜一更，北方艮方，有氣如火光。啓。	SJW-B07020210-00600

续表

编号	公历年月日			农历月日		原文	ID 编号
561	1656	3	20	2	25	辰時，白雲一道如氣，起自坤方，直指東方，長數十餘丈，廣尺許，漸移南方，良久乃滅。夜一更二更，北方東方，有氣如火光。三更四更，東方有氣如火光。啓。	SJW-B07020250-01000
562	1656	3	23	2	28	夜一更，艮方東方巽方，有氣如火光。自二更至四更，巽方，有氣如火光。五更，巽方，有氣如火光，流星出牛星上，入東方天際，狀如拳，尾長二三尺許，色赤。啓。	SJW-B07020280-00300
563	1656	3	24	2	29	辰時至未時，日暈。夜一更二更，艮方東方巽方，有氣如火光。五更，艮方東方，有火光。啓。	SJW-B07020290-00600
564	1656	3	24	2	29	酉時，雨雹狀如小豆。夜自一更至四更，巽方東方艮方，有氣如火光。啓。以上朝報。	SJW-B07020290-00900
565	1656	4	12	3	18	夜一更，艮方東方巽方，有氣如火光。五更，月暈。以上朝報	SJW-B07030180-01000
566	1656	4	14	3	20	自巳時至未時，日暈。夜一更，黑雲一道如氣，起自艮方，直指巽方，長竟天，廣尺許，良久乃滅，巽方有氣如火光。五更，黑雲一道如氣，起自艮方，直指巽方，長竟天，廣尺許，移時乃滅。以上朝報	SJW-B07030200-01100
567	1656	4	25	4	2	自巳時至申時，日暈。夜一更二更，艮方巽方西方，有氣如火光。以上朝報	SJW-B07040020-01600
568	1656	11	18	10	3	夜一更，流星出昴星上，入東方天際，狀如鉢，尾長四五尺許，色赤。二更，電光。三更四更，東方有氣如火光。	SJW-B07100030-01200
569	1656	12	17	11	2	觀象監，夜自一更至三更，東方·南方有氣如火光。啓。	SJW-B07110020-02400
570	1657	3	3	1	19	自午時至申時，日暈。夜一二更，東南北方，有氣如火光。	SJW-B08010190-00200
571	1657	3	9	1	25	夜一更，東方巽方，有氣如火光。	SJW-B08010250-00400
572	1657	3	11	1	27	未時，太白見於午地。夜一更，艮方有氣如火光。二更，流星出北樞星下，入北方天際，狀如拳，尾長三四尺許，色赤。	SJW-B08010270-01000
573	1657	3	16	2	2	夜一更至三更，東南北方巽方，有氣如火光。四五更，東南方，有氣如火光。內下日記	SJW-B08020020-00500
574	1657	3	20	2	6	夜四更，流星出氐星上，入心星下，狀如鉢，尾長三四尺許，色赤。巽·坤方，有氣如火光。內下日記	SJW-B08020060-00300
575	1657	3	22	2	8	未時，太白見於午地。夜一更二更，艮東巽南方，有氣如火光。內下日記	SJW-B08020080-00200

续表

编号	公历年月日			农历月日		原文	ID 编号
576	1657	3	25	2	11	卯時，白雲一道如氣，起自艮方，直指巽方，長十餘丈，廣尺許，良久乃滅。自辰時至申時，日暈。夜一更二更，月暈。三更，月暈兩珥。五更，北方東方南方，有氣如火光。啓。	SJW-B08020110-01000
577	1657	4	4	2	21	未時，太白見於午地。夜一更，巽方有氣如火光。四更，流星下台星上，入天理星下，狀如拳，尾長三四尺許，色白。內下日記	SJW-B08020210-00200
578	1657	4	7	2	24	卯時，日有右珥。自辰時至申時，日暈。夜一更，北東南方，有氣如火光。內下日記	SJW-B08020240-00700
579	1657	4	17	3	4	巳時午時，日暈。未時，日暈。白虹出自暈外左傍，逶迤指北，白氣一道，起於暈上横，白虹直指東方，長十餘丈，廣尺許，良久乃滅。夜二三更，艮東巽方，有氣如火光。內下日記	SJW-B08030040-00400
580	1657	4	20	3	7	夜五更，艮巽坤方，有氣如火光。內下日記	SJW-B08030070-00300
581	1657	5	9	3	26	夜五更，巽方，有氣如火光。	SJW-B08030260-00600
582	1657	5	10	3	27	夜一更二更，東東［東方］，有氣如火光。	SJW-B08030270-00900
583	1657	5	23	4	11	夜一更四更，月暈。五更，西方，有氣如火光。內下日記	SJW-B08040110-00200
584	1657	6	5	4	24	未時，白雲一道如氣。起自南方，直指日傍，長數十丈，廣尺許，良久乃滅。夜一更，流星出元星下，入坤方天際，狀如拳，尾長三四尺許，色赤。三四更，東方有氣，明滅如火光。內下日記	SJW-B08040240-00300
585	1657	6	10	4	29	自昧爽至辰時，有霧氣。未時，太白見於午地。夜一更，黑雲一道如氣，起自坤方，直指東方，長竟天，廣尺許，良久乃滅。五更，巽方有氣如火光，有霧氣。內下日記	SJW-B08040290-00200
586	1657	7	8	5	27	自午時至酉時，日暈。夜五更，東方有氣如火光，有霧氣。內下日記	SJW-B08050270-00200
587	1657	8	9	6	30	夜四更，流星出奎星下，入坤方天際，狀如拳，尾長二三尺許，色白。巽方，有氣如火光。五更，木星入東井西邊上第一星內。以上內下日記	SJW-B08060300-00200
588	1657	9	15	8	8	夜二更，艮方，有氣如火光。以上內下日記	SJW-B08080080-00300
589	1657	12	2	10	27	巳時，太白見於未地。夜三更四更，巽方有氣如火光，雷動電光，西南有聲，如風水相薄。五更，雷動雷光雨雹，狀如榛子。以上內下日記	SJW-B08100270-00200

续表

编号	公历年月日			农历月日		原文	ID 编号
590	1657	12	6	11	2	夜一更，東方巽方南方坤方乾方艮方，有氣如火光。二更三更，東方巽方南方，有氣如火光。	SJW-B08110020-01800
591	1658	1	3	11	30	夜一更，流星出胃星下，入南方，坤方有氣如火光。內下日記	SJW-B08110300-00300
592	1658	1	11	12	8	自辰時至未時，日暈兩珥，暈上有戴色，內赤外青。申時，日暈。夜三更四更，東方有氣如火光。內下日記	SJW-B08120080-00300
593	1658	3	4	2	1	夜二更三更，巽方，有氣如火光。	SJW-B09020010-00300
594	1658	3	7	2	4	二三更，坤方，有氣如火光。四更，坤方艮方，有氣如火光。	SJW-B09020040-01200
595	1658	3	14	2	11	夜自一更至三更，月暈廻木星，巽方，有氣如火光。四更五更，巽方，有氣如火光。以上爐餘	SJW-B09020110-01200
596	1658	3	21	2	18	夜一更，流星，出軒轅星下，入東方天際，狀如拳，尾長三四尺許，色赤，艮方巽方，有氣如火光，月出時，月色赤。以上爐餘	SJW-B09020180-00900
597	1658	3	25	2	22	夜一更，東方巽方，有氣如火光。以上爐餘	SJW-B09020220-02800
598	1658	3	31	2	28	觀象監，夜自一更至三更，東方，有氣如火光，啓。以上朝報	SJW-B09020280-01500
599	1658	4	6	3	4	未申時，日暈。夜一更至五更，北方艮方東方巽方，有氣如火光。	SJW-B09030040-00200
600	1658	4	7	3	5	夜一更至五更，東方艮方巽方，有氣如火光。	SJW-B09030050-00200
601	1658	7	14	6	14	夜二更，巽方，有氣如火光。三更，巽方坤方，有氣如火光。	SJW-B09060140-00200
602	1658	10	31	10	6	夜一更，有霧氣。二更三更，艮方，有氣如火光。	SJW-B09100060-00200
603	1658	11	4	10	10	夜一更，電光。四更，巽方，有氣如火光。五更，巽方，有氣如火光，有霧氣。	SJW-B09100100-00300
604	1658	12	17	11	23	夜一更，東方有氣如火光，上有黃赤氣，二條直立，長各二三尺，廣各尺許，良久乃滅。	SJW-B09110230-01900
605	1659	1	26	1	4	今月初三日，夜二更，巽方有氣如火光。五更，坤方有氣如火光。啓。	SJW-B10010040-00500
606	1659	1	28	1	6	夜三更，北方·巽方·南方，有氣如火光。	SJW-B10010060-00200
607	1659	1	31	1	9	夜三更，月暈。四更五更，艮方·巽方，有氣如火光。	SJW-B10010090-00400
608	1659	2	11	1	20	夜二更，艮方·巽方·坤方，有氣如火光。	SJW-B10010200-00200

续表

编号	公历年月日			农历月日		原文	ID 编号
609	1659	2	14	1	23	觀象監，夜一更，艮方·東方·巽方，有氣如火光，赤氣一道，横在其上，長各五六尺許，廣皆尺餘，良久乃滅，啓。以上朝報	SJW-B10010230-00500
610	1659	2	16	1	25	觀象監，夜一更，艮方·巽方，有氣如火光，啓。以上朝報	SJW-B10010250-01300
611	1659	2	19	1	28	五更，乾方·艮方·巽方·南方，有氣如火光。	SJW-B10010280-00500
612	1659	2	25	2	5	自昧爽至辰時，有霧氣。夜三更四更，艮方·東方，有氣如火光。	SJW-B10020050-00200
613	1659	3	24	3	2	夜三更四更，巽方，有氣如火光。巳時午時，雨雪交下。	SJW-B10030020-00200
614	1659	7	29	6	11	夜一更三更，有氣如火光。以上內下日記	SJW-C00060110-00500
615	1659	9	21	8	6	夜三更，乾方有氣如火光，啓。	SJW-C00080060-00400
616	1659	11	17	10	4	夜一更，流星出河鼓星下，入西方〈天〉際，狀如甁，尾長四五尺許，色赤，光照地，坤方，有氣如火光。	SJW-C00100040-01800
617	1660	1	5	11	23	夜一更二更，有霧氣。三更，有霧氣。巽方，有氣如火光。四更，巽方，有氣如火光。	SJW-C00110230-00200
618	1660	1	13	12	2	夜一更二更，東方，有氣如火光。	SJW-C00120020-00200
619	1660	1	14	12	3	夜一更，月暈，東方，有霧氣如火光。	SJW-C00120030-00200
620	1660	1	23	12	12	夜三更，巽方·坤方，乾方，有氣如火光。四更，坤方，有氣如火光。	SJW-C00120120-00200
621	1660	2	16	1	6	自辰時至申時，日暈。夜二更，坤方有氣如火光。出內下日記	SJW-C01010060-01500
622	1660	3	7	1	26	自辰時至午時，日暈。夜一二更，東南方，有氣如火光。內下日記	SJW-C01010260-01800
623	1660	3	30	2	20	巳午時，日暈左珥。未申時，日暈兩珥。酉時，日有重暈，內暈有兩珥。白雲一道如氣，起自乾方，直指巽方，長竟天，廣尺許，漸移東方，良久乃滅。夜一更，南方有氣如火光。二更，月暈。三更，月暈左珥。四五更，月暈。內下日記	SJW-C01020200-01600
624	1660	4	1	2	22	自巳時至未時，日暈。酉時，日有左珥。夜一更，艮巽方，有氣如火光。二更，艮巽方，有氣如火光，流星，出北極星下，入艮方天際，狀如拳，尾長四五尺許，色赤。內下日記	SJW-C01020220-01500
625	1660	4	13	3	4	觀象監，今月初四日，自巳時至申時，日暈。酉時，日暈左珥。夜五更，艮方巽方，有氣如火光，啓。出初五日朝報	SJW-C01030040-01200

续表

编号	公历年月日			农历月日		原文	ID 编号
626	1660	12	22	11	21	午時，太白見於申地。夜二更，東方有氣如火光。	SJW-C01110210-00200
627	1661	1	2	12	2	夜一更，有霧氣，蒼白氣一道，起自巽方，直指艮方，長竟天，廣尺許，良久乃滅，巽方西方，有氣如火光。三更四更，巽方西方，有氣如火光。五更，有霧氣。	SJW-C01120020-01000
628	1661	3	29	2	29	夜一更，乾方·巽方，有氣如火光。	SJW-C02020290-00200
629	1661	3	30	3	1	夜一更，流星出北斗星下，入乾方天際，狀如拳，尾長二三尺許，色赤，坤方，有氣如火光。未時酉時，日暈。	SJW-C02030010-00200
630	1661	3	31	3	2	自辰時至申時，日暈。夜一更，艮方有氣如火光。	SJW-C02030020-00300
631	1661	6	18	5	22	夜三更，艮方巽方，有氣如火光。	SJW-C02050220-00200
632	1661	6	30	6	5	午時未時，日暈。夜三更四更，坤方有氣如火光。	SJW-C02060050-01100
633	1661	7	16	6	21	未時，日暈。酉時，日暈。夜三更，有氣如火光，見於艮方。	SJW-C02060210-00200
634	1661	8	6	7	12	昧爽，東方有氣如火光。卯時，有霧。夜三更，流星出織女星下，入扶筐星上，狀如鉢，尾長四五尺許，色赤，光照地。五更，流星出昴星下，入巽方，狀如鉢，尾長五六尺許，色赤。	SJW-C02070120-00500
635	1661	11	29	10	8	夜一更二更，月暈。四更五更，電光，西方，有氣如火光。啓。	SJW-C02100080-01000
636	1662	4	12	2	24	夜三更，有氣如火光。	SJW-C03020240-00200
637	1662	5	12	3	25	自辰時至申時，日暈。夜二更，艮方有氣如火光。	SJW-C03030250-00200
638	1662	5	15	3	28	自辰時至未時，日暈。夜四更五更，艮方坤方，有氣如火光。	SJW-C03030280-00300
639	1662	12	2	10	22	夜一更，東方有氣，如火光。	SJW-C03100220-00200
640	1662	12	6	10	26	夜二更三更，巽方有氣如火光。以上朝報	SJW-C03100260-01200
641	1662	12	17	11	7	夜一更二更，月暈。三更，巽方有氣如火光。五更，流星出鬼星下，入坤方天際，狀如鉢，尾長三四尺許，色赤。以上朝報	SJW-C03110070-01200
642	1662	12	31	11	21	夜二更，東方有氣，如火光。燼餘	SJW-C03110210-01300
643	1663	3	2	1	23	夜一二更，艮方·東方·南方，有氣如火光。五更，月暈，回木星。內下日記	SJW-C04010230-00200
644	1663	3	4	1	25	夜二更，東方有氣如火光。五更，有氣如火光。	SJW-C04010250-00200

续表

编号	公历年月日			农历月日		原文	ID 编号
645	1663	3	6	1	27	夜三更四更，艮方·巽方，有氣如火光。內下日記	SJW-C04010270-00200
646	1663	3	12	2	3	夜一更二更，東方·南方，有氣如火光。三更四更，南方，有氣如火光。內下日記	SJW-C04020030-00200
647	1663	3	13	2	4	巳時午時，日暈。夜一更，東方·南方，有氣如火方。二更至四更，南方，有氣如火光。	SJW-C04020040-00200
648	1663	3	24	2	15	辰時，日暈。未時申時，日暈。夜一更，月暈，南方有氣如火光。內下日記	SJW-C04020150-00200
649	1663	4	10	3	3	夜一更三更，艮方·巽方，有氣如火光。五更，艮方，有氣如火光。內下日記	SJW-C04030030-00200
650	1663	4	11	3	4	自辰時至申時，日暈。夜一更二更三更四更，艮方·巽方，有氣如火光。內下日記	SJW-C04030040-00200
651	1663	4	28	3	21	夜一更二更，巽方坤方，有氣如火光。內下日記	SJW-C04030210-00200
652	1663	5	1	3	24	自辰時，日有右珥。夜四更，巽方，有氣如火光。五更，月暈左珥。	SJW-C04030240-00200
653	1663	5	17	4	11	夜一更，坤方，有氣如火光。內下日記	SJW-C04040110-00200
654	1663	6	12	5	7	自昧爽至辰時，有霧氣。夜四更，東方有氣，如火光。內下日記	SJW-C04050070-00200
655	1663	12	22	11	23	夜一更二更，東方有氣如火光。	SJW-C04110230-00200
656	1664	1	5	12	8	夜二更，東方，有氣如火光。內下日記	SJW-C04120080-00200
657	1664	2	2	1	6	夜三更，有氣如火光。	SJW-C05010060-00200
658	1664	2	20	1	24	夜一更二更，南方，有氣如火光，啓。以上朝報	SJW-C05010240-01100
659	1664	3	19	2	22	夜一更至三更，東方巽方，有氣如火光。四更，巽方，有氣如火光。	SJW-C05020220-00200
660	1664	3	22	2	25	夜一更至四更，艮方，有氣如火光。自卯時至午時，日暈。	SJW-C05020250-00200
661	1664	3	23	2	26	夜一更至三更，巽方，有氣如火光。	SJW-C05020260-00200
662	1664	3	27	3	1	夜一更，艮方東方巽方，有氣如火光。內下日記	SJW-C05030010-00200
663	1664	3	29	3	3	夜五更，東方艮方，有氣如火光。	SJW-C05030030-00200
664	1664	4	21	3	26	夜一更，東方有氣如火光。	SJW-C05030260-00200
665	1664	5	27	5	3	夜一更，坤方巽方，有氣如火光。	SJW-C05050030-00200
666	1664	6	17	5	24	夜三更四更，巽方坤方，有氣如火光。	SJW-C05050240-00200
667	1664	6	19	5	26	夜四更五更，巽方，有氣如火光。	SJW-C05050260-00200

续表

编号	公历年月日			农历月日		原文	ID 编号
668	1665	1	12	11	27	未時申時，日暈左珥。夜一更，彗星見於婁宿四度，在天囷星上，去極七十八度强，形色尾跡與昨無異，東方，有氣如火光。四更，流星出天廁星中，入南方淡雲中，狀如鉢，尾長二三尺許，色白。以上內下日記	SJW-C05110270-00200
669	1665	1	16	12	1	辰時，日有左珥。申時，日食。夜一更，彗星見於婁宿。二更，在天囷星上，西徙半度，去極度數及形色尾迹，與昨一樣。三更，艮方有氣如火光。	SJW-C05120010-00200
670	1665	1	17	12	2	夜一更，彗星暫現於雲隙。二更三更，巽方有氣如火光。四更，南方有氣如火光。內下日記	SJW-C05120020-00200
671	1665	2	7	12	23	夜一更至三更，東西南北艮方，有氣如火光。四更，月有左珥。五更，流星出大角星上，入織女星下，狀如鉢，尾長四五尺許，色赤。	SJW-C05120230-00200
672	1665	2	10	12	26	未時，太白現於巳地。夜一更，東西南北乾方，有氣如火光。二更，彗星現於右梗星上，而形體微小。三更，北方有氣如火光。五更，西方有氣如火光。	SJW-C05120260-00200
673	1665	2	14	12	30	夜一更，彗星現於奎宿度內，仍在右梗星上，而形體甚微，與昨一樣。四更五更，坤方有氣如火光。	SJW-C05120300-00200
674	1665	3	19	2	3	夜三更四更，東方有氣如火光。五更，有霧氣。	SJW-C06020030-00300
675	1665	3	20	2	4	自昧爽至卯時，沈霧。巳時午時。夜一更，艮方東方巽方西方，有氣如火光。二更，巽方南方，有氣如火光。	SJW-C06020040-00200
676	1665	3	27	2	11	未時，太白見於巳地。四更五更，月暈兩珥，乾方艮方，有氣如火光。	SJW-C06020110-00200
677	1665	4	3	2	18	自午時至申時，日暈。夜一更二更，艮方，有氣如火光。	SJW-C06020180-00200
678	1665	4	7	2	22	夜一更二更，北方艮方東方，有氣如火光。四更，月暈。五更，月暈左珥，彗星微見於東方濁氣中。	SJW-C06020220-00200
679	1665	4	14	2	29	夜一更，東方，有氣如火光。五更末，彗星見於艮方天際，尾跡稍盛，色白。曉頭，彗星見於艮方天際，以窺管側 [測] 之，則在奎宿初度，去極六十二度，尾迹二丈餘，而稍盛於前，色白。以上藥房謄錄及內下日記	SJW-C06020290-00300

续表

编号	公历年月日			农历月日		原文	ID 编号
680	1665	4	18	3	4	卯時，日暈。自午時至酉時，日暈。夜一更，乾方有氣如火光。三更，東方艮方巽方北方，有氣如火光。四更，東方，有氣如火光，天氣晴明，十分詳細看候，而彗星終始不見。	SJW-C06030040-00200
681	1665	4	19	3	5	卯時，日暈右珥。自辰時至未時，日暈。夜一更，月暈，回金星，東方南方，有氣如火光，而天氣淸明，衆星呈露，而彗星不見。	SJW-C06030050-00200
682	1665	4	23	3	9	初昏，黑雲一道如氣，起自艮方，直指乾方，長十餘丈，廣尺許，蒼赤雲一道如氣，起自乾方，直指坤方，長十餘丈，廣尺許，竝皆移時乃滅。三更，東方有氣如火光。	SJW-C06030090-00200
683	1665	6	8	4	25	夜二更三更四更，坤方巽方，有氣如火光。以上朝報	SJW-C06040250-01400
684	1665	10	9	9	1	巳時，太白見於未地。夜三更四更，巽方，有氣如火光。以上朝報	SJW-C06090010-00800
685	1665	10	20	9	12	巳時，太白見於未地。夜自一更至三更，月暈。五更，東方有氣如火光。	SJW-C06090120-00200
686	1666	1	2	11	27	夜一更，西方南方，有氣如火光。	SJW-C06110270-00200
687	1666	1	12	12	8	夜二更三更，南方，有氣如火光。	SJW-C06120080-00200
688	1666	2	6	1	3	辰巳時，日暈兩珥。未申時，有左珥。夜一更，四方，有氣如火光，電光。二三更，坤方，有氣如火光。	SJW-C07010030-00200
689	1666	2	8	1	5	辰時，日暈兩珥，白虹出自逶迤指北，長三四丈。夜一更，有氣如火光。	SJW-C07010050-00200
690	1666	3	7	2	2	卯時，日暈左珥。夜二更，艮方東方，有氣如火光。	SJW-C07020020-00200
691	1666	3	8	2	3	夜一更，艮方巽方，有氣如火光。二更，黑雲一道如氣，起自東方，直指西方，長十餘丈，廣尺許，良久乃滅。	SJW-C07020030-00200
692	1666	3	15	2	10	申時酉時，日暈左珥。夜一更，月犯東井星，月暈。二更，月暈。五更，坤方，有氣如火光。	SJW-C07020100-00200
693	1666	3	23	2	18	夜一更，東方，有氣如火光。	SJW-C07020180-01100
694	1666	3	24	2	19	卯時，日暈右珥。辰時，日暈。夜二更，東方，有氣如火光。以上朝報	SJW-C07020190-01500
695	1666	3	26	2	21	夜一更，流星出北斗星上，入乾方天際，狀如拳，尾長二三尺許，色白。一更二更，巽方坤方，有氣如火光。三更，東方巽方，有氣如火光。	SJW-C07020210-01600

续表

编号	公历年月日			农历月日		原文	ID 编号
696	1666	3	28	2	23	辰時，日暈右珥。自巳時至未時，日暈，暈上有冠。申時，日暈兩珥。夜一更，艮方，有氣如火光，流星出狼星下，入坤方天際，狀如鉢，尾長五六尺許，色白。	SJW-C07020230-00200
697	1666	4	2	2	28	夜一二更，東方乾方，有氣如火光。五更，東有氣如火光。	SJW-C07020280-00300
698	1666	4	6	3	3	辰時，日暈兩珥，暈上有背，背上有冠，暈下有履，色皆內赤外青。巳時，日暈。夜一更二更，北方巽方，有氣如火光。	SJW-C07030030-00200
699	1666	4	9	3	6	申時，日暈，暈上有冠，色內赤外青。夜三更，東方有氣如火光。	SJW-C07030060-00200
700	1666	4	17	3	14	自辰時至午時，日暈。夜一更，月暈。五更，南方有氣如火光，以上爐餘	SJW-C07030140-00700
701	1666	4	22	3	19	夜一更，北方有氣如火光。以上爐餘	SJW-C07030190-01300
702	1666	4	23	3	20	夜一更二更，北方巽方南方，有氣如火光。三更月出時，月色赤。以上爐餘	SJW-C07030200-01600
703	1666	4	25	3	22	夜一更至三更，艮方有氣如火光。	SJW-C07030220-00400
704	1666	5	3	3	30	自午時至申時，日暈。夜二三更，乾方·艮方·東方，有氣如火光。四更，缺。以上爐餘日記 日記廳郎廳 李萬育 校。日記郎廳金鳳瑞 〈書〉。	SJW-C07030301-00500
705	1666	5	24	4	21	未時，日暈。夜一更，東坤方，有氣如火光。以上內日記	SJW-C07040211-00500
706	1666	6	6	5	4	夜一更至五更，東方，有氣如火光。內〈下〉日記	SJW-C07050040-00300
707	1666	6	7	5	5	夜二更，乾方，有氣如火光。五更，流星出南斗星上，入南方天際，狀如拳，尾長三四尺許，色赤。內記	SJW-C07050050-00200
708	1666	7	8	6	7	申時，日暈兩珥。夜一更，月暈，白雲一道，起自月暈之右傍，直指天中，長十餘丈，廣尺許，良久乃滅。二更，月暈。四更，坤方，有氣如火光。內記	SJW-C07060070-00300
709	1666	12	16	11	21	未時，太白見於巳地。夜一更，東方有氣如火光。以上朝報	SJW-C07110210-01300
710	1667	1	29	1	6	辰時，日暈兩珥。夜一更，月暈。西更，四方有氣如火光。	SJW-C08010060-00200
711	1667	2	12	1	20	夜一更，巽方南方西方，有氣如火光。	SJW-C08010200-00200

续表

编号	公历年月日			农历月日		原文	ID 编号
712	1667	2	20	2	28	卯時，日有兩珥。自巳時至申時，日暈。夜自一更至三更，南方·東方·北方，有氣如火光。五更，南方有氣如火光。	SJW-C08020280-00200
713	1667	4	29	4	7	夜一更，月入東井星。三更，巽方有氣如火光。四更，流星出斗星下，入東方天際，狀如鉢，尾長二三尺許，色白。	SJW-C08040070-00300
714	1667	4	30	4	8	巳時午時，日暈。申時，日暈。酉時，日暈左珥。夜一更三更四更，月暈，巽方有氣，如火光。	SJW-C08040080-00200
715	1667	5	13	4	21	夜三更，坤方有氣如火光。以上燼餘	SJW-C08040210-00400
716	1667	11	17	10	2	夜二更，巽方有氣如火光，電光。自三更到五更，電光。	SJW-C08100020-01000
717	1667	12	12	10	27	夜一更，乾方□□氣如火光。	SJW-C08100270-00200
718	1668	1	11	11	28	夜一更，東方坤方，有氣如火光。	SJW-C08110280-00300
719	1668	2	16	1	5	卯時，日有右珥。辰時，日有重暈，內暈有兩珥。巳時午時，日暈。夜一更，巽方有氣如火光。四更，南方有氣如火光。	SJW-C09010050-00200
720	1668	3	10	1	28	吳斗寅啓曰，今日館所二行缺囷星，下貫天苑，指第二星，長可數丈，廣尺餘，其星似彗，四點後，隨天西沒，未見其本，故不得作名。天苑星上，入天節星下，狀如拳，尾長一二尺許，色赤，東方巽方南方，有氣如火光。	SJW-C09010280-01700
721	1668	3	17	2	5	夜一更，蚩尤旗，爲月光所射，形體比昨稍微，四點初，不見。二更三更，巽方有氣如火光。	SJW-C09020050-00200
722	1668	4	1	2	20	夜一更，有氣如火光。	SJW-C09020200-00200
723	1668	4	4	2	23	自辰時至酉時，日暈。夜五更，有氣如火光。	SJW-C09020230-00200
724	1668	6	19	5	11	夜四更，東方有氣如火光。五更，北方東方巽方，有氣如火光。燼餘	SJW-C09050110-02600
725	1668	12	29	11	26	夜一更，東方北方乾方，有氣如火光。	SJW-C09110260-00200
726	1669	1	25	12	24	辰時，白雲一道如氣，起自乾方，直指艮方，長竟天，廣尺許，良久乃滅。夜一更，霧氣。東方有氣如火光，五更，月入氐星。	SJW-C09120240-00200
727	1669	3	1	1	29	卯時，日有兩珥。夜自一更至四更，坤方，有氣如火光。五更，有霧氣。	SJW-C10010290-00400
728	1669	4	6	3	6	夜三更，巽方，有氣如火光。四更，流星出天棓星上，入織女星下，狀如拳，尾長二三尺許，色赤，色照地。	SJW-C10030060-01100

续表

编号	公历年月日			农历月日		原文	ID 编号
729	1669	4	21	3	21	卯時辰時，日暈兩珥。巳時，日暈左珥，白雲一道如氣，起自乾方，直指巽方，長十餘丈，廣尺許，橫在日下，漸進東方，良久乃滅。自午時至申時，日暈。夜一更二更，乾方有氣如火光。燼餘	SJW-C10030210-00300
730	1669	11	24	11	2	夜一更，有氣如火光。自二更至五更，東方乾方坤方，有氣有火光。	SJW-C10110020-00300
731	1670	3	11	2	20	夜一更，艮方·南方·東方，有氣如火光。	SJW-C11020200-00200
732	1670	4	18	2	29	日入後，流星出自淡雲天中，直向巽方天際，狀如瓶，尾長五六丈許，色赤。夜五更，艮方有氣如火光。以上朝報	SJW-C11021290-01400
733	1670	12	17	11	6	夜二更，坤方，有氣如火光。三更，流星出天中密雲間，入南方天際，狀如鉢，尾長五六尺許，色赤光照地，有聲。以上朝報	SJW-C11110060-01200
734	1671	2	14	1	6	自卯時至巳時，日暈。三更，巽方，有氣如火光。五更，流星，出西方密雲中，入坤方天際。狀如拳，尾長六七尺許，色白。	SJW-C12010060-00200
735	1671	3	7	1	27	辰時，日暈左珥，暈上有冠，冠上有背，色皆內赤外青。巳時，日暈。申時，雨雹，狀如小豆。一二三更，翼坤方，有氣如火光。	SJW-C12010270-00300
736	1671	4	9	3	1	夜五更，沈霧。巽方，有氣如火光。以上諫院朝報	SJW-C12030010-00800
737	1671	11	3	10	2	夜一更，艮方有氣如火光。二更，東方·巽方·艮方·乾方有氣如火光。三更，東方·乾方有氣如火光。	SJW-C12100020-00200
738	1671	11	28	10	27	夜三更，南方有氣如火光。五更，艮方南方，有氣如火光。	SJW-C12100270-00200
739	1671	12	11	11	11	三更四更，坤方，有氣如火光。	SJW-C12110110-00200
740	1671	12	12	11	24	夜三更，東方·巽方·艮方，有氣如火光。	SJW-C12110240-00200
741	1672	2	15	1	17	辰時巳時，日暈兩珥，暈上有背色，內赤外青。夜一更，乾方坤方巽方艮方，有氣如火光。	SJW-C13010170-00200
742	1672	2	18	1	20	申時，日暈右珥。夜一更，西方有氣如火光，流星出天苑星下，入坤方天際，狀如鉢，尾長三四尺許，色白。五更，月暈兩珥，白雲二道如氣，起自西方，直指艮方，長各十餘丈，廣各數尺，漸進乾方，移時乃滅。	SJW-C13010200-00200
743	1672	2	19	1	21	巳時，太白見於未地。申時，日暈左珥。夜一更，西方有氣如火光。二更，蒼黃雲一道如氣，起自乾方，直指巽方，長竟天，廣數尺，漸進南方，移時乃滅。	SJW-C13010210-00200

续表

编号	公历年月日			农历月日		原文	ID 编号
744	1672	2	22	1	24	巳時，太白見於未地。夜一更，西方有氣如火光。三更，蒼白雲一道如氣，起自南方，直指艮方，長竟天，廣尺許，良久乃滅。	SJW-C13010240-00200
745	1672	2	29	2	2	夜一更，東方有氣如火光。三更，黑雲一道如氣，起自西方，直指巽方，長竟天，廣尺許，良久乃滅。四更，南方有氣如火光。以上內下日記	SJW-C13020020-00200
746	1672	3	1	2	3	卯時，日有左珥。夜二更，南方有氣如火氣[火光] 。三更，南北方有氣如火光。以上內下日記	SJW-C13020030-00200
747	1672	3	15	2	17	巳時，太白見於未地。夜一更，巽方南方，赤氣如火影。	SJW-C13020170-00300
748	1672	3	16	2	18	夜一更，艮方巽方，有氣如火光。二更，月暈。	SJW-C13020180-00200
749	1672	3	17	2	19	夜一更，北方南方巽方，有氣如火光。	SJW-C13020190-00200
750	1672	3	22	2	24	夜一更，乾方艮方坤方，有氣如火光。	SJW-C13020240-00200
751	1672	3	25	2	27	巳時，太白見於未地。未時，日暈，白雲一道如氣，起自西方，直指艮方，長竟天，廣尺許，良久乃滅。申酉時，日暈兩珥。夜一更至五更，艮方東方南方，有氣如火光。	SJW-C13020270-00200
752	1672	3	26	2	28	夜四更，北方有氣，如火光。	SJW-C13020280-00200
753	1672	3	28	2	30	夜一更，艮方坤方，有氣如火光。	SJW-C13020300-00300
754	1672	3	31	3	3	夜一更至四更，北方艮方巽方，有氣如火光。	SJW-C13030030-00200
755	1672	4	1	3	4	未申時，日暈。夜一更，月暈，南方，有氣如火光。自二更至五更，北方艮方東方巽方，有氣如火光。以上內下日記	SJW-C13030040-00200
756	1672	4	3	3	6	夜一更二更，南方有氣，如火光。未申時，日暈兩珥。酉時，日暈。	SJW-C13030060-00200
757	1672	4	6	3	9	未申時，日暈。夜自一更至五更，乾巽方，有氣如火光。以上內下日記	SJW-C13030090-00200
758	1672	4	16	3	19	未申時，日暈。夜自一更至五更，乾巽方，有氣如火光。以上內下日記	SJW-C13030190-00200
759	1672	4	20	3	23	自昧爽至卯時，有霧氣。辰時，日有左珥。自巳時至未時，日暈。夜四五更，巽方有氣如火光。五更，月暈。燼餘	SJW-C13030230-00300
760	1672	4	21	3	24	卯時，日暈。巳午時，日暈。夜自一更至三更，東方坤方，有氣如火光。	SJW-C13030240-00300
761	1672	6	15	5	20	自午時至酉時，日暈。夜一更，巽方，有氣如火光。五更，月暈。以上內下日記	SJW-C13050200-00200
762	1672	6	21	5	26	夜四更，巽方有氣如火光。以上內下日記	SJW-C13050260-00200

续表

编号	公历年月日			农历月日		原文	ID 编号
763	1672	9	29	8	9	夜一更，月犯南斗魁第二星。三更，艮方，有氣如火光。四更，艮方，有氣如火光，白雲一道如氣，起自西方，直指東方，長竟天，廣尺許，良久乃滅。以上日記	SJW-C13080090-00200
764	1672	11	23	10	5	夜一更，東方巽方，有氣如火光。	SJW-C13100050-00200
765	1672	11	27	10	9	夜四更，坤方，有氣如火光。	SJW-C13100090-00200
766	1672	12	2	10	14	辰時巳時，日暈。夜一更，東方有氣如火光，月暈。以上爐餘	SJW-C13100140-01300
767	1672	12	6	10	18	夜一更，流星出壁星上，入羽林星下，狀如拳，尾長五六尺許，色赤，東方，有氣如火光。以上爐餘	SJW-C13100180-00700
768	1672	12	7	10	19	夜一更，巽方，有氣如火光。以上爐餘	SJW-C13100190-01000
769	1672	12	9	10	21	夜一更，乾方，有氣如火光。三更四更，月暈。五更，月犯軒轅左角星。	SJW-C13100210-00800
770	1672	12	12	10	24	夜一更，東方有氣如火光，巽方艮方，有氣如火光。	SJW-C13100240-01900
771	1673	3	6	1	18	自辰時至酉時，日暈。夜一更，北方有氣如火光。自三更至五更，月暈。爐餘	SJW-C14010180-00500
772	1673	3	12	1	24	卯時辰時，日暈兩珥。巳時至申時，日暈。夜自二更至五更，北方巽方，有氣如火光。	SJW-C14010240-00200
773	1673	3	14	1	26	自昧爽至辰時，有霧氣。申時酉時，日暈。夜一更二更，北方東方南方，有氣如火光。三更，東方有氣如火光。	SJW-C14010260-00200
774	1673	3	15	1	27	未時，太白見於巳地。申時酉時，日暈兩珥。夜一更，巽方有氣如火光。五更，北方有氣如火光。	SJW-C14010270-00200
775	1673	3	16	1	28	午時未時，日暈。夜一更，南方有氣如火光。	SJW-C14010280-00300
776	1673	3	17	1	29	夜一更，東方巽方，有氣如火光。	SJW-C14010290-00900
777	1673	3	18	2	1	未時，太白見於巳地。夜一更，東方巽方，有氣如火光。	SJW-C14020010-00200
778	1673	3	19	2	2	辰時巳時，日暈兩珥，午時，日暈兩珥，暈上有冠，色內赤外青，白虹貫暈指日，申時日暈，夜三更四更，東方坤方，有氣如火光。	SJW-C14020020-00200
779	1673	3	24	2	7	夜一更，月犯五車東南星。自二更至五更，巽方，有氣如火光。	SJW-C14020070-00200
780	1673	4	5	2	19	夜一更，巽方，有氣如火光。	SJW-C14020190-00200
781	1673	4	6	2	20	夜一更，巽方，有氣如火光，五更，月暈兩珥。	SJW-C14020200-00200

续表

编号	公历年月日			农历月日		原文	ID 编号
782	1673	4	7	2	21	夜一更，北方東方巽方坤方，有氣如火光。	SJW-C14020201-02000
783	1673	4	12	2	26	夜一更，東方巽方，有氣如火光。五更，流星，出房星上，入角星下，狀如鉢，尾長四五尺許，色赤。	SJW-C14020260-00200
784	1673	4	16	2	30	昧爽，流星出東方濁氣中，入巽方天際，狀如瓶，尾長四五尺許，色赤。未時，太白見於巳地。申時酉時，日暈。夜一更二更，艮方，有氣如火光。	SJW-C14020300-00200
785	1673	4	19	3	3	卯時，日暈。午時未時，日暈。夜一更，艮方巽方，有氣如火光。	SJW-C14030030-00200
786	1673	6	16	5	2	昧爽，流星出自南方淡雲中，入艮方天際，狀如瓶，尾長六七尺許，色白。卯時辰時，日暈。夜二更三更，有氣明滅如火光。	SJW-C14050020-00200
787	1673	12	5	10	27	夜自一更至三更，東方，有氣如火光，巽方，有氣如火光，乾方·巽方，有氣如火光。	SJW-C14100270-00200
788	1673	12	28	11	21	自辰時至申時，日暈。夜自一更至三更，東方巽方坤方，有氣如火光。	SJW-C14110210-00200
789	1674	1	10	12	4	夜一更二更，艮方東方，有氣如火光。	SJW-C14120040-00200
790	1674	1	26	12	20	夜二更，東方西方，有氣如火光。五更，月暈。	SJW-C14120200-01400
791	1674	2	8	1	3	夜四更五更，東方，有氣如火光。	SJW-C15010030-00200
792	1674	2	26	1	21	自巳時至未時，日暈。夜一二更，東方艮巽方，有氣如火光。三更，艮方，有氣如火光。	SJW-C15010210-00200
793	1674	3	2	1	25	夜自一更至四更，北方·艮方·東方巽方·南方，有氣如火光。	SJW-C15010250-00200
794	1674	3	4	1	27	夜三更，巽方，有氣如火光。五更，有氣北方，如火光。	SJW-C15010270-00200
795	1674	3	5	1	28	夜二更，流星出狼星下，入南方天際，狀如拳，尾長三四尺許，色赤。自三更至五更，南方，有氣如火光。	SJW-C15010280-00200
796	1674	3	7	2	1	夜自一更至三更，北方·東方·巽方·南方，有氣如火光。爓餘	SJW-C15020010-00600
797	1674	3	8	2	2	夜自一更至四更，東方有氣如火光。	SJW-C15020020-00200
798	1674	3	11	2	5	夜一更，電光。三四更，艮方·乾方，有氣如火光。五更，北方，有氣如火光。	SJW-C15020050-01100
799	1674	3	13	2	7	夜二更至五更，東艮方，有氣如火光。	SJW-C15020070-00200
800	1674	4	1	2	26	夜自一更至三更，艮東方，有氣如火光。午時，日暈。	SJW-C15020260-00200

续表

编号	公历年月日			农历月日		原文	ID 编号
801	1674	11	26	10	29	夜二更，東方西方，有氣如火光。三四更，東南西方，有氣如火光。	SJW-D00100290-00200
802	1674	12	21	11	25	未時，太白見於巳地。四更，巽坤北方，有氣如火光。	SJW-D00110250-00200
803	1674	12	22	11	26	夜自一更至五更，東西南北方，有霧氣如火光。	SJW-D00110260-00200
804	1674	12	27	12	1	夜二更，艮巽方，有氣如火光。	SJW-D00120010-00200
805	1675	3	6	2	11	夜一更，月入東井星，月暈。五更，坤方有氣如火光。	SJW-D01020110-00200
806	1675	3	16	2	21	夜自一更至三更，巽方有氣如火光。四更，月暈。	SJW-D01020210-00300
807	1675	3	25	2	30	自午時至酉時，日暈。夜自一更至三更，西方·坤方·東方·艮方，有氣如火光。四更五更，東方，有氣如火光。燼餘	SJW-D01020300-01900
808	1675	4	14	3	20	夜二更三更，西方坤方東方，有氣如火光。	SJW-D01030200-00200
809	1675	5	1	4	7	自午時至酉時，日暈。酉時，日暈左珥。夜一更二更，東方有氣如火光。	SJW-D01040070-00200
810	1675	5	24	4	30	夜一更，巽方有霧氣如火光。	SJW-D01040300-00200
811	1675	12	15	10	29	夜五更，巽方有氣如火光。	SJW-D01100290-00200
812	1675	12	26	11	10	夜五更，南方有氣如火光。	SJW-D01110100-00200
813	1676	1	17	12	3	夜一更二更，東方北方，有氣如火光。五更，黑雲一道如氣，起自東方，直指西方，長竟天，廣尺許，良久乃滅。	SJW-D01120030-00200
814	1676	1	21	12	7	辰時，日暈兩珥。夜一更，白雲一道如氣，起自乾方，直指巽方，長竟天廣尺許，良久乃滅。自三更至五更，東方坤方西方北方，有氣如火光。	SJW-D01120070-00200
815	1676	3	11	1	27	辰時，日暈右珥。自巳至未，日暈。夜自一更至四更，艮巽二方，有氣如火光。	SJW-D02010270-00200
816	1676	3	12	1	28	夜一二更，乾艮巽三方，有氣如火光。	SJW-D02010280-00200
817	1676	3	16	2	3	晴 一更，巽方，有氣如火光。	SJW-D02020030
818	1676	3	20	2	7	自辰時至未時，日暈。夜四更五更，西方·南方，有氣如火光。	SJW-D02020070-02000
819	1676	3	23	2	10	今日辰時巳時，日暈兩珥，暈上有冠，暈下有履，色皆內赤外青。未時，日暈，白雲一道如氣，起自東方，直入暈中，長幾經天，廣尺許，良久乃滅。申時酉時，日暈右珥。夜一更，月暈。自二更至五更，巽方有氣如火光。以下晝講時二張缺落	SJW-D02020100-01300

续表

编号	公历年月日			农历月日		原文	ID 编号
820	1676	3	31	2	18	自卯時至巳時，日暈兩珥。〈?〉 時，日暈。夜一更，巽方艮方，有氣如火光。五更，月暈。	SJW-D02020180-00200
821	1676	4	1	2	19	辰時，日暈。夜一更二更，東方北方，有氣如火光。	SJW-D02020190-00200
822	1676	4	4	2	22	自巳時至酉時，日暈。夜一更，北方有氣如火光。四更五更，月暈。	SJW-D02020220-00200
823	1676	4	11	2	29	辰時，日暈兩珥。夜一更至三更，乾方艮方巽方，有氣如火光。	SJW-D02020290-00200
824	1676	6	9	4	28	夜自二更至四更，南方北方，有氣如火光。	SJW-D02040280-00200
825	1677	3	11	2	8	辰時，日有重暈，內暈有兩珥。自巳時至未時，日暈兩珥。申時，日暈，暈上有背，色內赤外青。夜自一更，月暈，南方有氣如火光。二更三更，月暈兩珥。五更，流星出箕星上，入巽方天際，狀如鉢，尾長三四尺許，色赤。	SJW-D03020080-01400
826	1677	3	26	2	23	夜一更，艮方巽方，有氣如火光。	SJW-D03020230-00200
827	1677	3	28	2	25	夜一二更，艮方東方，有氣如火光。	SJW-D03020250-00200
828	1677	4	5	3	4	夜自一更至五更，東方，有氣如火光。	SJW-D03030040-01900
829	1677	4	23	3	22	夜二更三更，艮方，有氣如火光。五更，月暈。	SJW-D03030220-00200
830	1677	5	6	4	5	夜四更五更，南方有氣如火光，彗星所在，則雲陰不得看候。	SJW-D03040050-00400
831	1677	5	7	4	6	夜三更，巽方，有氣如火光。自五更至平明，艮方天際，有黑雲，或遮或開，而彗星所在，終不得看候。	SJW-D03040060-00200
832	1677	6	1	5	2	自午時至酉時，日暈。夜四更五更，南方有氣如火光。	SJW-D03050020-00200
833	1678	2	11	1	20	夜一更，南方艮方，有氣如火光。	SJW-D04010200-00300
834	1678	2	27	2	7	昧爽，有霧氣。午時，日暈。申時，日暈。夜一更，月暈。五更，北方南方東方，有氣如火光。	SJW-D04020070-00400
835	1678	3	21	2	29	夜五更，艮方巽方，有霧氣如火光。	SJW-D04020290-00200
836	1678	3	27	3	5	夜一更，二更，坤方，有氣如火光。	SJW-D04030050-00900
837	1678	4	12	3	21	夜一更至四更，坤方巽方，有氣如火光。	SJW-D04030210-00200
838	1678	12	11	10	28	夜自一更至四更，有氣如火光。	SJW-D04100280-00700
839	1679	1	7	11	25	辰時，日有重暈，內暈有兩珥。未時申時，日暈。夜一更二更，北方有氣如火光。	SJW-D04110250-00300

续表

编号	公历年月日			农历月日		原文	ID 编号
840	1679	1	14	12	3	昧爽，流星出北極下，入北方天際，狀如拳，尾長三四尺許，色赤。夜四更五更，北方有氣如火光。	SJW-D04120030-00200
841	1679	1	16	12	5	自辰時至申時，日暈。夜四更，東方有氣如火光，流星出軫星下，入巽方天際，狀如拳，尾長二三尺許，色赤。五更，東方有氣如火光，流星出大角星上，入天棓星上，狀如拳，尾長五六尺許，色赤。	SJW-D04120050-00200
842	1679	2	8	12	28	夜一更，有霧氣，東方，有氣如火光。二更，有霧氣，艮方，有氣如火光。	SJW-D04120280-00300
843	1679	2	25	1	15	昧爽，白雲一道如氣，起自坤方，直指天中，長十餘丈，廣尺餘，良久乃滅。自辰時至未時，日暈。申時酉時，日暈兩珥。夜一更二更，月暈兩珥，暈上有冠，色內赤外青。三更四更，月暈。五更，月暈，東方，有氣如火光。	SJW-D05010150-00200
844	1679	3	10	1	28	自巳時至未時，日暈。申時，日暈兩珥。夜一更，流星出北斗第五星上，入東方天際，狀如拳，尾長二三尺許，色黃。三更，東方有氣如火光。	SJW-D05010280-00200
845	1679	3	23	2	12	昧爽，東方有氣如火光。辰時巳時，日暈。夜五更，乾方有氣如火光。	SJW-D05020120-00200
846	1679	3	26	2	15	夜二更，東方有氣如火光。三更，月暈。五更，白雲一道如氣，起自艮方，直指南方，長竟天，廣尺許，良久乃滅。	SJW-D05020150-00200
847	1679	4	2	2	22	自卯時至申時，日暈。夜自一更至三更，巽方，有氣如火光。	SJW-D05020220-00200
848	1679	4	6	2	26	申時酉時，日暈。夜如火光。二更三更，有霧氣。	SJW-D05020260-01600
849	1679	5	8	3	28	夜一更二更，坤方有氣如火光。自三更至五更，巽方有氣如火光。	SJW-D05030280-00200
850	1679	5	17	4	8	辰時，日暈。夜五更，坤方巽方，有氣如火光。	SJW-D05040080-00200
851	1679	6	1	4	23	夜三更，巽方有氣如火光。五更，月暈。	SJW-D05040230-00200
852	1679	6	16	5	9	夜四更五更，坤方艮方，有氣如火光。	SJW-D05050090-00300
853	1679	11	20	10	18	夜一更，東方有氣，如火光。	SJW-D05100180-00200
854	1679	12	2	10	30	辰時巳時，日暈。夜三更，東方有氣如火光。	SJW-D05100300-00200
855	1679	12	8	11	6	辰時巳時，日暈。夜二更，有氣如火光。	SJW-D05110060-00200

续表

编号	公历年月日			农历月日		原文	ID 编号
856	1679	12	9	11	7	夜一更，有霧氣。二更三更，艮方巽方，有氣如火光。	SJW-D05110070-00200
857	1679	12	17	11	15	辰時，日有左珥。巳時，日暈兩珥，暈下左右有戟，色皆內赤外青。午時未時，日暈兩珥。申時，日有重暈，內暈有兩珥，白雲一道如氣，起自外暈上，直指艮方，長十餘丈，廣尺許，漸移東方，良久乃滅。夜一更，月暈兩珥，坤方有氣如火光。二更，月暈，白雲一道如氣，起自西方，直指艮方，長竟天，廣尺許，良久乃滅。	SJW-D05110150-00300
858	1680	1	19	12	18	辰時，日暈兩珥。巳時，日暈，太白見於未地。夜一更，東方有氣如火光。三更，月有小暈。	SJW-D05120180-00200
859	1680	1	28	12	27	辰時，日有左珥。巳時·午時，日有重暈。未時，日有兩珥。夜一更，東方艮方，有氣如火光。	SJW-D05120270-00400
860	1680	1	31	1	1	夜一更二更，乾方北方，有氣如火光。	SJW-D06010010-00200
861	1680	2	1	1	2	辰時，日暈兩珥。夜二更，東方有氣如火光。	SJW-D06010020-00200
862	1680	2	24	1	25	夜三更，坤方巽方，有氣如火光。	SJW-D06010250-00200
863	1680	2	26	1	27	巳時，太白見於未地。辰時，日暈兩珥。夜二更，東方艮方，有氣如火光。	SJW-D06010270-00200
864	1680	2	28	1	29	未申時，日暈。夜二更至四更，巽方坤方，有氣如火光。	SJW-D06010290-00200
865	1680	3	6	2	6	自昧爽至卯時，有霧氣。巳時，白雲一道如氣，起自乾方，直指巽方，長竟天，廣尺許，良久乃滅。自午時至申時，日暈。夜一更，月暈。二更至五更，巽方有氣如火光。	SJW-D06020060-00200
866	1680	3	31	3	2	巳時，日暈。午時，日暈，左右有包，色內赤外青，白虹貫暈指日。自未時至酉時，日暈。夜自一更至五更，巽方艮方，有氣如火光。	SJW-D06030020-00200
867	1680	4	1	3	3	午未時，日暈。夜三四更，乾方巽方，有氣如火光。	SJW-D06030030-00200
868	1680	4	3	3	5	申時，日有重暈，內暈有兩珥。夜自一更至五更，艮方有氣如火光。	SJW-D06030050-00200
869	1680	4	21	3	23	自午時至酉時，日暈。夜二更，東方有氣如火光。四五更，月暈。	SJW-D06030230-00300
870	1680	4	22	3	24	辰時巳時，日暈。夜二更，東方有氣如火光。四更五更，月暈。	SJW-D06030240-00200

续表

编号	公历年月日			农历月日		原文	ID 编号
871	1680	6	18	5	22	夜一更至四更，巽方有氣如火光。	SJW-D06050220-00200
872	1680	6	28	6	3	夜四更，坤方，有氣如火光。	SJW-D06060030-00200
873	1680	7	3	6	8	夜五更，艮方，有氣如火光。榻前，大司憲李敏敍啓曰，臣曾任諫院，有牌招不進之罪，推緘未勘，不可仍在臺席。請命遞斥臣職。答曰，勿辭，推考蕩滌。	SJW-D06060080-00300
874	1680	7	27	7	2	夜三更四更，有霧氣，東方，有氣如火光。	SJW-D06070020-00200
875	1681	3	11	1	22	卯時辰時，日暈兩珥。夜一更，東方有氣如火光。四更，月暈。	SJW-D07010220-00200
876	1681	3	22	2	3	未時，日暈。夜四更，東方南方，有氣如火光。	SJW-D07020030-00200
877	1681	4	20	3	3	夜三更至五更，巽方有氣如火光。	SJW-D07030030-00200
878	1681	4	26	3	9	夜五更，坤方，有氣如火光。	SJW-D07030090-00200
879	1681	6	10	4	24	夜一更，巽方，有氣如火光。	SJW-D07040240-00200
880	1681	6	17	5	2	夜五更，巽方·艮方，有氣如火光。	SJW-D07050020-00200
881	1681	12	19	11	10	自昧爽至巳時，有霧氣。夜一更至三更，有霧氣。四更，西方有氣如火光。	SJW-D07110100-00300
882	1682	3	12	2	4	卯辰時，日有重暈，內暈有兩珥。自巳時至未時，日暈。夜二更至三更，東方有氣如火光。四更，南方有氣如火光。五更，東方南方坤方，有氣如火光。	SJW-D08020040-00300
883	1682	3	25	2	17	夜自一更至三更，南方有氣如火光。	SJW-D08020170-01800
884	1682	4	1	2	24	夜自一更至三更，東方有氣如火光。以上爐餘	SJW-D08020240-02100
885	1682	4	10	3	3	辰時，日暈兩珥，暈上有背，色內赤外青。巳時，日暈，暈上有冠，色內赤外青。未時申時，日暈兩珥，暈上有背，色內赤外青。自一更至五更，艮方·東方·巽方·南方，有氣如火光。	SJW-D08030030-00200
886	1682	12	1	11	3	自昧爽至辰時，有霧氣。巳時午時，日暈。未時，日暈兩珥。申時，日暈。夜自一更至三更，北方·乾方，有氣如火光。	SJW-D08110030-00200
887	1683	2	24	1	29	夜二更，東方巽方，有氣如火光，流星出柳星下，入巽方天際，狀如拳，尾長五六尺許，色赤。	SJW-D09010290-00300
888	1683	3	16	2	19	夜一更，艮巽〈方〉有氣如火光。	SJW-D09020190-00200
889	1683	3	19	2	22	夜二更，南方東方，有氣如火光。	SJW-D09020220-00200
890	1683	3	23	2	26	辰時未時，日暈。夜二更三更，東方有氣如火光。	SJW-D09020260-00200

续表

编号	公历年月日			农历月日		原文	ID 编号
891	1683	3	26	2	29	夜二更三更，北方，有氣如火光。	SJW-D09020290-00200
892	1683	6	19	5	25	申時，蒼白雲一道如氣，出自日傍，直指南方，長十餘丈，廣尺許，良久乃滅。夜五更，北方有氣，如火光。	SJW-D09050250-00200
893	1683	9	19	7	29	夜五更，巽方，有氣如火光。有霧氣。	SJW-D09070290-00200
894	1683	11	12	9	24	夜一更，流星出室星上，入女星下，狀如拳，尾長二三尺許，色赤，南方，有氣如火光。四更，流星出天中淡雲間，入西方天際，狀如拳，尾長二三尺許，色赤，光照地。	SJW-D09090240-00200
895	1683	11	28	10	11	夜二更，月暈。五更，艮方有霧氣，如火光。	SJW-D09100110-00200
896	1683	12	13	10	26	夜三四更，巽方有氣如火光。	SJW-D09100260-00200
897	1684	1	10	11	24	辰時巳時，日有重暈，內暈有兩珥，暈上有冠，左右有戟，色皆內赤外青。午時未時，日暈。夜三更，東方有氣如火光。四更，電光。	SJW-D09110240-00200
898	1684	2	18	1	4	夜三更，巽方，有氣如火光。五更，有霧氣。	SJW-D10010040-00300
899	1684	3	12	1	27	未時，日暈。夜五更，坤方有氣如火光。	SJW-D10010270-00300
900	1684	4	4	2	20	自卯時至未時，日暈。夜一更二更，艮方巽方，有氣如火光。	SJW-D10020200-00300
901	1684	4	10	2	26	夜自一更至三更，艮方東方巽方南方，有氣如火光。四更五更，北方，有氣如火光。	SJW-D10020260-00400
902	1684	4	11	2	27	日出時，日色赤。自辰時至酉時，日暈。夜一更，北方，有氣如火光。五更，南方，有氣如火光。	SJW-D10020270-00300
903	1684	4	13	2	29	夜一二更，北方東方巽方，有氣如火光。	SJW-D10020290-00400
904	1684	4	15	3	1	夜一更至三更，北方東南方，有氣如火光。	SJW-D10030010-00300
905	1684	5	7	3	23	夜三四更，巽方·坤方，有氣如火光。未時，日暈。	SJW-D10030230-00200
906	1684	5	8	3	24	申時，雨雹如水豆。夜三更四更，坤方，有氣如火光。	SJW-D10030240-00200
907	1684	9	20	8	12	夜二更至四更，有霧氣。五更，乾方，有氣如火光。	SJW-D10080120-01200
908	1685	2	3	1	1	觀象監，去月廿九日夜五更，南方有氣如火光。	SJW-D11010010-00500
909	1685	3	15	2	11	夜二更，有霧氣。四更，巽方有氣如火光。五更，坤方有氣如火光，有霧氣。卯時有霧氣，日暈。	SJW-D11020110-00200

续表

编号	公历年月日			农历月日		原文	ID 编号
910	1685	3	25	2	21	午時，日暈。夜一更二更，電光，乾方·艮方·巽方，有氣如火光。三更四更，乾方·艮方·巽方，有氣如火光。	SJW-D11020210-00200
911	1685	3	31	2	27	夜四更，南方有氣如火光。	SJW-D11020270-00200
912	1685	4	9	3	6	夜一更，月暈。三更至五更，巽方•坤方，有氣如火光。	SJW-D11030060-00200
913	1685	4	15	3	12	卯時，日暈兩珥，暈上有背，左右有戟，色內赤外青。辰時巳時至酉時，日暈。夜一更，月暈。西更，四方，有氣如火光。	SJW-D11030120-00200
914	1685	5	1	3	28	夜二更三更，東方有氣如火光。朝報	SJW-D11030280-00900
915	1685	8	31	8	2	夜四更，艮方有氣如火光。	SJW-D11080020-01400
916	1685	11	27	11	2	午時，日暈。夜一更二更，東方北方，有氣如火光。	SJW-D11110020-00200
917	1686	2	1	1	9	夜四更，南方有霧氣，如火光。	SJW-D12010090-00200
918	1686	3	20	2	27	夜自一更至四更，巽方，有氣如火光。	SJW-D12020270-00300
919	1686	3	29	3	6	夜五更，東南方，有氣如火光。	SJW-D12030060-00200
920	1686	4	13	3	21	夜一更，東方有氣如火光。	SJW-D12030210-00200
921	1686	4	18	3	26	夜自一更至五更，東方巽方，有氣如火光。	SJW-D12030260-00200
922	1686	4	19	3	27	夜一更，東方，有氣如火光。五更，東方，有氣如火光。	SJW-D12030270-00300
923	1686	5	31	4	10	五更，有氣如火光。	SJW-D12041100-00200
924	1686	6	17	4	27	巳時，太白見於未地。二更，東方有氣如火光，南·坤方，有霧氣如火光。	SJW-D12041270-00200
925	1686	9	23	8	6	夜四更，坤方有氣如火光。五更末，陰雲蔽天，東方天際所見之星，不得看候。	SJW-D12080060-00200
926	1686	11	18	10	3	夜五更，東方有氣如火光。	SJW-D12100030-00200
927	1687	1	3	11	20	夜一更二更，乾方巽方，有氣如火光。	SJW-D12110200-00300
928	1687	1	9	11	26	夜一更二更，北方艮方南方，有氣如火光。以上燼餘	SJW-D12110260-00600
929	1687	1	12	11	29	三更，流星出太微東垣內，入巽方天際，狀如鉢，尾長四五尺許，色赤。五更，東西南〈方〉 有氣如火光。	SJW-D12110290-00200
930	1687	11	6	10	2	夜二更三更，東方有氣如火光。四五更，有電光。	SJW-D13100020-00200
931	1687	12	7	11	3	夜一更二更，東方·南方有氣如火光。	SJW-D13110030-00200

续表

编号	公历年月日			农历月日		原文	ID 编号
932	1687	12	10	11	6	夜三更，流星入北方天際，狀如拳，尾長二三尺許，色赤。五更，流星出西天淡雲中〈入〉 坤方天際，狀如鉢，尾長二三尺許，色白。坤方乾方，有氣如火光。啓。	SJW-D13110060-00300
933	1687	12	11	11	7	夜三更四更，西方有氣如火光。五更，北方有氣如火光。	SJW-D13110070-00200
934	1687	12	25	11	21	夜一更，北方，有氣如火光。四更，月入太微端門內。	SJW-D13110210-00300
935	1687	12	30	11	26	夜二更三更，東方有氣如火光。爈餘	SJW-D13110260-00900
936	1688	2	7	1	6	夜一更，月暈，暈上有冠，暈下有履，色內赤外青。二更，月暈。三更，北方有氣如火光。	SJW-D14010060-00200
937	1688	2	8	1	7	觀象監，今月初六日夜一更，月暈，暈上有冠，暈下有履，色皆內赤外青。二更，月暈。三更，北方有氣如火光，啓。	SJW-D14010070-01000
938	1688	4	3	3	3	自巳時至申時，日暈。夜自初更至五更，東方巽方，有氣如火光。	SJW-D14030030-00200
939	1688	5	3	4	4	夜自一二更至五更，東方有霧氣，如火光。	SJW-D14040040-00200
940	1689	3	18	2	27	夜一更二更，巽方·申方，有氣如火光。五更，黑雲起自南方，直指東方，長竟天，廣尺許，良久乃滅。	SJW-D15020270-00200
941	1689	3	27	3	7	未時，太白見於巳地。夜四更五更，巽坤二方，有氣如火光。	SJW-D15030070-00200
942	1689	5	13	3	24	自昧爽至卯時，有霧氣。午時未時，日暈。夜二更至五更，坤方巽方東方，有氣如火光。	SJW-D15031240-00200
943	1689	12	6	10	25	夜二更，東方有氣，如火光。	SJW-D15100250-00200
944	1689	12	12	11	1	夜一更，東方有氣如火光。四更，西方有氣如火光。	SJW-D15110010-00200
945	1689	12	18	11	7	夜二更，電光。四更五更，陰雲蔽天，巽方白氣所在，不得看候，坤方有氣如火光。	SJW-D15110070-00200
946	1690	3	2	1	22	自巳時至未時，日暈。夜一更至三更，東南方，有氣如火光。	SJW-D16010220-00200
947	1690	3	14	2	4	夜一更，月暈。五更，西方坤方，有氣如火光。	SJW-D16020040-00300
948	1690	3	15	2	5	夜自一更至五更，艮方·東方·巽方·南方，有氣如火光。	SJW-D16020050-00300
949	1690	3	17	2	7	夜一更，月暈，南方有氣，如火光。二更，月暈。	SJW-D16020070-00300

续表

编号	公历年月日			农历月日		原文	ID 编号
950	1690	3	18	2	8	夜一更，月暈，東方有氣如火光。自三更至五更，雷動電光。	SJW-D16020080-00300
951	1690	3	19	2	9	夜一更，雷動電光。四更五更，東方·巽方·坤方，有氣如火光。	SJW-D16020090-00200
952	1690	4	6	2	27	夜一更，乾方·北方·艮方間，有氣如火光。四更五更，乾方·北方，有氣如火光。	SJW-D16020270-00200
953	1690	4	12	3	4	夜一更，白雲一道如氣，起自艮方，直指天中，長十餘丈，廣尺許。五更，東方有氣如火光。	SJW-D16030040-00200
954	1690	5	3	3	25	午時，日暈。未時申時，日有重暈。夜一更，東方南方，有氣如火光。	SJW-D16030250-00200
955	1690	12	9	11	9	未時，太白見於巳地。夜一更，月暈廻木星。五更，東方有氣，如火光。	SJW-D16110090-00200
956	1691	1	2	12	4	夜一更二更，艮方巽方，有氣如火光。四更，流星出北斗星下，入艮方天際，狀如鉢，尾長三四尺許，色白。啓。	SJW-D16120040-00200
957	1691	1	16	12	18	夜一更，南方有氣如火光。二更，月暈。四更五更，月暈。	SJW-D16120180-00200
958	1691	1	21	12	23	辰時，日有兩珥。巳時，日暈兩珥，暈上有冠，色赤外靑。夜一更二更，巽方有氣如火光。三更，流星出天中淡雲間，入巽方天際，狀如鉢，尾長四五尺許，色赤。四更五更，巽方有氣如火光。	SJW-D16120230-00200
959	1691	3	21	2	22	夜二更三更，艮方，有氣如火光。四更，白雲一道如氣，起自南方黑雲間，直指天中，長十餘丈，廣尺許，良久乃滅。	SJW-D17020220-00200
960	1691	3	25	2	26	夜一更，艮方有氣如火光，南方有氣如火光	SJW-D17020260-00200
961	1691	3	31	3	2	夜五更，南方，有氣如火光。	SJW-D17030020-00200
962	1691	4	8	3	10	辰時，日暈兩珥。未時，日暈。夜五更，艮方，有氣如火光。	SJW-D17030100-00200
963	1691	6	2	5	6	卯時，日暈。夜四更，坤方巽方，有氣如火光。	SJW-D17050060-00200
964	1692	3	24	2	7	觀象監，夜四更，黑雲一道，起自巽方，直指艮方，長十餘丈，廣尺許，良久乃滅，東方，有氣如火光。啓。以上朝報	SJW-D18020070-00900
965	1692	4	23	3	8	夜四更五更，東方巽方，有氣如火光。	SJW-D18030080-00200
966	1692	5	20	4	5	四更五更，有氣如火光。	SJW-D18040050-00200
967	1692	6	24	5	10	午時未時，日暈。夜五更，東方南方，有氣如火光。啓。	SJW-D18050100-00300
968	1692	11	13	10	6	四更，坤方·西方，有氣如火光。	SJW-D18100060-00200

续表

编号	公历年月日			农历月日		原文	ID 编号
969	1693	2	27	1	23	夜一更，有氣如火光。	SJW-D19010230-00200
970	1693	4	30	3	25	夜四五更，坤方東方，有氣如火光。	SJW-D19030250-00200
971	1693	5	1	3	26	觀象監，今月二十五日夜四更五更，坤方東方，有氣如火光。啓。	SJW-D19030260-00500
972	1694	3	15	2	20	夜一更，艮巽坤方，有氣如火光。	SJW-D20020200-00200
973	1694	3	22	2	27	夜四五更，東巽艮方，有氣如火光。	SJW-D20020270-00200
974	1694	3	25	2	30	二更，東方巽方，有氣如火光。未時，太白見於巳地。	SJW-D20020300-00200
975	1694	8	24	7	4	一更，流星出王良星下，入女星上，狀如鉢，尾長四五尺許，色赤，光照地。坤方，有氣如火光。昧爽至辰時，有霧氣。	SJW-D20070040-00200
976	1694	12	13	10	27	夜一二更，東南方，有氣如火光。三四更，西南方，有氣如火光。	SJW-D20100270-00200
977	1695	2	5	12	22	一二更，乾艮方，有氣如火光。	SJW-D20120220-00200
978	1696	2	29	1	27	夜五更，有氣如火光。	SJW-D22010270-00200
979	1696	3	1	1	28	夜一更，艮方，有氣如火光。	SJW-D22010280-00200
980	1696	3	5	2	3	夜二更三更，巽方坤方，有氣如火光。	SJW-D22020030-00200
981	1696	5	23	4	23	夜三更，有氣如火光。	SJW-D22040230-00200
982	1696	5	29	4	29	夜三更，南方有氣如火光。	SJW-D22040290-00200
983	1696	9	7	8	12	夜五更，坤方，有氣如火光。	SJW-D22080120-00200
984	1696	11	23	10	29	夜四更，電光，北方有氣如火光。五更，南方有氣如火光。	SJW-D22100290-00200
985	1696	12	18	11	24	夜一更，流星出濁氣中，入巽方天際，狀如瓶，前小後大，尾長四五尺，色蒼白，光照地。二更三更，巽方有氣如火光。	SJW-D22110240-00200
986	1697	2	22	2	2	二更，東坤方，有氣如火光。	SJW-D23020020-00200
987	1697	3	20	2	28	二更，巽方，有氣如火光。	SJW-D23020280-00200
988	1697	3	28	3	6	自昧爽至辰時，有霧氣，自巳時至未時，日暈。夜一更，月暈。四更，南方有氣如火光。	SJW-D23030060-00200
989	1697	7	21	6	4	一二三更，艮·坤方，有氣如火光。	SJW-D23060040-00200
990	1697	11	17	10	4	一二更，巽坤方，有氣如火光。	SJW-D23100040-00200
991	1698	2	5	12	25	二三更，巽方，有氣如火光。	SJW-D23120250-00200
992	1698	5	3	3	23	夜二更三更，東方有氣如火光。五更，月暈，流星出北斗星下，入坤方天際，狀如拳，尾長四五尺許，色赤。	SJW-D24030230-00200
993	1698	5	12	4	3	夜五更，巽方有氣如火光。	SJW-D24040030-00200
994	1698	8	16	7	11	夜五更，北方有氣如火光。	SJW-D24070110-00200

续表

编号	公历年月日			农历月日		原文	ID 编号
995	1698	11	7	10	5	夜一更，雷動電光。五更，巽方有氣如火光。流星出文昌星上乾方天際，狀如鉢，尾長三四尺許，色赤，光照地。	SJW-D24100050-00200
996	1700	3	21	2	1	夜一更至五更，東方巽方坤方乾方，有氣如火光。	SJW-D26020010-00400
997	1700	4	13	2	24	夜一更二更，巽方有氣如火光。	SJW-D26020240-00200
998	1701	1	11	12	3	夜三更，東南有氣如火光。	SJW-D26120030-00200
999	1701	3	12	2	3	夜一更二更，巽方有氣如火光。	SJW-D27020030-02000
1000	1701	3	17	2	8	四更五更，西方有氣如火光。	SJW-D27020080-00200
1001	1701	12	28	11	29	四更，南方有霧氣，如火光。	SJW-D27110290-00200
1002	1701	12	30	12	2	辰巳時，日暈。五更暈，有氣如火光。	SJW-D27120020-00200
1003	1702	2	20	1	24	夜一更，巽方，有氣如火光。三更，電光。	SJW-D28010240-00200
1004	1702	3	19	2	21	一更二更，西方·艮方，有氣如火光。	SJW-D28020210-00200
1005	1702	6	30	6	6	夜五更，坤方有氣如火光。	SJW-D28060060-00200
1006	1702	11	23	10	5	夜三四更，西方有氣，如火光。	SJW-D28100050-00200
1007	1702	11	28	10	10	夜五更，艮方巽方，有氣如火光。	SJW-D28100100-00200
1008	1702	12	27	11	9	夜一更，北方有氣，如火光。	SJW-D28110090-00200
1009	1703	8	2	6	20	觀象監，今日未時，太白見於巳地。夜一更，金星，犯太微西垣右執法，流星，出王良星上，入乾方天際，狀如鉢，尾長三四尺許，色白。五更，南方有氣如火光。啓。以上朝報	SJW-D29060200-00800
1010	1703	11	5	9	26	觀象監，夜二三更，巽方·坤方，有氣如火光。五更，月入太微東垣左執法星內。啓。以上朝報	SJW-D29090260-01100
1011	1703	11	16	10	8	夜一更，月暈，五更，北方有氣如火光。以上朝報	SJW-D29100080-01100
1012	1704	3	9	2	4	觀象監，辰時，日暈右珥。夜一更，東方·巽方，有氣如火光。二更，流星出紫微東垣上，入西方天際，狀如拳，尾長三四尺許，色赤，東方·巽方，有氣如火光。啓。	SJW-D30020040-00200
1013	1704	5	1	3	28	觀象監，夜一更二更，北方有氣，如火光。啓。	SJW-D30030280-00200
1014	1704	5	2	3	29	昧爽，北方有氣如火光。五更，流星出織女星上，入乾方天際，狀如奉，尾長三四尺許，色赤。	SJW-D30030290-00200
1015	1704	5	3	3	30	卯時辰時，有霧氣。午時，日暈。夜自一更至三更，南方·艮方，有氣如火光。	SJW-D30030300-00200
1016	1704	8	7	7	7	夜四更，東方有氣如火光。	SJW-D30070070-00300
1017	1704	9	2	8	4	夜三更，東方有氣如火光。	SJW-D30080040-00200

续表

编号	公历年月日			农历月日		原文	ID 编号
1018	1704	12	25	11	29	夜一更，有霧氣。四更，北方有氣，如火光。	SJW-D30110290-00200
1019	1705	4	14	3	21	卯時辰時，日有重暈，內暈有兩珥。三更，東方有氣如火光。	SJW-D31030210-00200
1020	1705	12	8	10	23	午時未時，日暈。日入後，赤雲一道如氣，起自西方，直指天中，長四五丈，廣尺許，須曳乃滅。夜二更，西方有氣，如火光。	SJW-D31100230-00200
1021	1706	1	9	11	25	初昏，有霧氣。五更，北方有氣如火光。	SJW-D31110250-00200
1022	1706	2	15	1	3	夜二更，東方艮方巽方，有氣如火光。	SJW-D32010030-00200
1023	1706	4	4	2	21	二更至四更，巽方有氣如火光。	SJW-D32020210-00200
1024	1706	4	11	2	28	夜自一更至二更，南方巽〈方〉，有氣如火光。	SJW-D32020280-00200
1025	1706	4	19	3	7	午未時，日暈。夜四更，南方有氣如火光，五更雨雹，狀如小豆。	SJW-D32030070-00200
1026	1706	8	7	6	29	夜自二更至四更，巽方有氣，如火光。	SJW-D32060290-00200
1027	1706	10	16	9	10	自昧爽至卯時，有霧氣。三更，雷動電光，巽方·艮方，有氣如火光。午時，太白見於巳地。	SJW-D32090100-00300
1028	1707	3	3	1	29	自卯時至申時，日暈右珥。初昏，西方有氣如火光。	SJW-D33010290-00200
1029	1707	3	27	2	24	五更，坤方有氣如火光。	SJW-D33020240-00200
1030	1707	4	2	2	30	夜一更至三更，巽方有霧氣，如火光。	SJW-D33020300-00200
1031	1707	7	7	6	8	夜五更，南方有氣，如火光。	SJW-D33060080-00200
1032	1707	7	21	6	22	夜一更，巽方坤方，有氣如火光。	SJW-D33060220-00200
1033	1707	7	28	6	29	四更，巽方有氣，如火光。	SJW-D33060290-00200
1034	1707	8	6	7	9	夜二更，流星出壁星下，入東方天際，狀如鉢，尾長三四尺許，色赤。五更，巽方有氣，如火光。	SJW-D33070090-01100
1035	1708	2	16	1	25	觀象監，夜五更，巽方坤方，有氣如火光。啓。以上朝報	SJW-D34010250-01800
1036	1708	2	29	2	9	夜五更，坤方有氣如火光。	SJW-D34020090-00200
1037	1708	3	15	2	24	夜一更二更，坤方巽方艮方，有氣如火光。	SJW-D34020240-00300
1038	1708	8	15	6	29	夜四更，乾方有氣，如火光。	SJW-D34060290-00200
1039	1708	12	3	10	22	夜一更，巽方有氣如火光。四更，月犯軒轅左角星。	SJW-D34100220-00200
1040	1709	2	26	1	17	夜一更，巽方·艮方有氣，如火光。五更，月有兩珥，暈廻木星，白雲一道如氣，起自坤方，橫過月傍，直指艮方，長十餘丈，廣尺許，良久乃滅。	SJW-D35010170-00200

续表

编号	公历年月日			农历月日		原文	ID 编号
1041	1709	2	27	1	18	辰時，日有兩珥。夜一更，西方有氣，如火光，流星出胃星下，入坤方天際，狀如拳，尾長三四尺許，色赤。	SJW-D35010180-00200
1042	1709	4	12	3	3	夜一更二更，巽方有氣，如火光。	SJW-D35030030-00200
1043	1709	11	5	10	4	夜一更二更，巽方，有氣如火光。	SJW-D35100040-00200
1044	1710	2	6	1	8	未時，太白見於巳地。四更五更，有氣如火光。	SJW-D36010080-00200
1045	1710	3	20	2	21	夜三更四更，西方有氣如火光。	SJW-D36020210-00200
1046	1710	5	2	4	4	卯時辰時，日暈。夜五更，巽方坤方，有氣如火光。	SJW-D36040040-00200
1047	1711	3	21	2	3	巳時午時，日暈。夜自一更至三更，南方有氣，如火光。	SJW-D37020030-00300
1048	1711	4	20	3	3	未時，自乾方至東方，地動。夜自一更至五更，西方有氣，如火光。	SJW-D37030030-00200
1049	1711	6	22	5	7	夜五更，坤方·巽方有氣，如火光。	SJW-D37050070-00200
1050	1712	4	10	3	5	巳時午時，日暈。未時申時，日有重暈，內暈有兩珥，色內赤外青。夜一更，沈霧。三更四更，艮方，有氣如火光。	SJW-D38030050-00200
1051	1712	4	30	3	25	夜四更五更，北方巽方西方，有氣如火光。	SJW-D38030250-00200
1052	1712	9	4	8	4	觀象監，初昏西方有赤氣，如火光，良久乃滅。啓。以上朝報	SJW-D38080040-01000
1053	1713	3	15	2	19	辰時，日暈兩珥。夜一更二更，巽方有氣如火光。	SJW-D39020190-00200
1054	1713	9	18	7	29	夜五更，巽方有氣，如火光。	SJW-D39070290-00200
1055	1713	10	24	9	6	夜四更五更，西方有霧氣，如火光。	SJW-D39090060-00200
1056	1713	11	19	10	2	夜二更，雷動電光，西方有氣，如火光。	SJW-D39100020-00200
1057	1714	3	28	2	13	夜四更，有霧氣。五更，南方有氣如火光，有霧氣。	SJW-D40020130-00200
1058	1714	4	14	3	1	夜三更四更，巽方，有氣如火光。	SJW-D40030010-00200
1059	1714	4	18	3	5	夜自三更至五更，巽方，有氣如火光。	SJW-D40030050-00200
1060	1714	7	18	6	7	夜五更，南方有氣，如火光。	SJW-D40060070-00200
1061	1715	3	30	2	25	辰時至午時，日暈。夜一更至四更，巽方有氣如火光。五更，北方巽方，有氣如火光。	SJW-D41020250-00300
1062	1715	6	5	5	4	觀象監，夜四更五更，南方有氣如火光。啓。以上朝報	SJW-D41050040-01300
1063	1717	1	20	12	8	辰時，日暈兩珥。夜一更二更，月暈。四更，西方有氣，如火光。啓。以上朝報	SJW-D42120080-01000
1064	1717	3	18	2	6	夜自二更至五更，艮方有氣如火光。自卯時至巳時，有霧氣。	SJW-D43020060-00200

续表

编号	公历年月日			农历月日		原文	ID 编号
1065	1717	4	30	3	19	夜二更三更，坤方·巽方，有氣如火光。	SJW-D43030191-00200
1066	1718	3	16	2	15	夜二更，月有食之。四更，坤方有氣如火光。	SJW-D44020150-00200
1067	1719	3	23	2	3	夜自一更至四更，坤方艮方，有氣如火光。五更，南方有氣如火光，雷動。	SJW-D45020030-00300
1068	1719	5	27	4	9	卯辰時，有霧氣。申時，日暈。夜一更至四更，月暈。五更，艮方有氣，如火。	SJW-D45040090-00200
1069	1719	12	17	11	7	夜一更，月暈，有霧氣。三更四更，東方有氣如火光。	SJW-D45110070-00200
1070	1719	12	18	11	8	夜三更四更，西方有氣如火光。	SJW-D45110080-00200
1071	1720	4	13	3	6	自巳時至酉時日暈，夜一更月暈，二更三更，巽方有氣如火光。	SJW-D46030060-00200
1072	1720	12	22	11	23	夜自一更至三更，巽方有氣如火光。	SJW-E00110230-00200
1073	1721	3	17	2	20	夜一更二更，坤方有氣如火光。	SJW-E01020200-00300
1074	1721	4	17	3	21	午時未時，日暈。夜自一更至四更，艮方·巽方·坤方，有氣如火光。	SJW-E01030210-00200
1075	1721	4	18	3	22	夜自一更至五更，艮方·巽方·坤方，有氣如火光。	SJW-E01030220-00400
1076	1721	4	20	3	24	卯時，日有左珥。午時，日暈兩珥，暈上有冠，暈下有履，色皆內赤外靑，白虹貫日。未時申時，日暈。酉時，日暈兩珥，暈上有冠，暈下有履，色皆內赤外靑。夜一更二更，巽方有氣如火光。	SJW-E01030240-00200
1077	1721	7	21	6	27	夜自二更至五更，巽方南方坤方，有氣如火光。	SJW-E01060270-00200
1078	1721	7	22	6	28	夜自一更至五更，南方巽方，有氣如火光。	SJW-E01060280-00200
1079	1722	4	16	3	1	夜四更五更，巽方有氣，如火光。	SJW-E02030010-00200
1080	1722	4	23	3	8	自午時至申時，日暈。夜四更，東方有氣，如火光。	SJW-E02030080-00200
1081	1722	7	17	6	5	夜三更四點，乾方坤方，有氣如火光。	SJW-E02060050-00200
1082	1722	11	9	10	1	夜五更，南方坤方，有氣如火光。	SJW-E02100010-00200
1083	1723	7	8	6	7	夜自一更至五更，坤方巽方艮方，有氣如火光。	SJW-E03060070-00300
1084	1724	4	30	4	8	觀象監，夜四更，乾方·坤方，有氣如火光，啓。	SJW-E04040080-00200
1085	1726	5	22	4	21	夜二更，乾方有氣，如火光。	SJW-F02040210-00200
1086	1726	7	1	6	2	夜三更四更，東方南方西方，有氣如火光。	SJW-F02060020-00200
1087	1726	7	6	6	7	夜四更五更，坤方有氣如火光。	SJW-F02060070-00200
1088	1726	9	4	8	9	夜一更，月暈。四更，艮方有氣如火光。	SJW-F02080090-00200

续表

编号	公历年月日			农历月日		原文	ID 编号
1089	1727	4	12	3	21	夜自三更至五更，乾方坤方巽方，有氣如火光。	SJW-F03030210-00200
1090	1727	4	19	3	28	夜自三更至五更，東方巽方坤方，有氣如火光。	SJW-F03030280-00300
1091	1728	4	16	3	8	夜三更四更，東方有氣如火光。	SJW-F04030080-00300
1092	1729	3	10	2	11	夜四更，乾方坤方，有氣如火光。五更，有霧氣。	SJW-F05020110-00200
1093	1729	3	22	2	23	夜三更四更，坤方有氣如火光。	SJW-F05020230-00300
1094	1729	3	31	3	3	夜一更二更，東方南方，有氣如火光。三更四更，東方有氣如火光。	SJW-F05030030-00200
1095	1729	4	10	3	13	夜五更，艮方有氣，如火光。	SJW-F05030130-00200
1096	1729	4	28	4	1	自辰時至午時，日暈。夜四更五更，巽方有氣如火光。	SJW-F05040010-00300
1097	1729	6	25	5	29	夜三更四更，艮方·巽方，有氣如火光。	SJW-F05050291-01600
1098	1729	11	27	10	7	夜自三更至五更，坤方巽方，有氣如火光。	SJW-F05100070-00200
1099	1729	12	10	10	20	夜一更二更，東方有氣，如火光。	SJW-F05100200-00200
1100	1729	12	15	10	25	夜一更二更，西方有氣，如火光。	SJW-F05100250-00300
1101	1729	12	27	11	8	夜五更，有氣如火光。	SJW-F05110080-00200
1102	1730	3	18	1	30	夜自二更至五更，坤方南方有氣，如火光。昧爽，有霧氣。	SJW-F06010300-00200
1103	1730	5	21	4	5	夜五更，坤方南方，有氣如火光。	SJW-F06040050-00200
1104	1731	7	5	6	2	夜四更五更，坤方有氣如火光。	SJW-F07060020-00200
1105	1731	7	13	6	10	夜三更，坤方有氣，如火光。	SJW-F07060100-00200
1106	1731	7	27	6	24	夜自三更至五更，巽方有氣，如火光。	SJW-F07060240-00200
1107	1731	11	23	10	24	夜五更，巽方有氣如火光。	SJW-F07100240-00200
1108	1732	5	21	4	27	夜四更五更，南方有氣如火光。	SJW-F08040270-00200
1109	1733	4	10	2	26	夜三更四更，巽方有氣，如火光。	SJW-F09020260-00200
1110	1733	4	13	2	29	夜三更四更，巽方有氣，如火光。	SJW-F09020290-00200
1111	1734	3	23	2	19	夜二更三更，乾方坤方，有氣如火光。	SJW-F10020190-00200
1112	1734	6	6	5	5	夜自三更至五更，坤方有氣，如火光。	SJW-F10050050-00200
1113	1734	12	23	11	29	夜二更三更，巽方有氣，如火光。	SJW-F10110290-00200
1114	1735	1	21	12	28	夜二更三更，乾方，有氣如火光。四更，巽方，有氣如火光。	SJW-F10120280-00300
1115	1735	2	18	1	26	夜一更二更，巽方有氣如火光。	SJW-F11010260-00200
1116	1735	4	19	3	27	夜自一更至三更，南方有氣，如火光。	SJW-F11030270-00200
1117	1735	4	26	4	4	夜自一更至五更，東方有氣，如火光。	SJW-F11040040-00200

续表

编号	公历年月日			农历月日		原文	ID 编号
1118	1735	4	27	4	5	夜自二更至四更，坤方有氣，如火光。	SJW-F11040050-00200
1119	1735	4	30	4	8	夜二更，月暈。四更五更，巽方有氣，如火光。	SJW-F11040080-00200
1120	1735	6	25	5	5	夜三更四更，震方有氣，如火光。	SJW-F11050050-00200
1121	1735	7	18	5	28	夜五更，坤方有氣，如火光。	SJW-F11050280-00200
1122	1735	7	19	5	29	午時，日暈。夜自三更至五更，坤方有氣如火光。	SJW-F11050290-00200
1123	1736	2	5	12	24	夜一更二更，艮方有氣，如火光。	SJW-F11120240-00200
1124	1736	4	13	3	3	夜三更，南方有氣如火光。	SJW-F12030030-00200
1125	1737	5	16	4	17	夜一更，巽方有氣如火光。二更，艮方有氣如火光。自寅時至未時，四方昏蒙若下塵。	SJW-F13040170-00200
1126	1737	6	23	5	26	夜四更，巽方有氣如火光。五更，乾方有氣如火光。	SJW-F13050260-00200
1127	1737	12	14	10	23	昧爽，東方有氣如火光。初昏，西方有氣如火光。	SJW-F13100230-00200
1128	1737	12	15	10	24	昧爽，東方有氣如火光。初昏，西方有氣如火光。五更，月入太微東垣內，東方，有氣如火光。	SJW-F13100240-00200
1129	1737	12	16	10	25	夜五更，北方東方，有氣如火光。	SJW-F13100250-00300
1130	1737	12	18	10	27	初昏，西方有氣如火光。	SJW-F13100270-00200
1131	1737	12	19	10	28	昧爽，東方有氣如火光。	SJW-F13100280-00200
1132	1737	12	21	11	1	昧爽，東方有氣如火光。	SJW-F13110010-00200
1133	1737	12	22	11	2	昧爽，東方有氣如火光。	SJW-F13110020-00200
1134	1737	12	23	11	3	昧爽，東方有氣如火光。初昏，西方有氣如火光。	SJW-F13110030-00200
1135	1737	12	25	11	5	昧爽，東方有氣如火光。初昏，西方有氣如火光。夜三更，流星出參星下，入坤方天際，狀如拳，尾長三四尺許，色赤。	SJW-F13110050-00200
1136	1738	1	27	12	8	昧爽，東方有氣，如火光。	SJW-F13120080-00200
1137	1738	1	28	12	9	昧爽，東方有氣，如火光。	SJW-F13120090-00200
1138	1738	1	30	12	11	初昏西方有氣，如火光。	SJW-F13120110-00200
1139	1738	2	4	12	16	昧爽，東方有氣，如火光。	SJW-F13120160-00200
1140	1738	2	5	12	17	昧爽，東方有氣如火光。午時未時，日上有冠。申時，日暈。夜自一更至三更，月暈。	SJW-F13120170-00200
1141	1738	2	7	12	19	初昏，西方有氣如火光。	SJW-F13120190-00200
1142	1738	2	8	12	20	昧爽，東方有氣如火光。夜三更，月入太微西垣內。五更，月暈。	SJW-F13120200-00200

续表

编号	公历年月日			农历月日		原文	ID 编号
1143	1738	4	26	3	8	夜四更五更，巽方坤方，有氣如火光。	SJW-F14030080-00200
1144	1738	7	15	5	29	夜一更，坤方有氣如火光。	SJW-F14050290-00200
1145	1739	4	8	3	1	辰時，日有兩珥，夜四更，東方有氣，如火光。	SJW-F15030010-00300
1146	1739	11	3	10	3	申時，雷動電光。初昏，雷動電光。夜二更，坤方有氣如火光。五更，電光灑雪。	SJW-F15100030-00200
1147	1739	11	11	10	11	夜五更，流星出柳星下，入巽方天際。狀如拳，尾長四五尺許，色赤，光照地。昧爽，東方有氣如火光。	SJW-F15100110-00200
1148	1739	12	6	11	6	初昏，有霧氣。夜三更，巽方有氣如火光。五更，有雷光。	SJW-F15110060-00200
1149	1740	4	19	3	23	夜四更，坤方巽方，有氣如火光。	SJW-F16030230-00200
1150	1740	4	20	3	24	未時，雨雹，狀如小豆。夜二更三更，巽方有氣如火光。	SJW-F16030240-00200
1151	1740	4	24	3	28	夜自一更至三更，坤方有氣如火光。	SJW-F16030280-00200
1152	1740	5	20	4	25	夜自一更至三更，巽方·乾方，有氣如火光。	SJW-F16040250-00200
1153	1740	7	24	6	1	夜自三更至五更，巽方有氣如火光。	SJW-F16061010-00300
1154	1740	7	25	6	2	夜一更二更，巽方有氣如火光。	SJW-F16061020-00200
1155	1741	3	9	1	22	巳時，日暈。申時，日上有背，背上有冠。夜三更，坤方艮方，有氣如火光。五更，電光。	SJW-F17010220-00200
1156	1741	4	8	2	23	午時未時，日暈。夜二更，艮方有氣如火光。	SJW-F17020230-00300
1157	1741	4	20	3	5	夜二更三更，南方有氣如火光。	SJW-F17030050-00200
1158	1741	6	30	5	18	夜自二更至五更，巽方坤方，有氣如火光。	SJW-F17050180-00300
1159	1741	11	12	10	5	夜三更，有霧氣，四更，電光，艮方有氣，如火光。	SJW-F17100050-00200
1160	1742	3	6	1	30	夜二更三更，坤方有氣如火光。五更，客星見於斗星一度內，流星出北斗星下，入軒轅星，狀如拳，尾長三四尺許，色赤。	SJW-F18010300-00400
1161	1742	3	9	2	3	夜四更，巽方有氣如火光。五更，彗星移見於女宿度內扶筐星之南，而星體大如牽牛大星，尾長二三尺許，色白，指坤方。	SJW-F18020030-00300
1162	1742	4	1	2	26	夜一更二更，坤方巽方，有氣如火光。	SJW-F18020260-00200
1163	1742	5	1	3	27	夜五更，坤方巽方，有氣如火光。	SJW-F18030270-00200
1164	1742	10	22	9	24	夜三更四更，巽方有氣，如火光。	SJW-F18090240-00200
1165	1742	10	27	9	29	夜自二更至四更，巽方·坤方有氣，如火光，四更，電光。	SJW-F18090290-00200
1166	1742	11	1	10	5	夜三更，坤方巽方，有氣如火光。	SJW-F18100050-00300

续表

编号	公历年月日			农历月日		原文	ID 编号
1167	1742	11	25	10	29	夜自二更至五更，坤方有氣，如火光。	SJW-F18100290-00200
1168	1742	12	4	11	8	夜自三更至五更，東方有氣如火光。五更，流星出天中淡雲間，入巽方天際，狀如拳，尾長二三尺許，色赤，光照地。	SJW-F18110080-00300
1169	1742	12	23	11	27	夜一更二更，有霧氣。四更五更，坤方有氣，如火光，有霧氣。	SJW-F18110270-00200
1170	1742	12	24	11	28	自昧爽至午時，有霧氣。自初昏至夜四更，有霧氣。一更，東方有氣如火光。五更，東方有氣如火光。	SJW-F18110280-00200
1171	1743	3	16	2	21	夜一更二更，坤方有氣如火光。	SJW-F19020210-00200
1172	1743	3	20	2	25	夜自一更至五更，巽方有氣如火光。	SJW-F19020250-00200
1173	1743	3	24	2	29	夜四更五更，坤方有氣如火光。	SJW-F19020290-00300
1174	1743	3	25	2	30	夜自一更至五更，巽方坤方，有氣如火光。	SJW-F19020300-00200
1175	1743	4	21	3	27	辰時巳時，日暈。夜五更，巽方有氣如火光。	SJW-F19030270-00200
1176	1743	4	25	4	2	自辰時至未時，日暈。夜一更，乾方坤方，有氣如火光。二更，艮方有氣如火光。	SJW-F19040020-00200
1177	1743	5	26	4	3	夜三更四更，坤方有氣，如火光。	SJW-F19041030-00200
1178	1743	6	6	4	14	三更四更，巽方有氣，如火光。	SJW-F19041140-00200
1179	1743	6	12	4	20	夜二更三更，坤方巽方，有氣如火光。	SJW-F19041200-00200
1180	1743	6	15	4	23	夜自一更至五更，有霧氣，艮方巽方，有氣如火光。	SJW-F19041230-00200
1181	1743	6	25	5	4	夜自二更至四更，乾方有氣如火光。	SJW-F19050040-00300
1182	1743	7	14	5	23	夜自一更至三更，艮方坤方有氣如火光。	SJW-F19050230-00300
1183	1743	8	12	6	23	夜一更二更，巽方坤方，有氣如火光。	SJW-F19060230-00200
1184	1743	12	5	10	20	夜四更，坤方有氣如火光。	SJW-F19100200-00300
1185	1743	12	24	11	9	自昧爽至巳時，有霧氣。夜四更五更，巽方坤方，有氣如火光。	SJW-F19110090-00200
1186	1744	3	19	2	6	夜五更，巽方有氣，如火光。	SJW-F20020060-00200
1187	1744	3	20	2	7	夜三更，巽方有氣如火光。四更五更，艮方有氣如火光。	SJW-F20020070-00300
1188	1744	4	9	2	27	辰時，日暈。夜一更，艮方有氣如火光。	SJW-F20020270-00200
1189	1744	5	3	3	21	夜自二更至五更，坤方巽方，有氣如火光。	SJW-F20030210-00200
1190	1744	6	16	5	6	夜五更，南方有氣如火光。	SJW-F20050060-00200
1191	1744	11	2	9	28	辰時巳時，日暈。夜五更，坤方有氣，如火光。	SJW-F20090280-00200
1192	1744	12	10	11	7	夜二更三更，艮方坤方，有氣如火光。	SJW-F20110070-00200

续表

编号	公历年月日			农历月日		原文	ID 编号
1193	1745	2	2	1	2	巳時，日暈兩珥，暈上有冠，冠上有背，白虹貫日。自午時至申時，日暈，暈上有冠，色皆內赤外青。五更，巽方有氣如火光。	SJW-F21010020-00200
1194	1745	3	27	2	25	夜自三更至五更，坤方·巽方，有氣如火光。	SJW-F21020250-00200
1195	1745	4	20	3	19	夜一更·二更，巽方·坤方，有氣如火光。	SJW-F21030190-00200
1196	1745	5	26	4	25	夜自二更至四更，坤方巽方，有氣如火光。	SJW-F21040250-00200
1197	1745	6	24	5	25	夜自二更至五更，坤方有氣如火光。	SJW-F21050250-00200
1198	1745	7	17	6	18	夜一更，有氣如火光。	SJW-F21060180-00200
1199	1745	7	19	6	20	夜一更，坤方有氣，如火光。	SJW-F21060200-00200
1200	1745	7	24	6	25	夜四更五更，南方有氣，如火光。	SJW-F21060250-00200
1201	1745	7	25	6	26	夜一更二更，坤方有氣，如火光。	SJW-F21060260-00300
1202	1745	9	7	8	12	夜三更，巽方有氣如火光。	SJW-F21080120-00300
1203	1746	1	25	1	4	夜自二更至五更，坤方，有氣如火光。	SJW-F22010040-00200
1204	1746	3	20	2	29	夜二更三更，巽方有氣如火光。	SJW-F22020290-00200
1205	1746	4	6	3	16	夜三更，艮方有氣，如火光。	SJW-F22030160-00300
1206	1746	4	12	3	22	未時申時，日暈左珥。夜一更二更，艮方有氣，如火光。	SJW-F22030220-00200
1207	1746	5	19	3	29	夜自三更至五更，坤方巽方有氣，如火光。	SJW-F22031290-00200
1208	1746	5	23	4	4	夜四更五更，有霧氣。坤方有氣，如火光。	SJW-F22040040-00200
1209	1746	5	30	4	11	夜一更二更，月暈，廻土星。五更，東南方有氣如火光。	SJW-F22040110-00200
1210	1746	7	12	5	24	夜二更，坤方巽方，有氣如火光。	SJW-F22050240-00300
1211	1746	8	27	7	11	夜四更，坤方有氣，如火光。	SJW-F22070110-00200
1212	1746	11	10	9	27	夜一更二更坤方，有氣如火光。五更巽方，有氣如火光。	SJW-F22090270-00200
1213	1747	3	1	1	21	夜二更三更，巽方坤方，有氣如火光。	SJW-F23010210-00300
1214	1747	3	31	2	21	卯時，日有兩珥。自辰時至午時，日暈。未時，日暈兩珥，暈上有冠。申時，日暈兩珥。夜自一更至三更，東方有氣如火光。	SJW-F23020210-00200
1215	1747	4	10	3	1	夜一更二更，四方有氣如火光。三更，黑雲一道，起自東方，直指西方天際，長竟天，廣尺許，良久乃滅。	SJW-F23030010-00300
1216	1747	4	12	3	3	卯時辰時，日暈。夜五更，坤方有氣如火光。	SJW-F23030030-00200
1217	1747	4	13	3	4	夜一更二更，巽方有氣如火光，自三更至五更，艮方有氣如火光。	SJW-F23030040-00200

续表

编号	公历年月日			农历月日		原文	ID 编号
1218	1747	4	19	3	10	自卯時至未時，日暈。申時，日有左珥。酉時，日有右珥。夜一更，月暈。二更，月暈，暈下有履，月入軒轅星。五更，南方有氣如火光。	SJW-F23030100-00200
1219	1747	5	5	3	26	辰時，日暈。午時，日暈。夜一更四更，東方有氣，如火光。	SJW-F23030260-00200
1220	1747	5	6	3	27	夜一更，艮方·坤方有氣，如火光。	SJW-F23030270-00200
1221	1747	5	10	4	2	夜自一更至四更，四方有霧氣，如火光。	SJW-F23040020-00200
1222	1747	5	20	4	12	夜二更，坤方巽方有氣，如火光。	SJW-F23040120-00300
1223	1747	7	8	6	1	夜二更三更，坤方有氣如火光。午時，日暈左珥。	SJW-F23060010-00200
1224	1747	8	12	7	7	夜五更，坤方巽方有氣如火光。	SJW-F23070070-00200
1225	1747	11	25	10	23	夜三更，艮方，有氣如火光。五更，下雪。	SJW-F23100230-00300
1226	1747	12	1	10	29	夜一更，有霧氣。二更，艮方有氣如火光。	SJW-F23100290-00200
1227	1748	2	22	1	24	夜二更，坤方艮方，有氣如火光。	SJW-F24010240-00200
1228	1748	2	23	1	25	夜一更，坤方艮方，有氣如火光，四更五更，巽方艮方，有氣如火光。	SJW-F24010250-00300
1229	1748	4	3	3	6	辰時，日有左珥。午時未時，日暈，暈上有冠。酉時，日暈右珥。夜五更，坤方有氣，如火光。	SJW-F24030060-00200
1230	1748	4	25	3	28	夜二更，東方有氣如火光。三更，東方·艮方·坤方，有氣如火光。	SJW-F24030280-00200
1231	1748	4	26	3	29	夜五更，巽方有氣，如火光。	SJW-F24030290-00200
1232	1748	6	25	5	30	夜二更三更，巽方有氣如火光。	SJW-F24050300-00200
1233	1748	11	14	9	24	夜三更，巽方有氣，如火光。四更，雷光。五更，月暈，流星出柳星下，入東方天際，狀如拳，尾長三四尺許，色赤。	SJW-F24090240-00200
1234	1748	1	22	12	4	夜三更，坤方有氣如火光。	SJW-F24120040-00300
1235	1749	4	16	2	30	夜一更二更，巽方坤方，有氣如火光。	SJW-F25020300-00200
1236	1749	4	21	3	5	夜三更·四更，巽方有氣，如火光。	SJW-F25030050-00200
1237	1749	6	24	5	10	夜自二更至五更，坤方南方東方，有氣如火光。	SJW-F25050100-00200
1238	1750	4	10	3	4	夜自一更，至五更，巽方有氣如火光。	SJW-F26030040-00200
1239	1750	4	12	3	6	夜三更四更，坤方有氣如火光。	SJW-F26030060-00200
1240	1750	5	1	3	25	夜自三更至五更，坤方巽方，有氣如火光。	SJW-F26030250-00200
1241	1750	5	2	3	26	夜二更三更，巽方坤方，有氣如火光。五更，有霧氣。	SJW-F26030260-00200

续表

编号	公历年月日			农历月日		原文	ID 编号
1242	1750	5	24	4	19	酉時，雨雹，狀如豆，夜一更二更，巽方坤方，有氣如火光。	SJW-F26040190-00200
1243	1750	5	30	4	25	夜自一更至四更，巽方坤方，有氣如火光。	SJW-F26040250-00200
1244	1750	8	31	7	30	夜二更三更，坤方有氣，如火光。	SJW-F26070300-00300
1245	1750	11	26	10	28	夜三更，坤方巽方有氣如火光。	SJW-F26100280-00200
1246	1750	11	29	11	1	夜一更，電光。二更，坤方有氣如火光。	SJW-F26110010-00200
1247	1751	3	21	2	24	夜三更四更，巽方坤方有氣如火光。	SJW-F27020240-00300
1248	1751	5	22	4	27	夜四更五更，巽方坤方，有氣如火光。	SJW-F27040270-00300
1249	1751	6	24	5	2	夜自三更至五更，巽方有氣如火光。	SJW-F27051020-00200
1250	1752	3	13	1	28	夜四更五更，坤方有氣如火光。	SJW-F28010280-00300
1251	1752	4	1	2	17	夜二更，坤方有氣如火光。	SJW-F28020170-00300
1252	1752	5	6	3	23	自巳時至未時，日暈，夜三更四更，坤方有氣如火光。	SJW-F28030230-00300
1253	1752	5	7	3	24	夜自二更至四更，坤方有氣如火光。	SJW-F28030240-00300
1254	1752	5	14	4	1	夜自一更至五更，四方有氣如火光。	SJW-F28040010-00200
1255	1752	6	6	4	24	夜自一更至五更，坤方艮方，有氣如火光。	SJW-F28040240-00200
1256	1752	6	7	4	25	夜自三更至五更，坤方巽方，有氣如火光。	SJW-F28040250-00200
1257	1752	7	13	6	3	夜自一更至五更，四方有氣，如火光。	SJW-F28060030-00200
1258	1752	11	6	10	1	酉時，雨雹。夜一更，電光。二更，坤方有氣如火光。三更，雷動。	SJW-F28100010-00300
1259	1753	4	5	3	2	夜一更，有氣如火光。	SJW-F29030020-00300
1260	1753	4	10	3	7	夜三更四更，艮方有氣如火光。	SJW-F29030070-00200
1261	1753	6	6	5	5	夜自二更至五更，四方有氣如火光。	SJW-F29050050-00200
1262	1753	10	24	9	28	夜二更三更，雷動電光，坤方有氣如火光。四更，巽方坤方有氣如火光。	SJW-F29090280-00200
1263	1753	12	28	12	5	夜自一更至三更，四方有氣，如火光。	SJW-F29120050-00300
1264	1754	3	24	3	1	自三更至五更，坤方艮方，有氣如火光。	SJW-F30030010-00200
1265	1754	4	22	4	1	夜一更二更，坤方有氣如火光。	SJW-F30040010-00200
1266	1754	4	28	4	7	卯時，日有兩珥。自巳時至未時，日暈。夜自一更至五更，巽方·艮方有氣如火光。	SJW-F30040070-00200
1267	1754	7	15	5	26	夜五更，坤方有氣如火光。	SJW-F30050260-00200
1268	1754	11	6	9	22	卯時，雷動。辰時，雷動電光，雨雹狀如小豆。巳時午時，雷動。夜一更，雷動電光，坤方有氣如火光。二更三更，雷動電光。	SJW-F30090220-00300
1269	1754	11	9	9	25	夜二更，坤方有氣如火光。五更，流星出天中淡雲間，入南天際。狀如拳，尾長四五尺許。色赤。	SJW-F30090250-00200

续表

编号	公历年月日			农历月日		原文	ID 编号
1270	1754	1	1	11	19	夜一更，艮方有氣如火光。五更，月暈。	SJW-F30110190-00200
1271	1755	4	9	2	28	夜自一更至五更，坤方有氣如火光。	SJW-F31020280-00200
1272	1755	5	1	3	21	自初昏至三更，艮方有氣，如火光。	SJW-F31030210-00200
1273	1755	5	8	3	28	夜自二更至五更，巽方有氣，如火光。	SJW-F31030280-00200
1274	1755	5	19	4	9	夜四更五更，坤方，有氣如火光。	SJW-F31040090-00200
1275	1755	6	2	4	23	夜一更，坤方，有氣如火光。	SJW-F31040230-00200
1276	1755	1	1	11	30	夜自三更至五更，坤方巽方，有氣如火光。	SJW-F31110300-00200
1277	1756	5	28	4	30	觀象監，自巳時至未時，日暈。夜自一更至五更，四方有氣如火光。	SJW-F32040300-00200
1278	1757	12	5	10	24	自昧爽至巳時，有霧氣。未時，太白現於巳地。夜四更五更，雷光。五更，巽方有氣如火光。	SJW-F33100240-00200
1279	1757	12	6	10	25	夜三更，坤方乾方，有氣如火光。四更，電光。	SJW-F33100250-00300
1280	1758	4	9	3	2	自巳時至酉時，日暈。自一更至三更，巽方東方有氣如火光。	SJW-F34030020-00300
1281	1758	4	14	3	7	夜五更，坤方有氣如火光。	SJW-F34030070-00200
1282	1758	4	27	3	20	夜一更，南方·東方，有氣如火光。	SJW-F34030200-00200
1283	1758	5	5	3	28	夜二更四更五更，坤方有氣如火光。	SJW-F34030280-00200
1284	1758	6	7	5	2	夜四更五更，坤方有氣如火光。	SJW-F34050020-00200
1285	1758	6	29	5	24	夜二更，巽方有氣，如火光。	SJW-F34050240-00300
1286	1758	7	20	6	16	夜四更五更，坤方巽方，有氣如火光。	SJW-F34060160-00200
1287	1758	1	23	12	25	夜四更，坤方有氣如火光。	SJW-F34120250-00600
1288	1759	3	4	2	6	夜四更五更，坤方，有氣如火光。	SJW-F35020060-00300
1289	1759	4	3	3	7	四更五更，坤方有氣如火光。	SJW-F35030070-00300
1290	1759	4	8	3	12	辰時巳時，日暈。夜自二更至四更，乾方有氣如火光。五更以後，陰雲散漫蔽遮，而至於東方彗星所在處，尤爲昏翳，不得看候。	SJW-F35030120-00200
1291	1759	4	12	3	16	夜二更，艮方有氣如火光。五更以後，密雲灑雨，彗星所在，不得看候。	SJW-F35030161-00200
1292	1759	4	28	4	2	日出時，日色赤。夜自一更至四更，坤方有氣，如火光。	SJW-F35040020-00200
1293	1759	5	12	4	16	夜自三更至五更，巽方有氣如火光。	SJW-F35040160-00300
1294	1759	5	20	4	24	自初昏至三更，密雲灑雨。四更以後，雲氣散漫蔽遮，彗星所在，不得看候。夜五更，坤方有氣如火光。	SJW-F35040240-00200
1295	1759	5	21	4	25	自初昏至五更，密雲，彗星所在，不得看候。自二更至五更，坤方有氣如火光。	SJW-F35040250-00200

续表

编号	公历年月日			农历月日		原文	ID 编号
1296	1760	2	18	1	2	夜自初昏至五更密雲，客星所在，不得看候。夜三更，乾方有氣，如火光。	SJW-F36010020-00200
1297	1760	3	23	2	7	夜四更·五更，坤方，有氣如火光。	SJW-F36020070-00300
1298	1760	4	8	2	23	夜一更二更，乾方·坤方，有氣如火光。	SJW-F36020230-00200
1299	1760	5	18	4	4	巳時，日暈。夜三更四更，坤方有氣如火光。	SJW-F36040040-00200
1300	1760	6	5	4	22	夜三更，坤方有氣，如火光。	SJW-F36040220-00200
1301	1760	7	12	6	1	夜自三更至五更，坤方·巽方，有氣如火光。	SJW-F36060010-00200
1302	1760	7	16	6	5	夜三更四更，坤方有氣如火光。	SJW-F36060050-00200
1303	1760	10	31	9	23	辰時雷動，申時雷動，夜自三更至五更，坤方有氣如火光。	SJW-F36090230-00200
1304	1761	3	6	1	30	夜五更，巽方·坤方有氣，如火光。	SJW-F37010300-00300
1305	1761	3	10	2	4	夜五更，坤方有氣，如火光，自卯時至申時，日暈。	SJW-F37020040-00200
1306	1761	3	30	2	24	夜二更至五更，乾方·坤方，有氣如火光。啓。	SJW-F37020240-00300
1307	1761	3	31	2	25	夜四更五更，乾方·艮方，有氣如火光。啓。	SJW-F37020250-00200
1308	1761	5	7	4	3	夜自三更至五更，坤方·巽方，有氣如火光。	SJW-F37040030-00200
1309	1761	6	9	5	7	夜自二更至五更，巽方·坤方，有氣如火光。	SJW-F37050070-00300
1310	1761	6	22	5	20	夜一更二更，巽方，有氣如火光。	SJW-F37050200-00200
1311	1761	7	5	6	4	夜五更，坤方有氣，如火光。	SJW-F37060040-00200
1312	1763	5	9	3	27	夜自三更至五更，乾方巽方，有氣如火光。	SJW-F39030270-00200
1313	1763	12	5	11	1	夜四更五更，坤方有氣如火光。	SJW-F39110010-00300
1314	1764	3	24	2	22	觀象監，夜一更二更，坤方有氣如火光。啓。	SJW-F40020220-00200
1315	1764	3	25	2	23	夜自一更至五更，巽方有氣如火光。	SJW-F40020230-00200
1316	1764	4	2	3	2	夜自一更至五更，坤方巽方，有氣如火光。	SJW-F40030020-00200
1317	1764	4	4	3	4	巳·午時，日暈，夜三更四更，巽方，有氣如火光。	SJW-F40030040-00300
1318	1764	4	5	3	5	夜三更四更，巽方，有氣如火光。	SJW-F40030050-00200
1319	1764	4	24	3	24	夜三更，巽方有氣如火光。	SJW-F40030240-00300
1320	1764	5	28	4	28	自昧爽至辰時，有霧氣。午時，日暈。夜自一更至三更，巽方有氣，如火光。	SJW-F40040280-00200
1321	1764	9	21	8	26	夜自三更至五更，坤方，有氣如火光。	SJW-F40080260-00400
1322	1764	11	17	10	24	昧爽，有霧氣。夜二更，流星出天中淡雲間，入南方天際，狀如拳，尾長二三尺許，色白。四更，坤方有氣如火光。	SJW-F40100240-00200
1323	1766	5	1	3	23	夜四更五更，巽方，有氣如火光。	SJW-F42030230-00300
1324	1767	4	26	3	28	夜四更五更，南方有氣如火光。	SJW-F43030280-00300

续表

编号	公历年月日			农历月日		原文	ID 编号
1325	1768	2	20	1	3	夜三更四更，巽方有氣如火光。	SJW-F44010030-00200
1326	1768	6	10	4	26	三更四更，坤方巽方，有氣如火光。	SJW-F44040260-00200
1327	1769	4	11	3	5	夜五更，坤方·巽方，有氣如火光。	SJW-F45030050-00200
1328	1769	7	26	6	24	夜二更三更，南方有氣如火光。	SJW-F45060240-00200
1329	1769	9	30	9	1	夜五更，艮方巽方，有氣如火光。	SJW-F45090010-00200
1330	1770	5	27	5	3	夜二更，東方有氣如火光。	SJW-F46050030-00200
1331	1770	6	28	5	6	夜三更，坤方有氣如火光。	SJW-F46051060-00300
1332	1770	10	15	8	27	夜一更，電光，二更三更，雷動電光，乾方·坤方有氣如火光，自二更至五更，灑雨或下雨，測雨器水深三分。	SJW-F46080270-00200
1333	1770	10	23	9	5	酉時，雷動電光。夜一更二更，雷動電光。二更三更，巽方有氣如火光。五更，下雨，測雨器小 [水] 深一分。	SJW-F46090050-00200
1334	1771	4	20	3	6	今三月初六日，夜四更五更，坤方有氣如火光，啓。今三月初六日，自午時至未時，日暈。	SJW-F47030060-00200
1335	1771	5	20	4	7	夜自一更至四更，下雨或灑雨，測雨器水深一分，四更五更，巽方有氣如火光。	SJW-F47040070-00200
1336	1771	10	14	9	7	申時，雷動下雨。酉時，下雨或灑雨，測雨器水深三分。初昏雷動電光。夜一更，電光下雨。二更三更，電光。四更，雷動電光，坤方巽方，有氣如火光，下雨或灑雨，測雨器水深四分。	SJW-F47090070-00200
1337	1771	11	10	10	4	夜自三更至五更，坤方有氣如火光。自三更至昧爽，灑雨或下雨，測雨器水深一分。	SJW-F47100040-00200
1338	1771	1	24	12	20	夜二更，巽方有氣如火光。自一更至五更，灑雨或下雨，測雨器水深五分。	SJW-F47120200-00200
1339	1772	3	31	2	28	夜四更五更，南方天際，有氣如火光，巽方天際，有氣如火光。	SJW-F48020280-00300
1340	1774	4	13	3	3	夜自一更至五更，灑雨或下雨，測雨器水深九分，自二更至四更，坤方，有氣如火光。	SJW-F50030030-00200
1341	1774	5	19	4	10	夜五更，巽方有氣，如火光。	SJW-F50040100-00200
1342	1775	3	7	2	6	夜四更五更，坤方有氣如火光。	SJW-F51020060-00300
1343	1775	3	30	2	29	辰時，日有兩珥。申時酉時，洒雨下雨，測雨器水深三分。夜四更，巽方有氣如火光。	SJW-F51020290-00200
1344	1775	4	5	3	6	午時日暈。夜三更四更，艮方巽方，有氣如火光。	SJW-F51030060-00200
1345	1775	6	22	5	25	夜二更，坤方有氣如火光。	SJW-F51050250-00200

续表

编号	公历年月日			农历月日		原文	ID 编号
1346	1775	11	20	10	28	夜二更，坤方有氣如火光。四更，巽方有氣如火光。	SJW-F51100280-00200
1347	1775	11	22	10	30	夜五更，坤方有氣如火光。	SJW-F51100300-00200
1348	1775	11	29	10	7	夜三更四更，月暈。五更，坤方有氣如火光。	SJW-F51101070-00200
1349	1778	3	10	2	12	夜四更五更，月暈，五更，巽方，有氣如火光。	SJW-G02020120-00200
1350	1779	3	13	1	26	夜自一更至三更，坤方有氣，如火光。	SJW-G03010260-00200
1351	1779	6	10	4	26	夜自一更至三更，坤方，有氣如火光。	SJW-G03040260-00200
1352	1779	6	25	5	12	自昧爽至午時，灑雨下雨，測雨器水深一寸五分，自未時至戌時，灑雨下雨，測雨器水深三寸七分，自初昏至夜五更，灑雨下雨，測雨器水深四寸八分，五更，坤方巽方，有氣如火光，夜自一更至五更，灑雨下雨，測雨器水深二寸五分。	SJW-G03050120-00200
1353	1779	12	5	10	28	夜三更，雷動電光，自三更至五更，灑雨下雨，測雨器水深五分，五更，巽方坤方有氣如火光。	SJW-G03100280-00300
1354	1780	5	6	4	3	自昧爽至卯時，有霧氣。未時，日暈。夜二更三更，坤方有氣如火光。五更，流星出河鼓星下，入西方天際，狀如拳，尾長三四尺許，色白。	SJW-G04040030-00200
1355	1781	3	26	3	2	初二日夜三更，坤方有氣如火光。	SJW-G05030020-00200
1356	1782	4	14	3	2	夜四更五更，坤方有氣如火光。	SJW-G06030020-00200
1357	1783	6	9	5	10	酉時，灑雨下雨，測雨器水深二分，自初昏至夜五更，灑雨下雨，測雨器水深二分。坤方有氣如火光。	SJW-G07050100-00200
1358	1783	11	17	10	23	夜自一更至五更，坤方有氣如火光。	SJW-G07100230-00200
1359	1784	3	15	2	24	夜一更二更，坤方有氣，如火光。	SJW-G08020240-00200
1360	1784	3	16	2	25	夜自三更至五更，坤方有氣，如火光。	SJW-G08020250-00200
1361	1784	3	25	3	5	夜四更五更，巽方有氣如火光。	SJW-G08030050-00200
1362	1784	4	16	3	27	夜三更四更，坤方有氣如火光。	SJW-G08030270-00200
1363	1784	5	18	3	29	夜四更五更，巽方有氣如火光。	SJW-G08031290-00300
1364	1784	6	15	4	28	夜三更四更，巽方有氣如火光。	SJW-G08040280-00200
1365	1784	12	14	11	3	夜三更四更，坤方有氣如火光。	SJW-G08110030-00200
1366	1785	6	12	5	6	夜一更，坤方有氣如火光，自一更至三更，灑雨下雨，測雨器水深一分。	SJW-G09050060-00200
1367	1785	7	5	5	29	自初昏至夜五更，灑雨下雨，測雨器水深九分。三更，乾方有氣，如火光。	SJW-G09050290-00300

续表

编号	公历年月日			农历月日		原文	ID 编号
1368	1785	9	7	8	4	自昧爽至卯時，有霧氣，夜自三更至五更，灑雨下雨，測雨器，水深七分，三更坤方，有氣如火光。	SJW-G09080040-00200
1369	1786	7	29	7	5	自初昏至夜五更，灑雨下雨，測雨器水深三分。五更，坤方有氣如火光。	SJW-G10070050-00200
1370	1786	1	24	12	6	夜四更五更，坤方有氣如火光。	SJW-G10120060-00200
1371	1789	4	22	3	27	自三更至五更，坤方有氣如火光。	SJW-G13030270-00400
1372	1789	4	29	4	5	夜一更，月暈。自三更至五更，坤方有氣如火光。	SJW-G13040050-00200
1373	1789	7	26	6	5	自初昏至夜五更，灑雨下雨，測雨器水深七分，四更五更，坤方有氣如火光。	SJW-G13060050-00300
1374	1790	3	17	2	2	夜三更四更，坤方有氣如火光。	SJW-G14020020-00200
1375	1790	6	29	5	17	自初昏至夜五更，灑雨下雨，測雨器水深二分，一更，巽方有氣如火光。	SJW-G14050170-00300
1376	1794	11	22	10	30	夜自二更至四更，坤方有氣如火光。	SJW-G18100300-00200
1377	1796	7	11	6	7	夜五更，巽方有氣如火光。	SJW-G20060070-00300
1378	1804	5	13	4	5	夜自一更至五更，南方有氣如火光。	SJW-H04040050-00200
1379	1808	3	21	2	25	夜自三更至五更，南方有氣如火光。	SJW-H08020250-00200
1380	1808	3	24	2	28	夜二更三更，東方有氣如火光。	SJW-H08020280-00200
1381	1808	3	28	3	2	夜四更五更，東方有氣，如火光。象緯雲氣，戊辰三月初二日，自夜四更五更。	SJW-H08030020-00200
1382	1808	7	20	5	27	二更三更，坤方有氣如火光。	SJW-H08051270-00400
1383	1810	4	1	2	28	夜五更，巽方有氣如火光。	SJW-H10020280-00200
1384	1811	12	14	10	29	夜一更，巽方有氣如火光。	SJW-H11100290-00200